華德福經典遊戲書

Games Children Play

金・約翰・培恩博士（Kim John Payne）／著
華德福媽媽姜佳妤（小魚媽）& 李宜珊／譯

華德福經典遊戲書（二版）

作者：金・約翰・培恩（Kim John Payne）
譯者：姜佳妤、李宜珊

小樹文化股份有限公司

總編輯：蔡麗真｜副總編輯：謝怡文｜責任編輯：謝怡文｜校對：魏秋綢、林昌榮｜封面設計：周家瑤｜內文排版：菩薩蠻數位文化有限公司｜行銷企劃經理：林麗紅｜行銷企劃：蔡逸萱、李映柔

讀書共和國出版集團

社長：郭重興｜發行人兼出版總監：曾大福｜業務平臺總經理：李雪麗｜業務平臺副總經理：李復民｜實體通路組：林詩富、陳志峰、郭文弘、賴佩瑜｜網路暨海外通路組：張鑫峰、林裴瑤、王文賓、范光杰｜特販通路組：陳綺瑩、郭文龍｜電子商務組：黃詩芸、李冠穎、林雅卿、高崇哲｜專案企劃組：蔡孟庭、盤惟心｜閱讀社群組：黃志堅、羅文浩、盧煒婷｜版權部：黃知涵｜印務部：江域平、黃禮賢、林文義、李孟儒

發　　行：遠足文化事業股份有限公司
地址：231新北市新店區民權路108-2號9樓
電話：(02) 2218-1417｜傳真：(02) 8667-1065
客服專線：0800-221029｜電子信箱：service@bookrep.com.tw
郵撥帳號：19504465遠足文化事業股份有限公司
團體訂購另有優惠，請洽業務部：(02) 2218-1417分機1124、1135

法律顧問：華洋法律事務所 蘇文生律師
出版日期：2018年1月初版首刷
2022年6月29日二版首刷

ISBN 978-957-0487-99-2（平裝）
ISBN 978-626-9621-91-0（EPUB）
ISBN 978-626-9621-90-3（PDF）

國家圖書館出版品預行編目資料

華德福經典遊戲書(二版) / 金・約翰・培恩博士(Kim John Payne) 著；姜佳妤、李宜珊 譯 – 二版 – 新北市：小樹文化股份有限公司 出版；新北市：遠足文化股份有限公司 發行，2022.06
面；公分
譯自：Games children play
ISBN 978-957-0487-99-2(平裝)
1. 育兒　2. 親子遊戲
428.82　　111008669

線上讀者回函專用QR CODE
您的寶貴意見，將是我們進步的最大動力。

立即關注小樹文化官網
好書訊息不漏接。

【推薦序】遊戲，是人生旅程中的休止符

台灣華德福老師 許主欣
2017年9月寫於 Charlton, Australia

從求學師訓階段，到帶班四年，至今在澳洲公立小學當輔導志工，這本書一直都放在我的「好用工具書書架」上。事實上，它早已是華德福教育界廣為流傳的經典書籍，因為它擁有「清晰的發展圖像」、「促使讀者與自身經驗對話」與「實用有趣的活動分享」三項特點，引人入勝。

首先，「清晰生動的發展圖像」是整本書的核心，有時交織在活動當中，有時候居於篇章之首，為的就是支持孩子在遊戲中健康地發展。還記得我總愛在一整年開學前，翻閱這本書，事先預習孩子的模樣，因孩子嬉笑奔跑的身影，總會在字裡行間不時地閃現腦海中；同時，這樣的發展圖像，引領我不斷與過往經驗核實辯證——他們去年愛跳繩，今年可能會有不同的轉變；去年這項活動他們玩得好開心，今年可以怎麼變化以更符合孩子的發展。於是，孩子之於我，不再是難解的未知，而是以此書為地圖，待我真實相遇的世界。

在閱讀時，你絕對能感受到作者的慷慨，與他的「在意」：他在意美感與意志力的培養，也在意肢體與精神性上的精準性。書中的活動實例、實戰經驗的傳授與社會現象討論，都因著發展圖像而有意義，沒有一句空口白話，全是經驗的苦口婆心。於是，新手老師能節省許多篩選活動的時間，活動領導者能快又準地抓到孩子的心，執行者能知其所以而為之，孩子能在享受樂趣、發展體能的同時，內在道德亦被滋養。如今，有了中文版，讀者能更有效率地依照文化處境來設計合宜的活動。

我們常以遊戲人生來描寫瀟灑自由的靈魂，事實上，遊戲（運動）的效果不止調劑緊湊連綿的人生，還提供歇息、吐納及反思的空間，正如作者所說：「生命，是一場揭露、發覺人生任務的長程之旅；遊戲，正是這段旅程中的休止符，讓整段過程，有了意義。」

一起進入遊戲世界，呼吸吧！

【導讀】遊戲如何幫助孩子發展運動覺和平衡覺

精神心理學學院共同創始者　謝麗爾・桑德斯（Cheryl L. Sanders）
寫於1996年秋季

直到幾十年前，遊戲就是兒童的「工作」，當兒童沒有忙於做事或者學習時，就會自己創造「遊戲」來玩。然而，在本世紀後半葉，由於電視機的出現，呈現出令人吃驚的現象——自 60 年代前期，孩子遊戲的時光逐漸減少，但電視的時間逐漸增加，這種「看」的姿態，正是最有力的證明。不僅僅在西方，而是地球上稱為「已發展」的地區，孩子開始失去獨自、隨性玩遊戲的能力。

在這樣的狀況下，孩子失去了什麼？為什麼我們沒有警覺到這樣的轉變？在孩子成為青少年之前，我們似乎沒有注意到這種損失，接著，問題便不知從何而生，並且讓我們陷入困境。我們早熟的「小人兒」變成了無法理解的「大孩子」。

也許，自 30、40 年前至今，我們對孩子以及他們周圍事物的關注力不足，是因為我們也一直在「看」。就算是「好」的電視節目，我們也只是在「看」電視，幾乎沒有動作，即使是用來觀看電視節目的眼睛。**我們被電視創造的文化完全迷住、並因此開始感到沮喪，但是似乎錯過了這個早期的警訊。**

⏏ 電視文化，造就了焦慮、憂鬱、過動的世代

電視最初影響了文化，接著擴展至藝術和人文學科，最後漸漸轉向廣

1. 謝麗爾・桑德斯和羅伯特・薩得羅博士（Dr. Robert Sardello）為精神心理學學院（The school of spiritual psychology）共同創辦人。作者金・約翰・培恩博士在 1996 年創作本書時，攻讀博士學位的謝麗爾・桑德斯也於同時期創作有關十二感官的書籍。
她在公共機構和私立學校工作超過 18 年，身為諮詢顧問和戒癮協助者，她擁有成癮心理學碩士學位，同時也具有國家認證師資格，過去也擁有成癮顧問執業證照。

告宣傳。隨著注意力逐漸轉向購買什麼、看什麼，我們不再覺察到自己付出極大的代價，卻接收到了廉價回報。我們到底「付出」了些什麼呢？在教育領域上，我們發現「學習障礙」，更準確地來說，應該稱為「教學障礙」，因為沒有孩子不能或不會學習。**我們面對孩子時，無法清楚覺察他的需求，就限制了孩子的學習能力，也限制了我們想傳授的事物。**

60 年代開始，「閱讀障礙」變成一種診斷和標籤，確診人數在 70 和 80 年代逐漸增加，直到 80 年代所稱的「過動症」、現今的「注意力缺失症」（ADD）和「注意力缺乏過動症」（ADHD）在學校中「流行」起來。就比例上來說，藥物濫用可能與「兒童治療」（委婉地說）的數量增加有直接關聯。「治療」其實就是把「利他能」（Ritalin，中樞神經系統興奮劑，被廣泛應用於注意力缺陷多動障礙和嗜睡症的治療，儘管如此，利他能僅對於 1%～2% 的病例有幫助，但對於 80%～90% 正在「接受行為矯正」的孩子來說，卻有極大的危害）這些藥物，用在那些沒有辦法在學校安靜坐好、沒辦法「被好好教導」的孩子身上，也會導致青少年犯罪和暴力行為增加。此外，孩子產生沮喪、焦慮、恐懼，甚至是自殺的情況也令人吃驚，這些不再是成年人的症狀！為什麼當孩子仍處於理應神聖、被尊重和崇敬的童年時，有些孩子已經有這些徵狀了？

同樣值得注意的是：每當第三世界國家引入先進的技術時（特別是電視），也可以發現這些同樣的現象，如同傑里・曼德（Jerry Mander）在《當神聖缺席時》（*In the Absence of the Sacred*，無繁體中文譯本）書中所寫的內容。於是，疑問開始浮現我們的心中：「該怎麼辦？」我們不能回到電視被發明前，失去的東西也無法藉由「假裝或裝作不存在」來重新找回。**生命不是一場遊戲，我們只能有意識地面對這種強大的轉變，不讓自己陷入沉重的社會恍惚中，也不能以傳統保守的方式來回應。我們需要充分地「存在」於這個世界，因為，孩子的天性就是完全的「存在當下」。**

⏏ 了解孩子缺乏的能力，才能給予最適切地教導

現代孩子進入的是什麼樣的世界？為什麼我們曾經能夠自發性學習，現

在卻需要有自覺的開發、甚至被教導呢？只有了解每一世代的孩子所缺乏的能力，才能小心地、自覺地知道：「孩子需要學習什麼？」並展現在學校課程中。當我們真正發覺孩子「等待被引導的地方」時，孩子便會引領我們找到答案，並且透過本書，完成這趟學習過程。我們現在看到的是，孩子需要我們教導他們身體與世界的關聯，特別是與他人之間的關係，例如：在一個「看到」但不一定真正「看見」的世界裡，就必須培養孩子的視覺感官，或是至少培養能「真正看見」的能力。「真正看見」是介於觀察與被觀察之間的一種察覺、創造性活動，不是虛擬世界、電視、電腦上的圖片。

「看」的基本姿態是什麼？如果將之轉化為精神能力，就能真正「看見」我們在「看什麼」。當我們看到最深切的愛，即我們的孩子，我們會看到什麼？1906 年，魯道夫・史代納（Rudolf Steiner，奧地利的哲學家、改革家、建築師和教育家，也是華德福教育的創始人）以全新的方式，介紹了人類感官的本質。他概述了十二種感官[2]，並在短短幾個講座中，簡要描述了這十二種感覺。為了看到現今孩子的需要，我們必須能夠用生動的視角觀察他們，並且從孩子身上學到他們需要被教導的內容。在「身體」這個最基本的範圍裡，如果我們仔細觀察，看到的不僅僅是孩子最需要的能力，也是我們需要被治癒的地方。

⏏ 運動與平衡，已經被現代社會破壞

魯道夫・史代納提到，最先的四個感官在健康的嬰兒出生時，就已經被賦予其中，這也是人類最根本的基礎。出生之時，這十二個感官都已經在我們其中，但是，我們必須先著重在最主要、最低階、最有形的感官。

正常發展下，我們會展現觸覺、運動覺（the sense of movement，反映身

---

2. 十二感官：由華德福教育創始人魯道夫・史代納（Rudolf Steiner）提出，他認為人的感官可以分為十二感官，包含：觸覺、運動覺、平衡覺、生命覺被稱為「初階感官」；視覺、味覺、溫度覺、嗅覺是中階感官，又稱為「世界感官」（world senses）；聽覺、思維覺（思想覺）、言語覺、人我覺為高階感官，又稱為「公共感官」（communal senses）。欲全面探索十二感官，請參考艾伯特・索斯曼（Albert Soesman）的著作《十二感官》（琉璃光出版）。

體各部分的運動和位置狀態的感覺）、平衡覺（the sense of balance，因所處的位置發生變化而產生維持身體平衡及空間定向的感覺），以及魯道夫・史代納所說的「生命覺」（life sense，與觸覺交互聯繫，是一種對自我的感覺。透過整個身體裡的生命感，我們能感受到自己的生命狀態，平衡身體各部位間的合作）。本書最重要的關鍵就是：掌握並理解運動覺和平衡覺。假設有個嬰兒知道如何健康地移動，接著，經過一年左右的時間，寶寶藉著搖擺的小腿站立，最終走進世界。看來，寶寶已經找到了平衡覺。

但是，在這個世代，這兩個元素不再被假定為身體的正常功能，我們必須開始將「運動」和「平衡」理解為「實際的感官活動」。作為實際的感官活動，運動覺和平衡覺就會被破壞、扭曲，只有當我們了解「必須以健康的方式」來教導孩子時，兩者才能夠以健康的方式來作用。因此，**這本書和其他類似的書籍，不僅僅是對遊戲的概略，也是讓父母可以跟孩子一起做、符合其年齡層的活動。它包含了一些最重要的教育要素，讓我們從沉睡中清醒，意識到我們是誰、正在做什麼，和我們是如何彼此連結。**

我們早已無法在自身看見這些感官運作，然而，這些低階感官如此重要，一旦被破壞，我們就無法在他人身上看見這些感官運作，甚至是我們孩子的感官運作。因此，教導孩子之前，我們必須先認識自己的「運動覺」與「平衡覺」！但是，我們該從何了解起呢？

⏏ 運動覺：人類對身體動作最基礎的感知

初階感官中的運動覺，能夠感知不論靜止或是移動的動作。透過肌肉系統，我們感覺到身體的動作，當我們移動頭部時，能感知到自己的頸部。

「運動覺」這個感官系統，不僅能夠感知到身體較大的動作，例如手臂和腿部的感覺，還能感知到更多、更微妙的動作，例如：眼睛的運動、手指和腳趾的運動，還有呼氣與吸氣時，胸部和腹部的運動。當運動覺以健康的方式運作時，我們的身體會感受到「自己存在的原因」，也就是說「這些動作具有目的性」。

在現代社會裡，我們的「動態」不是困乏不足，就是過度致力於鍛鍊肌肉。我們整天工作，或是待在學校，就連小孩也待在幼兒園中；接著，我們下了班、放了學，但是不管去哪裡，都由汽車、巴士或地鐵運載著，我們的內在運動覺變得虛弱，更像是拖著自己的身體在行走。另一方面，我們嘗試用另外一種方式來平衡「被限制」的感覺，例如去健身房用機器鍛鍊身體，或是有組織、規則的運動、慢跑……（或是只為了釋放而瘋狂地跑步、敲打、破壞或碰撞東西）然而，這些活動都無法形成健康的運動覺。

我們會感受到對肌肉的刺激，並從增加的血液循環中獲得短暫快感。然而，這些活動比較像是瞬間打破障礙限制，而不是有目的性、有意義的自由移動。我們可以在看完電視後，觀察自己的身體，就算只有 30 分鐘的電視時間，也會感覺到身體有些遲鈍、沉重。然後，觀察正在看電視的兒童，以及結束電視時間後，孩子移動的樣子：他們是不是有些急躁、好似身體不受控制，不然就是彷彿正在暖身，需要一陣子，身體才能正常運作。

⏏ 「動態」是來自靈魂的一種語言模式

嬰兒自出生以來，就一直在動，而這些動作與環境中的聲音有直接關聯，特別是母親的聲音。嬰兒的每一個動作（即使是看起來不穩，好似非自主性的動作），都會跟隨著聲音和眼前事物起舞，是身體對周遭環境的反應，彷彿在回應外在世界。從出生的那一刻起，孩子的第一個動作，就是身體最深層的學習。

我們都曾經沉浸在充滿家庭和大自然聲音的世界：風和雨的聲響、水和生活在這個世界中其他動物的聲音。隨著電子媒體無所不在地入侵，我們逐漸漂浮在充滿模擬、人造聲音的世界，而這些聲音，普遍來自電子媒體。這些聲音只是在本質上與大自然聲音不同，但並非都是「不好」的。然而，其中的差異究竟在哪裡呢？

對嬰兒來說，不同的規範會影響動作，最終變成各種孩子的活動。有趣的是，嬰兒仍然按照他們一貫的方式，以可愛、混亂的方式吸引著大人最深的靈魂。然而，比起過往，現在的孩子在動作上卻遭遇越來越多困難。

如果把「動態」視為透過環境深層地學習，我們便可以開始將之理解為

「來自靈魂的微妙語言」，且在不同文化中，也有明顯區別。「動態」讓我們透過模仿喉嚨的運動，以及模仿聽到的聲音來說話，同時指導了我們的思想本質，也解釋了我們的氣質與對世界的看法。

現代人逐漸與運動覺失去感官連結，因為，比起過去，我們更缺乏自然或自發性地移動。舉例來說，「動態」透過我們製造的東西，以及周遭物品，反饋到我們身上。當我們被簡單、手工製工具圍繞時，我們的「動態」是自然的，也會從我們的內在自由地流動，彷彿我們創造了周圍的世界，並居於其中。

⏏「動態」就是人類生活的目標

然而，隨著工業革命和各種機器被快速發明，事情開始改變。不管是在工廠、農場、生活環境、工作或娛樂……社會上的各種層面，機器開始取代了我們的工作，我們也開始圍繞著機器生活，這時，我們的「動態」開始產生變化。

機器存在於工廠、農場、家庭、學校和企業中，這些原本都是我們工作、生活周遭的模範，促使我們呈現出一種機械式的「動態」。本來以「人類動作」作為原型的機械，因我們的日常生活被機械取代、包圍，最終，我們承接了機械性的「動態」，機械反而變成人類「動態」的模特兒。舉例來說，走在大城市街上的人們，他們走路的方式就像是汽車，機動式地移動。在發明、模擬了機器後，人類的「動態」就有了明顯不同的特徵。

孩童時期，我們會展現出最深刻的模仿，使成人從中感受到簡單而深厚的崇敬。這樣的「模仿」，不只是簡單地模仿外部活動，而是模仿最深刻的層次，甚至是細胞上，深入到動作背後的精神姿態。如果成人以快速、緊張、急切或令人不安的方式「動作」，孩子就會將其帶入自己靈魂的最深處，以同樣的方式展現動作。孩子不必親自接觸那些成人早已吸收進靈魂之中，某個具體的機器或電子裝置，就可以模仿並表現在他們的行動中。

在教育上，我們從來沒有考慮過這個問題：「孩子如何學到這個世界上的『動態』呢？」「動態」不僅僅是骨骼肌為了回應指令而產生的動作，「動態」也是對世界的回應。如果我想打開門，「門」這項物品就跟我「向前移動」的動作有關；「動態」會拉著我，用來實現「打開門」這項目標。我們的身體存在著「打開門」這項期望，正因如此，我打開門。如同所有大型或簡單運動，我們的動作都充滿目的性，這也是「目的感」的起源。

正如我們所看到的，「動態」是我們目的感的起源。遭受破壞的運動覺，會完全破壞我們「以目的感生活在世界上」的能力。這或許是運動覺被破壞下，最具毀滅性的結果——沒有目的感的生活，使我們陷入抑鬱、絕望，也喪失了面對世界不可缺少、與我們行動的內在連結。

⏏ 被電子媒體掌控的大人，也能給孩子健康的運動覺

當工業技術突破音速這項障礙時，「過動症」也被醫學「發明」，被診斷為「學習障礙」，並且在學校成為一種明顯、截然不同的存在。當我們開始從事電腦活動、仿效電腦的動作、飛梭在網路空間之中，過動症可能會更加普遍。

「動態」給了我們自由感和方向感。如果「動態」取決於無意識的模仿，而沒有被我們覺知，這種自由感就成了瘋狂、失去控制、跳出自我之外的監獄。這就是對自由的嘲弄，使得個體無法想像真正的自由，也妨礙人們了解自己內在對於人生目的和命運的感覺。然而，這種感覺對這個時代的人類非常重要，因為越來越多人不斷想找回這種感覺，且因為無法找到而陷入絕望。

對孩子來說，運動覺被破壞到極致可能會導致過動症，也可能會反而出現缺乏活力、惰性的狀態。惰性被認是自我意識低落、自卑的表現，事實上，自我會受損、衰弱，是因為運動覺遭受像是過度刺激或持續、強烈的變化。我們只能透過與自然界互動，療癒孩子的運動覺。因此，對我們這些「必須透過社群和與他人互動來接觸運動覺」的大人，就可以利用本書的遊戲和活動，幫助那些只會模仿機械、電子產品的孩子。就算我們的身體對於「動態」的概念是模擬、人造的，如同我們眼前所見的「動態」。但是，透過「教孩子玩耍」，也能夠加強我們的身體能力、承受這個世界的需求。

有趣的是，我也注意到：美國精神科博士哈羅德・萊文森（Dr. Harold Levinson）用非處方箋「暈車藥」來治療過動症和某些閱讀障礙，且結果非常顯著。然而，這樣的治療方式被學習障礙及醫療界藐視。因為這個治療方法太簡單、直截了當嗎？還是讓人感到太具有威脅性，或是因為他找出足以撼動醫藥市場的真正原因？如果我們總是被「動覺」，或是「不平衡的感受」淹沒，就無法理解「暈眩」的感覺。

⏏ 平衡覺：讓孩子找到自己在世界上的定位

平衡覺以內耳為中心，讓我們感知到地球重力與身體之間的關係。當平衡覺以健康的方式運作時，我們不僅能夠站穩腳跟，也能夠在世界中自由地行動，不會因為失去參照點而跟著世界搖晃。

健康的平衡覺有更微妙地感受——即內心平靜和安全感。有了平衡覺，作為能在天空之上與地球之間生存的人類，我們能找到自己在這個世界的定位，並且在周遭「其他自我」的環繞中，保持獨特的自我。在這個世界裡，很多事情會讓我們失去平衡，例如：當內耳感染時，嚴重時會感到暈眩。雖然許多微妙的不平衡會導致暈眩，但是這種感覺，更像是被周遭吞噬的模糊感。

感受到自己是種靈性的存在，是非常物質而有形的感覺。它不是靈魂出竅的超覺體驗，而且若一個人沒有感知到自己是靈性的存在，就有彷彿地面隨時會崩塌的感受。在這個摩登社會中，我們經常發覺自己從一件事中，轉向另一件事情：接聽電話、開會、解決一個又一個的危機、試圖以瘋狂的方式滿足迎面而來的要求。幾個小時之後，我們會覺得頭暈，甚至迷失方向。若你正處於這種狀況，建議你走到外面短暫休息，就會有明確的感受：平靜及安全感會再度回歸到內心。

⏏ 平衡感，是孩子認識「自我」的第一步

當平靜和安全感回歸，毫無疑問的，我們就能有機會恢復平衡覺。但是，你可以想想看：若我們沒有這樣的喘息時，平衡覺會是什麼模樣？可以

說，我們的生活會失去平衡。

平衡覺的有趣之處在於：「平衡覺」可以與「自我」在世界中有直接連結。然而，世界無法「給予」我們平衡感，只是連結「平衡覺」與「我們」的場域，讓我們能夠保持平衡。我們在相當早的人生時期，就開始挺身站立，除非有生理上的疾病，否則都用雙腳來平衡自己。沒有孩子會說：「喔！我晚一些再站起來，也許等 5、6 歲更強壯的時候再說。」每個孩子都是先站立，接著才開始說話。學習平衡是孩子為自己帶來的第一個重要成就，透過這種方式奠定生命的里程碑。也因此，人開始運用「我」來表達，而這個「我」，則是透過站立來了解自己。

剛出生幾週的嬰兒，若身體被擺放成不穩定的姿勢，肌肉便會自然的展現力量。當他們開始舉起小腳時，大多父母通常無法理解孩子的反射動作，反而會帶著笑容說：「看！他試著要站起來了！」、「噢！當我扶著他站起來時，他很開心呢！」我們不知道嬰兒並非「試著站起來」，而是嬰兒在過度出力以及強迫下，運用了那未成熟的肌肉，也因此反而造成身體損傷。我們應該讓孩子，用自己的力量來強健自己的身體肌肉。

當大人遊戲似的以早熟的姿勢托著孩子，孩子的這些力量就會慢慢變得虛弱。就算經歷了跌倒與碰撞，當嬰孩已經準備好、有能力把自己的身體向上抬起時，最終都會讓自己直直的站立起來。之後，孩子的身體會充滿力量，並且準備表達「自我」——也就是自由、獨立的個體。

⏏ 平衡感讓我們與這個世界產生連結

3 歲之前，光是上述這樣簡單的「誤會」，都會造成孩子平衡覺混亂。若在早期破壞了平衡覺，會深切的影響到自我意志。孩子在這個世界上的任務以及責任，就是讓自我意志發展和成形。而平衡覺，這充滿自由、獨特的平衡，是孩子與世界、他人、靈性合一的基礎。

但是，若有人在平衡感上總是有點失衡呢？當平衡覺被破壞，又是如何表現在孩子的行為中？早期發展階段，輕微失衡可能不會引起太多的問題。但是，我們有能力用另一種方式來補足這輕微的失衡，甚至是我們的母親都無法感覺到自己的孩子失衡，或正在努力補足失衡狀態的問題，就連我們自己，都可能不知道自己有這樣的狀況！但是，這種失衡卻會用不同的方式反彈、表現出來，就像是：當一個人試圖在這個空間中協調肢體、使用手指；或是，當眼睛在白色頁面上移動、穿越上面不同的暗黑色形狀、形體（我們稱作「一封信」）；或者是更顯著複雜的行動——用鉛筆在紙上進行複雜的手部活動，試著創造出剛剛提及的暗黑色形狀（寫字）。

生理活動需要巨大的平衡，才能把這些動作結合在一起，而不會覺得暈眩。令人困惑的是，若在生理活動上不平衡，並不代表極度缺乏運動，因為即使是非常細微的改變或干擾，都可能改變一個人的平衡，例如：真正的閱讀障礙。在主流教育中，我們沒有意識到人類的十二感官需要被培育、慢慢引導，走向和諧的內在關係，在這種情況下，我們需要注重身體的平衡，因為「自我」正試圖以和諧的方式，讓自己在這個世界中找到定位。

所以，正如我們所看到的：平衡是以感官的方式存在，它並不只是讓人能夠站立、不跌倒，而是與我們在世界之中的活動更具關聯。當我們來到這個世界時，平衡覺讓我們能保持不偏不倚的均衡狀態，並且將我們還給自身。若去過美國大峽谷，可能會感覺到不同程度的暫時暈眩；當我們站著一會兒，這個暈眩可能會過去，因為透過站立在其中並感受的方式，我們將自身的存在填滿了大峽谷。這個世界參與了我們的平衡感，它將我們自身回饋給我們，讓我們感受到自己在世界中的位置與關聯。如果我們無法體驗這個種感受，那麼，平衡覺便會被干擾，讓我們感覺到混亂、失衡。

當平衡覺被破壞的時候，我們會感覺到胃中有下沉的感覺，那種暈眩的感覺，彷彿我們一次轉了十幾圈，然後試著站直走路一樣。試想：當你每次想要閱讀或是寫字時，這個暈眩感就會湧上來，這樣的生活該有多困難？

⏏ 平衡感不健全，甚至會影響人際關係與課業

但是，若這種感覺更微妙：你無法理解它是什麼、從何而來，可是又明白每次在學校的時候，都覺得很糟糕，特別是在某些特定的課程；然而，在某些課程，卻又不會有這種糟糕的感覺，例如：藝術或是音樂課。當平衡覺

被干擾、破壞的狀態影響了全身（在大多數的情況下，平衡覺的確會影響到整個身體狀況），不僅僅讓人缺乏良好的運動技能，這種不協調的狀態，甚至會影響到孩子嘗試加入同儕遊戲時的表現。孩子可能會呈現出像這樣簡單的行為表徵——只想跑過操場、不受他人嘲笑，因為下課時間對這個孩子而言，可能是一場災難。

隨著我們越來越注重教育的技術性，越來越著迷於教育的不同教具，但卻對於真正重要的地方——「孩子本身」關注越來越少。當大人著迷於自己的小聰明，只著眼在不同的教具、教育學、教育法（理論上，這些教育形式對孩子來說，應該是好的），其實是干擾孩子感官最危險的元素。大人急著展示自己的教具、教學法，而忽略了哪些孩子被真正教導了。

事實上，「對於眼前的孩子缺乏關注」其實是一面明鏡，它同時映照出：我們對自身的存在，也缺乏關注！我們的言行、存在僅僅傳達、指出大人自身在感官上也遭受破壞、干擾。

⏏ 缺乏平衡的大人，無法給孩子健全的模範

缺乏平衡性一直是現今教育的問題，如果沒辦法在與他人的關係之中，真正找到立足點，並且真正的「直立」。那麼，不僅僅成人無法呈現健康的個體，或是值得尊敬的模範，孩子的自我也無法被肯定、發現，更無法被滋養和鼓勵。我們目前正面臨「自尊心低落」的困境，身為一個充滿自尊的老師，我發現孩子並不是藉由模仿學習，或是藉由周遭的環境來找到自尊；當孩子開始說「我」的時候，正是孩子自尊發展的時刻！

當老師試著透過自信、才華，以及面對問題的高度解決力來傳達身為老師的高自尊，可能只是在教孩子自我主義、利己主義，或者自我正義罷了！一個人的「自我」在內在發展時，同時也將「自我」呈現給其他人。若老師的內在能夠保持平衡、靈魂保有正直與誠信，被他教導的所有孩子都能夠歡喜地、不著痕跡地模仿來自老師內在那基本、不斷微調的平衡覺。

孩子曾經是無數遊戲的發明者，在一瞬間，遊戲被快樂地創造出來，並且很快地在下一刻被遺忘，因為新的遊戲會在下一瞬間被愉悅的創造出來。

我們正進入一個世代，我們的感官不再感受到真實的世界，而是創造一個擬真的世界。如果我們教孩子玩遊戲，讓孩子彼此自由地移動和互動，就能把孩子帶回到他真正的身體裡，並療癒他們的感官。

現在的孩子，年齡越大，就被要求學更多東西。我們都遺忘了，在孩子 3 歲的時候就學習閱讀，並不會增加孩子對學習的熱愛，只是在這個世界上創造了一個 3 歲就會閱讀的孩子。但是，一個 3 歲的孩子可以跑、跳、爬、翻筋斗……他的身體準備好進入這個世界，並在日後能以平和、沉著、帶著意義的方式進入這個世界。因為孩子活在平衡之中，並且有能力在這個世界中自由行走。在兒童活動領域裡，很多人都可以做到這一點。而我們必須知道：為什麼我們必須在特定年齡傳授孩子某些技能，且必須帶著覺知，清醒地面對那些喚醒我們的東西，例如：電視、電腦、電子產品、機械模擬世界。隨著科技的日新月異，我們必須更新和加強觀察並感知自己真實存有在身體之中的能力，因為這是人類在靈性上的最高展現。

我們必須感謝科技帶來的便利，這些科技迫使我們將清明的意識帶入感官。過去，我們模糊地注視著這些感官，現在則透過覺醒，清楚地看見我們的身體。這清明、覺醒的願景，需要更大的責任——必須教導自己的身體，感覺來自感官。自己所擁有、獨一無二的感受，不是來自那些偽裝的、不真實的模擬（例如：現在的高科技）這就是為什麼，這本書以遊戲作為顯性但是實際上是隱性的祝福，它是這個世界上，所有靈魂的療癒所在。

目錄 CONTENTS

Part 2 7～12歲學齡後孩子的遊戲

【Chapter9】11～12 歲孩子的遊戲：從遊戲中排解成長焦慮 231

【Chapter10】華德福奧林匹克運動會：展現優美、真理與力量 259

【前言】為什麼我們需要這本書？

我們的誕生，只是一場睡眠和遺忘，
與我們共生的靈魂，我們的生命之星，
本已墮往別處，又自遠處蒞臨。
靈魂非完全地遺忘，也非十足的空白，
我們駕著雲彩來到，那是我們的父神所在之地，
當我們還是嬰兒時，天堂便是我們的所在之處。

威廉・華茲渥斯（William Wordsworth，1770-1850，英國詩人）

有人曾問過一條魚：「在水中生活是什麼樣子？」
魚回答：「什麼是水？」
然後，魚問這個人：「生活在空氣之中是什麼樣子？」
人回答：「什麼是空氣？」

金・約翰・培恩博士（Kim John Payne，華德福資深教師）

為什麼我們需要跟孩子玩遊戲？

嬰兒出生時，正如英國詩人威廉・華茲渥斯所說：「孩子仍包覆在天堂的力量之中。」在童年的旅程中，每個年輕人都會遇到，並且通過所謂的「生命之檻」，這本書就是關於這些「生命之檻」——關於孩子如何經歷這些生命之檻，以及我們如何幫助孩子辨別，並且給予他們表達機會。

⏏ 這本書跟其他的兒童遊戲書有何不同？

生命，是一場揭露、發覺人生任務的長程之旅；遊戲，正是這段旅程中的休止符，讓整段過程，有了意義。

這本書不僅僅在概述「如何規劃兒童遊戲」，同時讓讀者充分了解「搭配特定年齡層的遊戲」，以及「不同的兒童發展階段」。因此，這本書可說是兼具「兒童發展指南」和「實用遊戲書籍」。

遊戲的過程中，常常會有不同狀況與問題。書中有不同的例子、方法告訴我們「如何幫助孩子」，尤其是那些難以加入遊戲的孩子，可能會透過退出遊戲、干擾、搗蛋來表達自己。這些孩子需要找到創新的方法來遊戲，並以更健康的方式與其他孩子、成人產生連結與互動。

有些孩子會在遊戲中遭受孤立和嘲笑，自尊心往往受到嚴重的影響，且這樣的負面情緒，通常會不斷影響其他生活領域。**本書中的遊戲是專門為不同生理程度、能力的孩子所開發，也重視所有遊戲參與者。因此，參與遊戲的每一位孩子，都能在其中享受到快樂，並且找到自己在遊戲中的角色。書中有許多舉例，提到如何帶領內向型、注意力不集中、過度支配型、頑固型的孩子一同參與。**

⏏ 遊戲是成長的必經之路：讓孩子緩解情緒與行為問題

我們常常說孩子「長大」，事實上也的確如此。但是，若你聽到孩子也需要「向內在」或「向下」扎根時，你會怎麼想呢？

孩子透過遊戲成長，在嬰兒時期，必須先學習周遭世界。有時候，孩子的目光似乎看得遠遠的，彷彿超越了現在正踏入的這個「新的物質環境」，孩子的存在是只有表面、外在的。

然後，隨著歲月流逝，他們在空間上更「靠近、進入」自己，孩子開始玩手指遊戲、拍手遊戲、跳、嬉戲和跑步；他們成長，並對於空間學習更加熟練，也知道如何在其中移動。孩子想要有更多的遊戲，這些遊戲也涉及更高的社會複雜性，以及需要更多的溝通、協商能力。

這趟旅程從兒童時期玩手指遊戲，到青少年時期打籃球，他們的身體也越來越重，也是孩子「向內在」與「向下」扎根的成長過程。在「長大」與「向下扎根」間，存在著一種動力，同時，孩子需要「進入」自己的內心中，也需要「擴展」到外在的世界。

老師或治療師，對這樣的觀點特別感興趣，它可以幫助我們察覺孩子是否在某個成長階段「卡住了」，並透過參與某些遊戲和活動幫助孩子克服障礙。這或許是一個具有爭議性的方法，但又是一個值得探索的迷人概念！一次又一次，**我親眼目睹當我們提供孩子正確的活動時，他們在情緒上、行為問題上獲得緩解。原本，與孩子對話時可能存在的猜忌與防衛，在引入特定的遊戲後，也開始消逝，孩子需要被治癒的障礙，也開始消失。**

如何使用本書？

遊戲是孩子與生俱來的學習能力，透過遊戲，孩子除了從中更認識自己的身體大小肌肉、訓練自己的體能以外，更重要的是，孩子透過遊戲，排解他們對於外在世界的壓力，以及與人相處的能力。透過大人（不論是老師、家長、共學團體……）簡單的引導、提供靈感，孩子也能從遊戲中，發展創意與想像力。並在幾年間，被許多孩子變形、加深難度，甚至是創造出另一個新遊戲。以下，我將提供對本書的完整介紹，以及最重要的「如何使用本書，引導孩子從遊戲中發展自我」，成為所有家長、老師的引導工具書，讓孩子從我們清明的帶領中，學會創造屬於自己的天地。

▼ 如何向孩子介紹遊戲？

→孩子最容易理解的介紹方式：抽象概念、具體圖像、模仿

・抽象概念介紹法

有些孩子可以理解大人以語言、文字、圖表等等智能理解來解釋遊戲，並且開始跟隨。當孩子到青少年中期的時候，通常都已經有能力理解，也能從中抓出重點。

・具體圖像介紹法

部分孩子對具體圖像、生動描寫的形象較能夠產生連結跟理解，有時候甚至需要故事鋪陳來帶入遊戲。遊戲的場域可能被描述成有老虎的叢林，或是鯊魚正在游行的海洋；樹跟牆壁可能被想像成城堡，或是具有魔法，當孩子摸到時可以隱形、不會被抓到。從 4～5 歲，至 11～12 歲之間，大多數的孩子都會透過這些方式豐富的想像力，也可以使遊戲更加生動活潑。

如果說：「孩子不會受到可怕圖像的傷害！」好像有點奇怪，例如：描述鯊魚或者巨人正在追捕他們。事實上，孩子會自然的以神話學的方式將這些怪物、生物帶入遊戲，這種方式更像潛意識的情感表達。當這些可怕圖像被引用在遊戲中時，孩子就會獲得機會，將存在於表面之下的情緒、恐懼、祕密、隱藏的渴望，以童趣的方式來表達和經歷。

以這種方式呈現遊戲的另一個主要優點是：遊戲將不再著重於某些特定的生理狀態，並容許不同能力的孩子在其中找到自己的角色。這些遊戲可以刺激創造力，更可以打破某些孩子對於遊戲器材的恐懼，例如：有些孩子害怕使用球，但是，當球在遊戲中變成了需要躲避的劍，或者是需要被保護、珍藏的寶藏，你會發現，這些孩子會很開心加入遊戲。

孩子尚未經過想像力的滋養，過度、過早聚焦在生理上的能力，通常會無法達到孩子試圖仿效的青少年、成人的標準，而感到挫折。孩子會變得過度在意輸贏，出現反社會行為，甚至開始搞破壞。具體圖像能幫助這些在空間、行為上早熟的孩子放鬆，讓他們能享受遊戲。

・讓孩子模仿你的動作

有些孩子比較喜歡事先看遊戲示範過程。他們需要在開始之前，演示遊戲如何進行，或是以示範的方式，將所有角色擺在他們處在的位置上，然後走一次位。這些孩子需要實際看到需要做的事情，然後著手實現，若用模仿的方式，會增強這些孩子參與的意願。模仿能力在孩子 5、6 歲時最為強烈，有些成人需要花幾小時來學習的活動，像是：複雜的手指遊戲、拉繩遊戲等等，孩子通常幾分鐘就學會了。這段時期，孩子也通常會開始模仿做家事的活動，像是：洗碗、在花園挖土。雖然，孩子有時候需要花幾倍的時間才能完成，但是這對孩子而言，是非常值得鼓勵、健康的「遊戲」！模仿是孩子發展健康意志的基礎，對孩子未來的內在力量，至關重要。

如何帶領孩子玩遊戲？

→理解你與孩子的學習模式，才能有效地引導孩子參與活動

雖然，我已概述關於孩子學習遊戲的三個面向，並且分類、歸因於各種年齡，但是，這僅僅是一般的指導原則，例如：像是對青少年介紹射籃動作時，領導者會以這三個面向做為教導的來源和依靠。首先，領導者會解釋技術性方法，像是身體、手的姿勢；接著，會將具體圖像帶入說明中，像是籃框的球環就像書架，大家要試著把書放進書架裡，讓球落在環內；最後是實際的示範——如何真正執行。這麼一來，領導者會觸動到抽象概念、具體圖像，還有那些善於模仿的學習者。

當然，**每個人都有這三種不同學習傾向，問題在於：在哪些年紀、哪些不同的情況下、哪些特質，這三個傾向中的哪一個會占據主導位置**。或許，最具挑戰的地方在於：身為成人，我們自己也有不同的特質傾向！清楚了解自己較偏向以上三種中的哪個面向，並且能夠鼓勵、帶領團體中的每一個孩子，是身為大人的任務。例如：我們在解釋事情時，比較偏向抽象性概念思考；可是，當有些孩子「卡住」，沒辦法理解時，我們可能會用另一種詞彙來描述、解釋這個任務。但是，我們仍會被卡在「抽象概念溝通」的範疇，所以若孩子仍然無法理解時，可能會覺得自己被排除在外、不被接納，甚至會開始干擾其他人。這時候，大人可能會開始訓誡、懲罰孩子，但是說到底，一切的根源在於大人身上——因為大人沒有清楚的自覺與意識。

如何創造適合孩子的遊戲？

→從日常生活中尋找遊戲創意與靈感

在遊戲中，盡可能引用兒童當時所處的環境狀況。解釋新遊戲以及規則時，不要只用鄉村、河流、山脈，而是要加入城市以及城市生活的圖像。據統計，美國總人口約只有 5% 居住在農村，這種鄉村與都市人口居住比例，是文化趨勢。孩子經常使用遊戲與內在連結，用來了解周遭環境，或是家庭和學校狀況。舉個例子，我在遊戲場中，曾無意間聽到一首孩子的自編童謠，這首童謠是孩子處理自身經驗，還有對離婚的理解。以下是這首童謠的內容：

爸媽在打仗，去了法官那，查到了法律。
媽媽星期一，爸爸星期二，媽媽星期三，
爸爸星期四，媽媽星期五，爸爸星期六，
星期天是休息日。

我並不建議成人編出類似的歌謠，但是，只要內容涉及孩子的個人經驗，我們就應該把這種自我表達、內在處理方式留給孩子自身。但是，我們可以回想自己的童年，並且重新傳授一些傳統韻律，甚至是自編一些韻律詩、童謠給孩子。當你將一首全新、專門為孩子而做的童謠呈現給孩子，幾天或是幾週後，當孩子快樂地唸誦它時，你會感到無比的欣慰和滿足。

我們還可以在遊戲中加入「季節」的元素，利用秋天的落葉、冬天的水坑和雪來發明遊戲。舉例來說，最近，我看見孩子在玩追人遊戲，其中一個孩子蜷曲地坐著，將自己覆蓋在秋天的落葉之下，其他孩子必須小心翼翼地靠近他，才不會被發現。我們可以想像葉子沙沙作響，或者當他終於衝出那一堆落葉並把其他人追趕走時的刺激。

⏏ 將童年還給孩子——遊戲的語言

舊時代的童謠、傳統遊戲在孩子的學習中，扮演了重要的角色——幫助孩子學習、啟發創造力，以健康的方式培養社交能力。但是，隨著電視、影片、電腦遊戲和學校電腦課的衝擊，許多現代孩子都喪失了這些機會。

我所謂的「遊戲場文化」已經成為了一種朦朧的影子，在不遙遠的過去，「遊戲場文化」其實是一種充滿喧鬧、有著豐富滋養的活動。遊戲與童謠，這些口語相傳的傳統正在崩壞。

50、60 甚至 70 年代的人們，可能是最後一批記住這些傳統遊戲、歌謠的人。孩子逐漸忘記如何與彼此交流，或是如何開啟交談。即使在亞洲，或是非洲某些文化，故事和遊戲也開始消失。作為「人類參考（文獻資料）圖書館」的我們，必須教導孩子，讓他們反過來可以教導彼此。這需要我們捲起袖子，跟孩子一起共度不僅是有質感，且是歡樂的時光。當孩子擺脫外在事物的衝擊，我們便能安靜地退出，將那些美好，交給孩子。

一開始，我們不得不幫孩子解決彼此之間的衝突和糾紛，但是，當他們重新學習到「玩耍的藝術」時，我們就可以慢慢退出。孩子間的爭執不一定會減少，但是，討論後產生的決議一定會越來越公平、清明、有素質。

彈珠、跳繩、跳房子、追逐遊戲、摔角、決鬥遊戲、球類遊戲，例如：美國的四方手遊戲（見【遊戲 188】四方手球），這些遊戲背後，都隱含著孩子渴望嘗試的需求，孩子間的團體很快就會出現。

一開始，孩子對遊戲的注意力可能很短暫，這取決於他們平時如何度過閒暇時間；但是，慢慢的「療癒」會在遊戲之中發生。我們可以將孩子的童年還給他們，其中一個有力的方法，就是重新教導他們那些被遺忘，但是曾經很受歡迎的語言——遊戲的語言。

如何用遊戲的引導，解決霸凌

〈藍調，重回遊樂場〉(Back in the Playground Blues)

我夢見我回到的遊樂場，我大約四英尺高，
是的，我夢見我回到了遊樂場，站在四英尺高的地方，
遊樂場有三英里長、五英里寬，

破碎的黑色柏油地面，被高高的鐵絲網包圍，
破碎的黑色柏油地面，被高高的鐵絲網包圍，
它有一個特殊的名字，叫做「殺戮場」。

我有母親和父親，他們在千里之外，
殺戮場的統治者出現，
要大家玩「我們今天要『玩』誰」的遊戲。

你會因為你是猶太人而被「玩」；
你會因為你的黑皮膚而被「玩」；
還是因為你很孬而被「玩」。
你會因為你反擊而被「玩」；
你會因為你大又胖而被「玩」；
你會因為你矮又小而被「玩」；
你會一再地被「玩」，被人玩，無論任何原因。

有時，他們會拿著一隻甲蟲，一根根的撕下牠的六條腿，
甲蟲躺在正午時的陽光下，用牠僅有的黑色背甲搖擺著。
甲蟲無法乞求憐憫，甲蟲甚至無法滿足他們一半的樂趣，

我聽見冷如冰山的低沉聲音說：「上天為了考驗你的生活，預備了他們的存在。」

但從我出生至今，我仍未找到比殺戮場更糟的地方！

阿德里安・米切爾（Adrian Mitchell，英國詩人）

為什麼用「玩遊戲」，就可以抵制霸凌？

→遊戲不只是玩樂，同時也在無形中讓孩子學會人際關係

比起通常的做法，像是：跟孩子談話、教導，或是對於霸凌者毫無意義的課後留校、拘禁、懲罰，遊戲對受害者而言，是一種更深層次的動力。許多遊戲可以幫助霸凌者以及受害者，提供更多社交方式與他人互動。

遊戲並非處理霸凌唯一的答案。但是，我看過**遊戲改變孩子的社交方式，包括：改善了彼此之間不健康、傷害、歧視性的互動模式。**

仔細設計遊戲、實際監督、管理遊戲的優點在於——能夠有效控制霸凌者與受害者之間的接觸，以及接觸互動的程度，但又不會加劇彼此間的衝突，或點燃危機的火焰。同時，所有參與遊戲的孩子都會在遊戲中經歷社會發展動力——人類身上的動物性會逐漸削弱，道德、智性會逐漸發達。大家的焦點會從彼此個性上的衝突，轉變為更情境化、更客觀化的觀點。透過遊戲，孩子可能會把原本「我討厭約翰」這樣概括性的陳述，轉變成：「當約翰在……的時候，我討厭他。」遊戲提供孩子在衝突領域合作的機會，且受害者不會被完全拒絕與排斥在遊戲之外。

遊戲也可以讓那些欺負人的孩子（或其餘孩子），有機會表達領導者的實力和積極正向的一面。會欺負他人的孩子，其內在通常有一種深層的不安全感，因此會努力尋求同儕認可。當這樣的孩子受到同儕注目時，也會透過嘲諷、折磨他人來尋求某種認同。通常，霸凌者會挑選在某方面比他弱的孩子，不論在生理上或口頭言語上，也通常會比受害者更強壯。遊戲會幫助這些孩子將力量和能量，用在健康、正面、積極的面向，例如：狼與羊、貓捉老鼠、賽車……這些本書中提到的許多遊戲，可以讓欺負人的孩子，將力量

用在保護那些比他弱小的孩子身上。

藉由不同的遊戲類型與設計，讓孩子展現各自的優勢

→遊戲是孩子第一個社交場合，透過正確的引導可以改善人際的關係

觸發霸凌者習得、做出欺負他人行為的原因很多，可能是在學校或家中，感受到周遭環境具有攻擊性、家庭危機、巨大改變、學習困難和挫折；或是家中成人、運動明星、歌星，這些孩子的學習對象具有侵略、攻擊性。遊戲可以向這些孩子展現：如何將自己的侵略性引導到正面積極的地方。若孩子繼續以不恰當方式來破壞遊戲，可能會冒著失去同儕肯定、認可的風險。有趣的是，遊戲場可以是最糟糕的地方（孕育了許多不健康的行為），也可以是最棒的地方（孩子在其中學到如何合作，同時也為他們認定的正確信念而堅持）！**若老師和家長將有趣的活動引進遊戲中，就可以翻轉遊戲場跟家庭遊戲時間，讓「殺戮場」變成「療癒場」。**

英國詩人阿德里安・米切爾（Adrian Mitchell）所寫的〈藍調，重回遊樂場〉，提供了生動的圖像來形容被霸凌的經驗。被欺負的孩子除了在某些方面比較弱之外，通常在外表上也有明顯的不同，例如：戴著眼鏡、不同的膚色等等。若有仔細規劃的遊戲，這些差異就可以被忽略，或是以積極、正面的方式強調彼此的差異。

舉例來說，拔河遊戲時，我曾經成功的讓一位超重的孩子成為穩定全隊力量的角色——錨手（位於拔河隊中最後方，不同於其他選手，可將繩索從腋下穿過，通過背部到另一邊肩上，最後再繞過腋下，是最能發揮力與體重優勢的位置）；又例如那些比較嬌小，但通常也比較敏捷、快速的孩子，我也會因為這些特質，在遊戲之中給予他們特定任務，例如：在追逐、貓捉老鼠這類遊戲之中，就需要快速、突然改變奔跑方向等等個人優勢。

有些孩子是緩慢的思考家，通常能在腦海中將事情具象化。在需要描述圖像的遊戲中，比起聰明的孩子，這些緩慢的思考家可以更快完成遊戲；害羞、退縮、孤僻的孩子，通常是很好的觀察家，他們在遊戲中擔任的亮點可

在於警衛、看守者，例如：「【遊戲 160】攻陷城堡」。

遊戲中的結構、組織性也能受益那些被欺凌的孩子。通常，霸凌都是發生在非結構、非組織性、自由開放的時間，像是下課、放學後……我發現，如果提供孩子都喜歡的遊戲，他們會在休息時間繼續玩這個遊戲。因此，發生霸凌、欺凌事件的可能性也會降低。透過遊戲，你可以讓那些「可能被欺凌的孩子」展現隱藏天賦，幫助同儕看見這個孩子的力量、贏得同儕的認可；當孩子缺乏自信心、失去同儕認可，就是反社會行為的根源。

⏏ 處理霸凌四大要點：快速解決、不責罰、不公開、不嘮叨

【要點1】快速消除、解決事件，並將孩子的注意力轉移到其他地方。否則，原本應該注意的問題，像是真正的感受、隱藏的含意反而會失焦，也容易分化兩邊的人。

【要點2】不要懲罰、責怪霸凌者。這只會讓受害者感到更加孤立和壓力，導致之後的霸凌情況變得更加隱蔽、不為人所見。

【要點3】不要在孩子的同儕面前公開訓斥霸凌者。這只會幫助霸凌者獲得地位，並且強化他「壞孩子」的形象。

【要點4】不要花幾個小時訓話，而是設計有趣的活動。讓霸凌者、受害者跟其他幾個朋友可以一起參加。

「不要責怪」霸凌者的主要原因在於：整個學校還有社區，都需要徹底培育「勇於說出來」的文化。任何人看到霸凌事件，或是有人被欺負，都需要擁有：「我可以勇敢地揭露這件事情。」的感覺，而且清楚知道自己不會因此而遭受到迫害。當關心這些事情的孩子感覺到安全，並且受到老師以及家長的尊重，知道所有問題都會被徹底地處理，這種文化才有可能實現！將孩子分成小組、傾聽孩子的想法：他們覺得怎麼樣才能做得更好。

如何降低遊戲中的紛爭？

遊戲中總會遇到需要分組，或是孩子出局的時刻，適切地引導就可以免除讓我們頭痛的爭吵與紛亂，同時還能讓孩子感到我們的公平與公正。以下，我提出了幾點常見的遊戲困擾，例如：如何分組、孩子出局時該怎麼處理，以及孩子不專心聽遊戲規則時可以怎麼做，讓各位家長與老師從中得到一些靈感，讓孩子的遊戲只有開心與快樂，而不是失望難過的收場。

⏏ 如何公平、公正地幫孩子分組？

在一般情況下，讓隊長選擇隊員，常常會導致能力最強的孩子最先被選中，而最弱的孩子總是留到最後才被挑中。這種情況對個別的孩子來說，可能是很困難、煎熬的情境。所以，我總是用其他方式幫孩子分組：

・報數分組法

簡單的「報數分組」方式，就是讓孩子先圍成圓圈。讓孩子圍成圓圈的方法很簡單，要求孩子在你身後排成一條線，然後往前走或是小跑步，移動成一個圓圈，持續移動到所有人平均分布在圓圈上。做好圓圈後，每個人開始報數（或是兩個人一組報數），報雙數的人往前站一步，進而創造內、外兩個圓，就會形成兩個隊伍。

・以孩子的能力分組

對於 11～12 歲以上的孩子，我會請 A 隊隊長先選一個隊員，然後請 B 隊隊長選擇「與 A 隊隊長選擇的人，有相同能力的隊員」，如果能巧妙要求隊長多樣化選擇隊員（例如：不總是先選最強壯的），對整個團體而言，會是一種令人較為滿意的經驗。如果這個方法起不了作用，可以要求孩子找與自己能力平等、相同的人組成一組，如果一方隊長選擇這組的其中一員，另外一個人就自動加入另一隊。兩名隊長可以輪流選擇自己希望的隊員首選。

・運用傳統唸謠分組

讓參與遊戲者形成一個圓，或是一條線。接著讓大家一起唸謠，並請其中一個孩子隨著韻律碰觸或用手指指人，點選眼前的同伴，當唸謠最後一個字結束時，被點到的孩子會被分到 A 隊；重複剛剛的動作，這次最後一個被點到的人，會加入 B 隊，直到所有孩子都被分到隊伍為止（可以參考〈【Chapter 4】中的「抉擇歌」〉）。

▼ 孩子在遊戲中出局時，我們該如何引導？

→孩子出局時，給予簡單的懲罰，但不要將孩子永遠排除在遊戲之外

當孩子跳不過跳繩、沒辦法接住球……那麼便「出局」了！我個人不傾向讓出局的孩子，在剩下的遊戲時間靜靜地坐在旁邊等待。因此，**我建議在大部分的遊戲中，當孩子「出局」時，不要將孩子永久排除在遊戲之外。**

通常，我會讓孩子形成一個「等待復活」的行列，例如：某個遊戲最多只能兩個人出局。克里斯出局了，他是「等待復活」行列的一號；接著，派蒂也出局了，成為「等待復活」行列的二號；之後，瑪琳達出局了，由於最多只能兩人出局，因此「等待復活」的一號克里斯可以重新加入遊戲，且派蒂從「等待復活」二號變成一號，剛剛出局的瑪琳達則是「等待復活」二號。我們可以自行決定「等待復活」的隊伍要排多長、有多少人等待。

「懲罰」也是在傳統上，對犯錯、失誤時常見的處理方式。它經常在所有參與者同意下，以不同形式呈現，例如：跳繩的時候，被繩子打到而停下，就可以單腳跳三下，做到的話，就能回到遊戲之中。

▼ 解釋遊戲時，可以用下列方法提升孩子的專注力

→我們可以藉由引導，讓孩子從遊戲中學會尊重、專注

請使用想像力圖像來延伸對遊戲的詮釋。告訴孩子遊戲的背景故事時，讓孩子圍著你、一起坐在地上，這個方法可以幫助年紀較小的孩子了解，我稱此為「賽前例會」。我們會形成一個緊密的小團體、所有人都坐下，讓我

能夠在安靜的情況下告訴孩子即將要做的事。我通常會告訴孩子一個小故事，故事中蘊含著待會遊戲所蘊含的圖像。

另外，對於年紀稍長的孩子，可以讓他們站或坐著形成一個圓，在解釋遊戲時也很有效。我經常要求孩子形成「腳趾圈」，為了讓小腳形成完美的圓圈，孩子都必須圍成圓圈、專注看著自己的腳，確保彼此的腳能夠排列整齊。這個小動作讓所有參與遊戲的孩子有關注的焦點，對於讓孩子形成一個小圈圈出奇有效，否則，孩子通常會花比較久的時間來圍成圈圈。

在球類比賽中，當我們需要說話時，有時候我們會用「說話球」。當你需要澄清、解釋的時候，就把球握在手中。這時，只有拿球的人可以說話，其他人必須保持安靜並且注意聽。當拿球者結束說話或問題時，球會被傳回遊戲領導者手中，然後再傳給下一個想要說話的人。這個儀式能幫孩子學習到「尊重對方發言權」，更重要的是，讓孩子的意見能被他人聽見。

結束遊戲時，也是訓練孩子「反思」的時刻

→有始有終的遊戲，讓孩子學會思考、安定遊戲時的浮躁心情

對參與遊戲的孩子來說（尤其是年幼的 3～9 歲），玩遊戲的時候，必須有一個明確的結局。正如故事要有結尾、旅程要有目的地、信件需要有結尾祝福語，遊戲也需要明確的結果。遊戲領導者應該在遊戲開始前告訴孩子：什麼情況下，遊戲會結束。儘管讓遊戲結束的情況看起來很明顯，但是，有時候會因為沒有釐清：什麼時候、什麼情況下會結束，導致滿腔熱血的開始，然後草草結束，更糟糕的是：最後，孩子間產生爭議、起爭執。

對 10 歲以上的孩子而言，「回顧」剛剛所玩的遊戲相當重要，這樣做能幫孩子發展反思性思維，讓孩子安靜下來，也可以讓孩子意識到遊戲時間已經結束。我甚至在最後提出：所有人需要 10～15 秒完全寂靜的建議，幫助年輕人在身體更深的層次，吸收剛剛所參與的所有活動。

對年幼的孩子來說，與遊戲角色呼應的簡單故事也可以達到「回顧」的目的。孩子在自由時間自在地玩遊戲，對遊戲自然會有「建議」。當孩子走在回家路上時，常常會討論遊戲中的失敗和勝利。

孩子破壞遊戲規則時，怎麼處理？

孩子為什麼會擾亂遊戲？

→不願遵守規則的孩子，通常是為了反抗責任與後果

孩子通常會尋求行為規範內的安全感，以學習到「什麼行為是可以被接受的」，這也是兒童學習與這個世界連結的方式之一。孩子通常會為遊戲制定非常詳細的規則，當有人犯規後，開始在規則中建立「懲罰」。這些規則通常都很複雜，而遊戲中的懲罰也相當嚴格。當孩子在隔天重新玩這個遊戲時，又會產生新的動力：其中一個孩子有了些好點子，然後遊戲規則便會因應他提出的好點子而改變。孩子會利用這種方式學習、精進社交能力！

有些孩子會慣性破壞規則，彷彿沒有辦法控制自己不去破壞遊戲。有些孩子可能不那麼頻繁地去破壞遊戲規則；另一些人則會用公開，甚至有些挑釁的方式來破壞規則；還有些人則是會私底下悄悄這麼做。一般孩子，或是那些愛搗亂的孩子，破壞規則的原因都不同，也有著不同的影響。

經常破壞遊戲規則的孩子之間，有著普遍的關聯性：他們企圖反抗承擔責任、不願接受後果。除了這些在遊戲中表現的行為，更重要的是這些孩子在生活上也可分為以下兩種特徵：

第一種最為常見，孩子的家庭生活異常鬆散，很少受到大人管束（如果真的有人管束他的話）。孩子在家破壞規矩後，其後果通常不明確，否則就是無法好好執行，於是孩子通常有大量無人看管、無人監督的空閒時間。

孩子對規則無法產生連結，也很少有機會參加組隊遊戲，或加入制定遊戲規則的過程。孩子對於破壞規則的人不是毫無感覺，不然就是過度反應，這也會呈現孩子不了解遊戲現狀。若因上述事情，孩子承受來自其他參與遊戲者的壓力，有時會直言不諱、威脅地說：他要退出遊戲。有時候，其他孩子會改變規則去配合，或是對他那些犯規行為睜一隻眼、閉一隻眼。

有大人監督的情況下，如果能鼓勵這樣的孩子成為遊戲中心，對他會有益處！你可以挑選這類孩子成為其中一隊的隊長，或是遊戲中的重要角色；也可以鼓勵孩子參與制定遊戲規則，通常，當孩子可以分享遊戲的「所有權」，也可以幫助孩子，例如：賦予這位孩子責任，讓他成為某些情況下，唯一可以拿球的人，或是讓他幫忙分發遊戲中需要的器材。若孩子不認同現在的遊戲規則，當規則被破壞時，鼓勵破壞規則的人重新制定新規則，這樣的方法對那些缺乏組織、形式的孩子來說，相當具有助益。

第二種孩子的經歷則是另一種極端，他在異常嚴格、權威式父母的管教之下，不服從的後果通常來得迅速、直接，且通常不會有減輕處罰的情況。

這種孩子通常會渴求領導遊戲規則的制定，並試圖強化。孩子所制定出來的處罰也相當僵化、缺乏想像力；當孩子被指責違反遊戲規定時，就會強烈爭辯；當孩子遭受壓力時，甚至會企圖重新界定規則來容納、合理化他的行為。如果孩子輸了，通常會非常生氣、心煩氣躁，並出現威脅性行為，這樣的表現，通常也是孩子父母對待他的方式。

一開始，我們可以要求這類孩子調解他人爭端，可以讓孩子對規則產生連結；然而，他也要提名他人、其他小團體擔任遊戲裁判，如此一來，這類孩子就可以像辯護律師一樣，代表他人爭辯最終決議，並且被他人聽見自己的聲音。但是，我們同時也要鼓勵孩子同意他人的決議。最後，若有需要，孩子也會被賦予任務去適應規則。面對這類孩子時，我們或許有必要通知孩子的家長，說明孩子面臨的困難，以及我們打算如何來幫助他。

如何利用孩子的「特質」來引導遊戲進行？

→認識孩子的特質，讓我們引導遊戲時，能更加順暢

還有許多狀況會造成孩子破壞遊戲。有的孩子很自然的，就可以與規則有很強的連結，比起上一段所概述的特質（我們稱之為後天的「習得行為」）更加根深柢固。這個扎根更深的特質，就是一般人所熟知的「特質或氣質」，氣質在孩子對於規則、後果的關係上，的確有重大的影響。

以下，我會將孩子的特質分為：風、水、火、土。單單就以四種分類來區分孩子，似乎過於僵化，且帶有偏見的為孩子貼標籤。事實上，這樣的分類與僵化、偏見恰恰相反，真誠理解反而是給他人最大的禮物，在面對孩子時尤其如此。如果，有些孩子在行動上看似消極，甚至會帶來衝突，請試著用：有洞見、察覺力的層次來同理他們。這樣，就可以消除那些可能帶有毀滅性的行為，並且打開新的可能、產生新的連結。這四種氣質，在對孩子的理解、同理上的發展有很大幫助。

第一步，盡可能客觀定義自己的特質，盡可能誠實認出自己的主要特質。這或許是最重要的一步，就是幫助自己和他人確認特質的方法，可以問：「我不是什麼特質？」這應該可以為你帶來答案。當然，每個人的內在都同時具有這四種特質，但是，通常會有一或兩個特質具有主導地位。觀察一段時間後，你可能會注意到：在某些情況下，某種特質往往會顯現出來。

第二步，拋開對另一個人先入為主的感覺。不帶審判而是帶著傾聽、自覺來觀察他們的行為。事實上，當你做到這點時，往往可以把清明、新的清晰帶入彼此的關係之中。

第三步，想想看可以怎麼幫助這個情況呢？接下來我將提到的內容既可以激發你的認識、也可以指明前進的方向：

火向特質：噴火的拿破崙孩子

→利用「肯定」，引導火向孩子不輕易退出遊戲

有些孩子會把「規則」視為有界限的壓縮和限制，且會侵犯到自身的權利。通常，這種人是外向、占主導地位的，身形通常矮壯、結實，走路時會踏著腳跟走路。他們在說話時，會刻意使用加強語氣，且將遊戲視為個人挑戰、征服他人的機會。他們經常記憶力不佳、焦躁且坐立不安，尚未解釋完遊戲就不耐煩的行動。

有時候，他們會違反規則，只因為他們忘了規則，或是一開始就沒有聽清楚。他們會將自己的過錯責怪到他人身上，造成許多問題，因為，看到火

向孩子自己犯錯，卻把責任怪到他人身上，對其他孩子來說是不公平的。這個情況反而會讓火向孩子產生如「拿破崙般絕不妥協、態度堅持」的一面。

在衝突發生的情況下，必須小心、仔細地處理這類的孩子，他們有強烈的自尊心，需要輕輕跟他們說話；在極端的情況下，對話的時機甚至需要推延到孩子冷靜下來時。身為處理的大人，如果我們堅持要「在這裡把話講清楚」，可能會加強火向孩子的情緒，變得更加魯莽、粗暴、荒唐。

「批評」火向孩子時要小心，尤其在別人面前。我們要先肯定他們積極的事蹟，特別是那些需要勇氣、大膽的事蹟，用來吸取他們的領導能力。舉例來說：如果火向孩子想要退出遊戲，或是拒絕讓遊戲繼續下去，可以告訴他們：這個遊戲需要他們的投入，因為他們是非常強的玩家。同時，你也很清楚遊戲出狀況的原因與解決方法。

讓這類型的孩子不再「卡住」的方法，是讓他感覺到：一切仍在他的控制之下，自己並不丟臉。可以把解決方法悄悄耳語給孩子，他們會採取你的意見，然後興奮得彷彿是他們想到的主意、大聲宣布這些想法給其他孩子，並且讓每個人都注意到。面對這類型的孩子時，要「謹慎而堅強」，確保你做出決定時，即是最後的決議。我們必須正中要點、不含糊不清。若只是對孩子說：「因為你沒有全心投入，才會讓這個遊戲終止。」或者說：「我會讓別人取代你！」時，可能就是在質疑、挑戰孩子。同時，火向孩子會強迫或說服你改變主意，記得要堅定自己的立場，才能贏得孩子的尊重。

在澳洲，當森林野火失去控制時，消防隊員會點燃「逆火」，也就是在仔細精算下，小心但蓄意的點燃另一場火，在野火來臨前，預燒光一部分土地，以防火勢蔓延，用來與最初、不受控制的野火互相對抗，讓原本毀滅性的野火失去燃料而熄滅。這個原則也可以用來幫助火向孩子，當孩子處在因憤怒而尖叫的程度時，可以用同樣程度，甚至增加一些強度的方式來回應他。但是，最重要的是，這樣的回應必須不含「憤怒」的情緒，而是帶著清明的意識與「希望能夠幫助這個孩子」的角度回應孩子。但是，火向孩子的自尊心很高，若有他人在場時，應該避免使用這樣的回應；另外，這樣的方式在使用上也要非常小心，只能偶爾為之。

▼ 風向特質：飄忽不定的蝴蝶孩子

→利用「人際」來引導風象孩子專注在遊戲中

風向孩子並不會真的「破壞」規矩，只是「不理會」規矩罷了，因為對風向孩子來說，「規矩」只適用於「不幸需要它的人」。風向孩子喜歡自由地從一個情況移動到另一種情況，不會在一個地方停留太久。他們通常苗條、身體修長、體格健美、充滿活力、輕快、優雅且口才相當好。

風向孩子的友誼往往是無常、善變的，跟火向孩子一樣，他們的記憶力較差，但是能注意到自己周圍發生了什麼事。他們通常跟「當下」比較有連結。若指控風向孩子違反規則時，他們不會覺得自己被挑戰，也很少爭論，彷彿接受了全部的指控，讓他人以為問題已經解決。但是，我們之後才發現風向孩子根本沒有把注意力放在遊戲上，還是繼續犯規。

有時候，這樣的狀況會引起他人憤怒的情緒，因為風向孩子一直在搞亂、搞砸事情！唯一的處理方式，似乎是忍受風向孩子迷人，但讓人生氣的行為，要不就是把他排除在外。但是，風向孩子有時也會突然發脾氣，這樣的狀況會讓其他孩子感到不安、煩憂。身為帶領者，我們不能被風向孩子捲入情緒旋風中，而是要保持冷靜、超然，確保他人知道：這只是風向孩子時不時會做的事。你會發現，風向孩子發脾氣的情況一下子就結束了。

這些「蝴蝶小孩」，可能會用「打了就跑」的方式來表達憤怒跟不滿，他可能會說或做出傷害人的行為，或是表現出粗暴或反常的狀況，甚至會快速地改變話題，然後離開房間，讓剩下的人（尤其是土向孩子）來應付他造成的問題，或是讓其他人幫他收尾、收拾他所創造的混亂。事後，孩子會否認自己說的話，或是說「這只是一個笑話」，甚至說是「其他人把事情看得太認真」。風向孩子之所以這麼做，是為了避免讓自己感到不適的東西，也就是「後果」。

指出風向孩子需要負責的事情，以及叫他們承受後果，就像在溫暖的夏日抓蝴蝶跟蚱蜢一樣，成功的訣竅就是使用「網子」。團體合作時，最好用的「網子」就是：**在可以控制的情況下，盡可能讓更多人給風向孩子回饋與**

反思，且如實反映風向孩子的行為造成的影響，並且邀請他人告訴風向孩子：他是如何正面積極，但也負面消極的影響著他的所做所說。我們可以用輕快但直接的方式與孩子溝通，並且在溝通時，經常使用相同字詞。當孩子又「打了就跑」時，我們可以大聲說出這些固定的字詞，提醒他。

還有另一個處理方式：有旁人監督的情況下，發生衝突時，就要立即採取行動。如果我們延遲處理，風向孩子可能已經往下一個冒險前進，並對過去發生的問題不感興趣。在這種情況下，我們可以讓風向孩子試著領會他人的沮喪，也可以請他用「幫一個忙」的方式來補救、修正眼前的情況，藉此喚起風向孩子的同理心。這隻風一般的「蝴蝶」，對於培養「與人接觸交往」方面有極大的熱情，在生活方面，他們可能看似膚淺、缺乏深度，但是，可以透過「與人之間的親密聯繫」喚起讓他們熱愛、願意奉獻的事情。

▼ 水向特質：深沉如潮水般的孩子

→利用「耐心」引導水向孩子回歸平靜的心

水向孩子非常熱愛「規矩」，他們的座右銘就是：「每個東西都有屬於它的地方，每個地方都有屬於它的東西。」他們很少破壞規矩，如果真的犯規，且孩子也認同自己犯規，便會優雅地接受其後果。但是，如果他們並不同意自己犯規了，孩子可能會變得相當固執，不管外界給予他們多大的壓力！通常，他們表達生氣、抱怨的狀況很溫吞，但是，當有人犯了規卻不坦白，會引起水向孩子強烈的反應。

水向孩子的身形通常圓圓的，比較肉感，且以緩慢、從容的步態行走，但界線清楚且明確的姿態（部分的水向孩子有很好的邏輯推理能力、溫和可親，但有些則離群孤僻）。如果他們對這個遊戲有興趣，會是好的團隊成員，並在團體中具有支持性；如果他們很清楚遊戲內容，偶爾也會成為領導者，他們是戰略家、善於策劃，若有足夠的時間，也能夠制定出複雜的計畫。對於「新的」人事物，他們需要「大量」的事先告知與提醒，如果必須做不想做的事情時，他們寧願默默採取不合作的行動，也不會公開否決。

水向孩子的憤怒就像海浪，通常是從海洋深處、很遠的地方就開始成形，然後在沉默中慢慢膨脹、增長，最後以驚人的、災難性的力量襲擊地面。這樣的憤怒耗時而全心投入、魯莽且不計後果，會吞噬所有擋在前面的一切。之前，那有如潮汐般溫柔、綿延不斷、可以預期的潮水，已經不復可見，變成在各處肆虐的海浪。如果仔細觀察水向孩子，其實可以從一些突發事件中看出端倪、獲得預警。

正如暴風雨前，潮汐規律會變得不規律，水向孩子的反應也是如此。平常溫和、隨和的態度，會變得過分敏感、容易生氣，需要他人小心對待。他對於周遭事情的容忍度會變低、變得更隔離孤僻；所有重要的慣例、例行程序都可能中斷，你也可能只是單單的感覺到事情不對勁。當然，你可以用耐心、不具威脅性的態度來問他：是不是有煩惱的事情；但是，如果這樣起不了作用，請把你的船艙封好，或者是逃往高處，並且將你能想到的所有人事物做好損失控制，像是：警告家庭成員，或者是告訴班上同學：水向孩子的行為並不是針對個人，也不要被捲入他的憤怒之中。

跟水向孩子比誰的尖叫最大，或是期望用「吼的」來達成你的目的，幾乎起不了作用。憤怒完後，孩子會特別需要你跟周遭的人，在良好狀態下來安撫他，並且幫助孩子進行重建過程。如果太過指責或者過於憤怒，對水向孩子的重建過程並沒有幫助跟影響。就像潮汐經常改變舊的海岸線（水在這裡遇到土地），海洋會遠遠的退後到昔日記號的後方，露出被淹沒的土地，地球上充滿了這樣赤裸野生、未經耕作、在地圖上未被標記的土地，水向孩子罕見的情緒爆發，與海浪有明顯的相似之處，孩子的憤怒不僅僅影響、挑戰了許多舊有的形式跟慣例，也提供了潛在、全新的成長與改變。

這是一個相當微妙的時刻，你可能需要幾天的時間來安撫孩子，讓他放心，才能開始輕輕地給他建議，像是：哪些領域可以有哪些正向改變。孩子會需要時間好好思考，在處理思考與想法上，與其說孩子像隻兔子，倒不如說更像烏龜，他們需要更多的時間思考，但是我們要讓他知道一切都很好，因為孩子可能會在當下感覺到創傷、內疚、孤零零、沒有安全感。

對水向孩子來說，「改變」通常與「憤怒的情緒」密不可分。當水向孩

子活在幻想狀態而顯得冷淡、固執，使他「卡住」的時候，我們不用害怕，只要帶著覺知、直接跟孩子說話即可。跟孩子說話時不需要提高音量，只要認真、冷靜地說話就可以幫助孩子「震」出他自己的問題。你也可以利用孩子強壯的母性本能來改變孩子的狀態，像是對孩子指出遊戲中有許多人需要他的照顧和幫忙。

我們可能會常常聽到水向孩子帶著不耐煩的語氣，說：「這好無聊。」在這種情況下，你可以將「無聊」發揮到極致，請孩子先不參加活動，也不要做任何事情！孩子可能會享受這樣的狀態一陣子，沒關係，就這樣讓他待著幾次，讓孩子「充分」享受他的無聊。

讓孩子知道你沒有對他生氣，同時盡量不要與孩子有所互動，幾次之後，孩子會開始感到時間被虛度、空轉，進而向你要求是否可以加入遊戲。這個時候，給孩子一個溫暖的歡迎。雖然，表面上看來這只是一件小事，但從更深一層來看，這是在發展上很重要的轉變，可能對孩子的整體生活有更積極、正面的影響。

土向特質：憂鬱的百合花孩子

→利用「同理心」讓土向孩子更有勇氣參與遊戲

導致土向孩子進入衝突狀態的，其實是他們的自我專注。當土向孩子被指控犯錯時，他們是震驚、不高興的，因為他們全心專注在自己之中，無法輕易地了解其他參與者的觀點。

土向孩子將聽到的每一個抱怨、指控都視為針對自己的傷害攻擊，對那些挑戰他的人，孩子可能會以個人、主觀的評論來回擊，且無法輕易注意到眼前問題的來源，例如：土向孩子自己犯規。對於直接的嘲諷，土向孩子是相當敏感而纖細的，但孩子卻會自由地嘲諷他人。也因此，土向孩子容易成為別人開玩笑、公開欺凌的目標。

土向孩子的憤怒就像狙擊手，躲在安全、隱密、可以偽裝的地方，對射擊範圍內、具威脅性的任何對象施以傷害性、破壞性的評論。越是積極搜尋狙擊手，他就越會退避到掩護之後，並加倍射擊以保護自己，對各方面來說，都是相當危險的。當你試圖暴露他的藏身之地時，常會因此受傷，但是你必須控制、抓住他，否則孩子會企圖脫逃，不然就是在你的意志下讓步。

若要好好安撫、給予土向孩子保證，就能讓孩子知道你了解他的痛苦，並且告訴他：你並不是威脅。揮舞你的白旗，在你所在的位置和孩子退縮的位置之間行走，慢慢的讓孩子知道你並不會因為他所做的事情而責怪他，你只是想幫忙解決問題。只有這樣，狙擊手才會讓你接近他，儘管他不會因此放下手上的武器，但是下一次發生衝突時，孩子會認出你來，使得之後的談判更加容易。儘管土向孩子可能很想加入遊戲，但他們通常會覺得自己難以加入，他會站在邊緣，被想像中的傷害、汙辱、恐嚇，還有一切加入遊戲而發生的可能壞事束縛著。

土向孩子經常是纖瘦、苗條、舉止態度順從，但臉色蒼白。他可能會猶豫地說話，暫停一下思考別人會怎麼想他；對疼痛的忍受極限很低，可以感覺到每一個撞擊跟敲擊；他的朋友很少，寧願只跟一、兩個人有特別的聯繫；喜歡獨自活動，像是閱讀、畫畫，在自然中慢慢散步，並且特別注意到任何所看到的小細節；若談及土向孩子涉入的事物，或是與他有強烈關聯的人事物上，孩子的記憶力特別的好。

但是，土向孩子所顯現的每一個困難特徵上，都存在著正向積極的一面。孩子內心的橋梁需要被建立，從他的內在出發，跨越感覺之中的惡水，延伸到另一邊的世界，那個存在於孩子之外的世界。

若我們嘗試安慰、告訴他：「沒關係，這沒有那麼糟糕。」對土向孩子來說，並沒有什麼幫助，只是讓孩子更堅信：沒有人了解他，更加深他的隔離感。與其安慰孩子，我們可以採取「同理心」，或者試著想像土向孩子面對已發生或可能發生的壞事的感受。

如果我們觀察到土向孩子站在遊戲邊線觀看，幫助孩子最好的方法是：跟他談談「加入遊戲有多麼的困難」。給孩子支持和同理，例如：兩年前，有人用一個惡劣、糟糕的名字叫他，如果那個孩子又這樣叫他，我們可以跟土向孩子說：「為那個孩子感覺到難過，因為他必須用這樣的方式讓自己看起來很重要。」土向孩子需要試著克服內心的傷痛，身為大人的我們可以向他保證：下次絕對會注意這類的事情。

土向孩子也有極好的能力去注意到別人的痛苦，這會是一個美好的特質。若我們能夠幫孩子看到：自己能夠如何協助他人，或是孩子覺得自己正在做一些犧牲，他們甚至會竭盡全力地去服務、幫助他人。儘管我們需要理解與同理土向孩子，但是，要注意不要做得太過，反而讓自己變得鬱鬱寡歡。我們必須以仁慈、實事求是的方式，對於孩子過去發生的事情，還有未來的恐懼表現出同理心，在理解孩子感覺的同時，也需要一雙穩定的手、安全地指引他。

認識自己的特質，讓你用更適當的方式面對孩子

→處理孩子的狀況前，先了解自己的特質，才能更客觀地面對

打破規則的孩子可能相當惱人、討厭，甚至會令大人憤怒、生氣。你會有種：某個孩子不管在什麼情況下，就是會試圖用某種方式破壞遊戲，或使遊戲變得難以進行。即使你已經警告過孩子，仍然可以預料它會發生。

如此一來，可能會導致衝突不斷上升，讓你無法意識到自己當下的反應。晚上，當你回想起來這些情景，比起對孩子表現出的行為感到不安，可能會對無法控制的自己感到更不安。

在衝突的情況下，我們的反應很少是直接、明確的，但是，我們仍可以對自己執行幾個基本「檢查」。首先，也是最重要的：**檢查自己的特質**，例如：你有火向傾向嗎？當孩子在你面前對你喊叫時，是否會因為不能忍受失去面子，而有太大、強烈的反應？或者，你是否非常熱中於「行動」，所以解釋遊戲的過程太快，導致有些孩子不知道怎麼做、所以玩不起來？你是不是會因為風向性格，無法把注意力放在警告標語上，導致情況失控？你對於遊戲的解釋是不是會脫節、不連貫，使得有些孩子在「怎麼做」上意見不合、有分歧，導致衝突發生？你是不是因為土向性格做出苛刻、諷刺的評論？會不會因為孩子告訴你：他覺得這個遊戲很「蠢」、他再也不要玩這個

遊戲，讓你覺得受傷呢？你是否因為水向性格，對於自己精心、仔細、花時間計劃的遊戲形式過度執著，當孩子破壞它的時候，你會有強烈反應？以上只是幾個因為性格影響產生反應的例子，重要的是，我們不僅僅要看到孩子，還要看到我們「自己的反應」。

接下來，「主動接近、接觸孩子」是大人的責任，而不是讓孩子主動靠近大人。最後，看看那些過去曾經發生過，但是你處理得很好的情況，從成功中學習，去想想：為什麼當時孩子可以冷靜下來、接受我們的建議？

看看自己的生命史往往對於解決困難很有幫助，尤其是尋找「與現在正面臨困境的孩子、團體」同年紀時，你的生命故事。舉例來說，你可以問問自己：「當我處理孩子欺負比他弱小的男孩時，我會過度反應是不是跟我在那個年紀時，自己因為身材矮小被欺負有關係？」或者：「是不是因為內在無意識的恐懼、衝突，我並沒有真正的掌握眼前這個困難的情況？」、「我的反應是否為防衛性迴避（害怕時，選擇將自己隱藏起來，避開衝突）？」有意識地探究自己的內在，或許，就能找到上述這些疑問的答案。

處理遊戲中遇到的困難，不僅僅可以幫助孩子成長、變得更強壯，還可以幫助大人處理內在未解決的情緒。孩子會在無意識、不知不覺的情況下，給那些探索內心、處理自身弱點的大人極高的尊重。

正確的遊戲設備讓孩子學會創造、同理、堅韌

若可以，讓孩子積極設置、收拾遊戲設備很重要。當孩子積極參與這段過程時，不僅僅能夠有更多機會運動，也可以幫他們感覺到對於遊戲的「所有權」，讓孩子更加重視「在遊戲中所發生的事情」。同時，孩子也可以藉此學到：如何設置遊戲，如此一來，就不需要完全仰賴大人，就可以自己開始或結束遊戲。

這樣的想法也可以施行在設計、製作、收集遊戲設備上。老舊的木頭可以變成遊戲中的目標物，或是球棒；毯子跟麻袋可以成為基地、螢幕、洞穴等等。孩子可以花幾個小時，一次又一次重複使用這些設備，享受將「垃圾」變成遊戲設備的過程。

我深深地相信，那些可以被稱之為「無過程性」（指對於過程缺乏連結性，或者是對於過程性發展越來越少的意思，只知道享受成品、想要速成、甚至短視近利、只重視眼前能馬上得到的結果）的東西，是造成今日許多社會弊病、使年輕人痛苦、受折磨的根源。**創造遊戲、製作球棒或是其他設備並不是一件小事，也能幫孩子在成長中更強壯、建立個人價值觀、產生同理心，並且培養堅持到最後的態度。**

以下，我將介紹幾個適合孩子使用的遊戲設備：

‧攜帶式遊戲場

很少有學校能夠很幸運地有一個體育館，甚至有一個完整、保存良好的遊戲區。多年來，我都用一個簡單的方法劃分遊戲區：利用幾段很長的繩子（通常很便宜），至少一百公尺長，然後放在地上來當作周遭的界線。如果孩子離開這個區域，就是「出界」了，這時，我通常會要求孩子待在外面一段時間，才會「開門」讓他們重新進到場地中。這個遊戲區的「門」，指的是繩索開頭跟結尾交界處，例如：你可以根據遊戲、參與人數決定使用部分，或是全部的繩索，擺出圓形或方形區區域，這就是「遊戲場」。

如果想要一個頂級的「攜帶式遊戲場」，可以買數條百公尺繩索，跟一個收納水管用的水管車（通常可以在園藝店找到這項設備，用來收納花園中的水管），如此一來，擺放、設置、打包、整理、收納、儲存遊戲場設備，就會相當簡單且高效率。你也可以用幾個萬聖節巫婆帽，或是圓錐筒來擴充遊戲場的設備，讓整個區域有很好的輪廓。

這種便宜、簡單的設備在遊戲中相當有用，特別是在「追逐遊戲」時。當有毅力的追逐者，遇上堅定的逃跑者時，孩子很容易就消失在地平線上。設置遊戲界線，對遊戲領導者還有孩子，都是很好的提醒與警示。

・球類遊戲

在追逐遊戲中，若孩子需要互相丟球（攻擊）時，建議使用泡棉式的練習用排球（被打到時不會疼痛），我們可以輕易的在運動用品店找到這種球，也可以在玩具型錄上購買。除此之外，也可以用稍微放了一點氣的排球，或是比較堅固、厚的海灘球。挑選球的重點是：當你被球打到的時候，不會受到任何傷害。

害怕受傷常見於許多孩子間，且這種恐懼會阻止他們加入遊戲，讓孩子錯失在遊戲中，獲得珍貴的體驗。這種軟軟的球就非常完美，強壯的球員可以猛力地投擲，但是那些纖細敏感的球員也知道：自己能夠在不受威脅的情況下享受比賽。

對於幼小的孩子來說，覆滿布塊的泡棉球或是羊毛球（大小約等同於海灘球），就是一個很好的遊戲球（例如在「【遊戲 51】小老鼠跑啊跑」中）。當然，你可以根據遊戲、孩子的年齡，改變玩具球的大小與重量。跟孩子一起自己做出一個球，是非常美妙的事情。我已經嘗試過許多不同的設計，其中，最成功的做法是以舊羊毛線不停纏繞網球，直到球達到你要求的尺寸、重量為止；然後將棉、羊毛、聚酯纖維等不同條狀材料縫合，形成一個粗略的球體，最後再把羊毛線球放在其中，就有一個非常棒的球了！你也可以用真正的羊毛來纏繞，還沒被紡成毛線的羊毛會讓球變得更輕。

另外，如果想要增加球的重量，也可以先把網球打一個洞，在網球內倒入一些沙子。如果有舊絲襪，也可以用來包裹羊毛球，並且將它縫起來。透過一層又一層的纏繞，最後形成有著結實表層的球。下雨天時，在室內玩這些球相當理想，因為這種球對室內照明設備、物品更友善。但是，這種絲襪玩具球也可以用在戶外、晴朗乾燥的日子。

・網球

需要時，可以在球類競賽中使用網球，如果遊戲中需要對人投擲球，我會用尖銳物品將網球刺一個洞，讓球變得更柔軟；或者，用羊毛線纏繞網球。現在，市面上還有「低衝擊網球」（low impact tennis balls），通常用在「迷你網球」（short tennis，又稱為「短場網球」，使用速度較慢的球，為兒童網球入門）上，優點在於不像普通網球那樣有彈性、更好控制。

還記得，小時候玩過對牆壁丟球對彈的遊戲，那時候還把網球特別浸到水裡，讓球打到人的時候，變得特別痛。這個遊戲只給那些「硬漢」、強壯、喜歡用球瞄準身體的孩子。身為和平主義者，我並不鼓吹這個遊戲，但是，有趣的是，有些孩子會很自然的、出於自我意願的，加強遊戲內容來測試自己，並發展至極限。身為大人，我雖會對此感到震驚，但是，有些孩子需要、想要這樣的遊戲強度。

・迷你籃球

迷你籃球可以讓孩子更容易玩「圓場棒球」（源自於英國的兒童遊戲，後演變為現今的棒球運動），它有更大的面積可以打擊，被擊中之後通常也飛不遠，但是也會使防守者都圍在打擊者周圍，讓場地過度擁擠。迷你籃球也可以用在攜帶式遊戲場，例如：【遊戲 188】四方手球。但是，迷你籃球不比遊戲場的球柔軟、有彈性，因此要放氣到跟葡萄柚一樣的大小，孩子小小的手指才不會受傷。迷你籃球不該用在投擲丟人的遊戲中，它的危害極大、很可怕。

・呼拉圈

呼拉圈對於標記小區域時非常有用，例如：【遊戲 135】沉船、【遊戲 146】火車進站；單獨使用呼拉圈時，也可以舉起來當作遊戲目標物。

・彩色肩帶（Coloured bands）

頭帶、肩帶以及領巾，對於識別團體和個人很有用，例如：【遊戲 100】白鵝與白鷺鷥。我很驚訝這些東西在運動用品店的價格，事實上，製作這類物品相當簡單且便宜。將單色、堅固的布料剪成長條狀，大約 4～5 英尺（約 120～150 公分）長、2～3 英寸（5～6 公分）寬；將兩端縫合在一起，就可以形成像是長肩帶，類似值星官單肩帶。若想要更專業，就需要用縫紉機將帶子的邊緣尾端回折，沿著邊縫合，鑲邊或是單純縫合即可。運用不同顏色的背帶，讓孩子區分組員。

‧口哨

對於 10 歲以下的孩子，在遊戲中使用口哨並不恰當。對這個年紀以下的孩子來說，真實的人聲比較好。即使在 10 歲以後，一聲清晰、響亮的指引仍然比口哨來得好，只有在正式運動中，才需要使用口哨。即使如此，也請盡可能的在遊戲中使用自己真實的聲音。

‧跳繩

許多人都會給我回饋，告訴我：我跟孩子使用的跳繩有多美麗。它們相當沉重，經過編織、柔軟且柔滑，我從划船供應商那邊找到這些繩子，他們很願意幫助我（當我告訴他們：我想怎麼利用這些繩子時，他們都被我逗笑了）。划船供應商有許多不同種類、長度的繩子，比起在一般商店購買，價格更划算、便宜，尾端的木柄，也可以與孩子一同雕刻成美麗的握把。

‧木製品

許多遊戲都可以使用木製品、棒子來進行（例如：【遊戲 168】籠中鳥），木棒長度約 3 英尺又 6 英寸長（大約到成人的腰部），直徑約 3／4 英寸，換算成公分約長 100 公分×寬 2 公分。儘管堆木場的木棒質量可能比較好，我們也可以用掃把來取代。通常，我們會將木棒邊緣磨平，之後每六個月上一次亞麻仁籽油。

‧彩虹線繩

最好讓每個孩子都有一條繩線，繩索總長應該要有五英尺長（約 150 公分），有些人可能覺得聽起來繩子好像太長，其實，孩子必須有足夠的繩子長度，塑造出形狀。你可以黏合多條繩子，我經常用快乾膠將線繩黏合在一起，這樣一來，繩索上就不會有結。但是，如果能夠小心打結，讓結平坦且夠小也可以。我會用復活節蛋染料將繩線染成彩虹色，但是，使用水溶性染料時要注意：避免讓孩子在下雨天回家時，褲子口袋變成彩色的，因此我還會使用無毒定色劑來定色。用這條美麗的彩虹繩線來塑造形狀時，繩子多彩的顏色，可以簡單地幫助你辨別接下來的動作，這些繩線會受到孩子和成人的喜愛跟珍惜。

‧沙包

沙包可以用不同大小的豆子來製作，例如：腰豆（kidney beans）、小扁豆等等，只要確保這些沙包不會被弄溼。如果想帶沙包出國，記得用塑料珠子來填充沙包，因為用豆子製作的沙包會被海關沒收。下雨天時，製作沙包也是一個受歡迎的雨天活動。

標準尺寸的沙包長寬為 3×2 英寸（約 7.5×5 公分），厚度約 1 英寸高（2.5 公分）。你也可以到運動用品店、玩具店購買沙包，參考它們的尺寸。有時候，我會在沙包邊緣縫一條 6～8 英寸長（約 15～20 公分）的絲帶。丟沙包的時候，這條絲帶彷彿是沙包的尾巴，讓沙包的飛行路徑更明顯，更容易被年紀較小的孩子接到。

雜耍時用的球，製作方法也很簡單快速。只要在一個氣球內填充大約 2～3 茶匙的穀物，接著剪掉第二顆氣球的頸部，並將填有穀物的第一個氣球塞進第二個氣球中，重複這樣的步驟，直到套有五層氣球為止。

每個人都需要有三顆球，因此你也可以用金字塔沙包來代替。初學者可以利用舊衣服，製作四角錐形的沙包，每邊約是 2 英寸長（約 5 公分）。

‧彈珠

市面上有許多類型、尺寸的彈珠，都有自己的特色跟價值。孩子狂熱的玩彈珠時，有特殊顏色與設計的彈珠，甚至會變成有價值的「貨幣」。

‧投環或橡皮筋

投環跟橡皮筋都相當常見、便宜。或許你會幸運地找到可愛、舊麻繩製成的投環，但是，現在的投環大多是橡膠材質，周長通常為 6～8 英寸（15～20 公分）。

· 地墊

大多數的運動用品店、商品型錄上都有薄的體操墊或是柔道墊，雖然價格不便宜，但是若孩子開始大量使用，這些花費就非常值得。地墊有不同尺寸，一般標準尺寸大約是長 150 公分×寬 90 公分×厚度 2.5～5 公分。如果有多個地墊，好處是這些墊子可以交疊使用。

· 鼓和其他打擊樂器

本書中的許多遊戲都會涉及到音樂、歌唱或打擊樂，許多遊戲也可以透過樂器，在遊戲中創造聲音元素，或者增加張力。

· 九柱遊戲

「九柱遊戲」是現今保齡球的雛形，利用球來擊倒遠處的九根柱子。最好的九柱遊戲，其遊戲設備是老式、木製的，但是，這些材料通常難以找到、獲得。玩具店裡的遊戲器材大多是塑膠製，挑選時，柱子越重越好，直立起的高度大約為 25～30 公分，形狀看起來像是老式的可口可樂瓶子加上小小的基座。我沒有成功用廢木材製出這套設備，但是我有朋友曾經用木工車床製作一些美麗木柱給我。除此之外，也可以用邊緣處理過、安全、不同尺寸的錫罐來代替。

· 水上遊戲設備

1. **游泳圈**：水上遊戲中，最有用的東西就是可以在水上漂浮的塑膠游泳圈。我們也可以簡單自製游泳圈，只要將腳踏車內胎綁上鉛並加重。不同重量的游泳圈可以漂浮在水面、池底不同高度，非常適合用在障礙挑戰課中，也可以用游泳圈製作水底寶藏的尋寶路線。
2. **蛙鏡**：為了防止氯水刺激眼睛，應該為孩子準備便宜的蛙鏡。
3. **軟木塞**：盡你所能地收集不同形狀、大小尺寸的軟木塞，在遊戲中，這些軟木塞的用途是無止境的。
4. **浮板**：浮板有不同尺寸、大小。孩子特別喜歡那種大到可以當作迷你木筏的浮板。

5. 橡膠磚：橡膠磚可以當作障礙課的最後一部分，可以要求孩子從泳池底帶一個或者多個橡膠磚到水面上。橡膠磚通常是一個或半個磚頭大小，外層被塗上橡膠，通常可以在運動用品店找到。我自己也自製過一些橡膠磚，可以找一些光滑的磚頭，用車子的橡膠內胎包覆作為外層。當然，把這些重物放進水中時，記得要小心，也不該要求孩子拿取超過他所能負荷的重物。

如何規劃孩子的遊戲時間？

7 歲以前，孩子的遊戲從模仿而來。當然，我們會演示一些唱歌、手指謠給孩子看，可是，我們必須重視且允許自發性、自由的遊戲。因此，在許多歐洲國家和全世界的華德福學校，正式課堂教育直到 7 歲才開始。

7 歲之後，更正式的運動教育開始了。以下是學校每週運動活動所需的時間，這個規劃不包括休息時間、午餐遊戲時間，但是，就像是〈【Chapter11】重新找回遊戲場〉所說到的：「重要的是，老師必須主動參與並促進、催化遊戲場上的遊戲。」可以的話，遊戲、運動時間應該在午餐之後。下面提到的課程，一堂課都設定為 45 分鐘。

7～12 歲，最重要的是以韻律、節奏開啟每個早晨，像是：跳繩、拍手、踏腳、唱歌遊戲，通常需要持續 15 分鐘。每隔兩天，除了早晨的節奏活動外，7～8 歲的孩子應該要有至少 30～40 分鐘的遊戲時間，例如：星期一、三、五時，可以的話，體育老師、班導師都應該要一起參與這些課程。

9～10 歲，每週至少有一次體操課，以及兩堂遊戲課，體操課應該以有趣、具圖像想像為基礎。

11 歲，孩子應該投入更多時間運動，現在，每週應該要有五堂體育課，其中有兩次可以一次上兩堂體育課。

12 歲，可以維持一週五堂體育課（或是減少為一週四堂體育課）。其中兩堂必須是體操課，其他兩堂課則是一次兩堂的遊戲課。其中，所玩的遊戲應該為將來的運動而準備，但是不應該轉成正式運動。

13 歲，孩子應該有一週兩堂體操課、兩堂體育課。體育課時可以採取一次上兩堂的安排，但是體操課應該要單堂進行。

14～18 歲，課程安排取決於戶外課程的制定，有些學校會透過露營安排戶外教育課程，通常是以週為基本單位。若為如此，一年至少要進行兩次戶外活動，除此之外，每週還要有兩堂體操課、一次連續兩堂體育課。

如果戶外教育課程安排在平常上課時間，就必須在課程表添加額外的上課時間，就可以讓孩子每週有一次，連續三堂（135 分鐘）的戶外教育課程。另外，必須讓學生有時間移動到下一個地點，在特殊情況下，可以安排進行延長課程，並且利用下課時間，讓學生可以輕鬆應付這個課程。

Part 1

3～7歲學齡前孩子的遊戲

遊戲是學齡前孩子認識世界與外在的主要途徑。3～7 歲的孩子剛來到這個世界不久，因此對自己的身體控制能力尚未發展完全，接下來，我們藉由更細緻的年齡分層，依照 3～7 歲年齡階段孩子的身體能力，編寫了下列遊戲。孩子透過遊戲，為將來的身體能力做準備。

chapter 1 3～4歲 孩子的遊戲

認識自己的身體，訓練手指精細度

3～4 歲的孩子需要開始了解「他們生活在一個身體裡」。孩子已經可以開始「模仿大人和其他孩子」，因此我們安排給孩子的遊戲可以簡單，且一遍又一遍地重複，幫助孩子建立安全感，並且產生自信心。

這個階段的孩子很少會厭煩那些他們喜愛、一再重複玩好幾個月的遊戲。他們喜歡有明確開始和結尾的遊戲，可以簡單到僅僅是一首帶有動作的詩或童謠。在這個年齡，尤其要把重點放在手指、腳、腳趾的發展，因為這個年齡層的孩子有如夢一般、不會察覺到自己的發展，所以孩子的活動應該要盡量緊貼著身體，少有自由奔跑或是具有障礙性的追逐遊戲。

一、手指遊戲

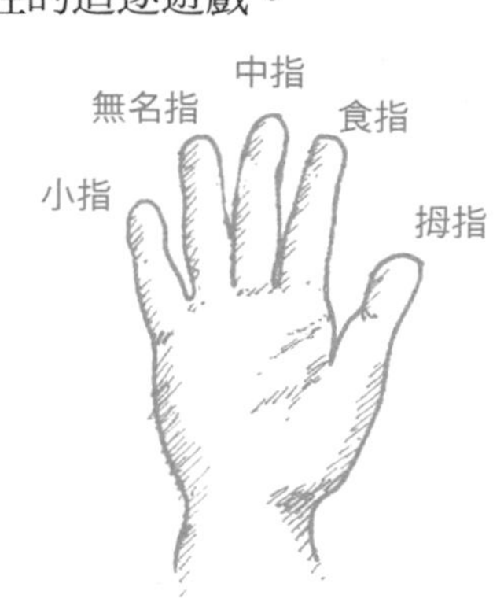

為什麼手指遊戲這麼重要呢？手指遊戲可以讓孩子感覺自己身體的存在，不僅可以幫助孩子發展精細運動技能（對於孩子將來的書寫能力，手指遊戲是非常有用的預備

活動），還可以鼓勵孩子將自己的意識放在最能透過感官來體驗外在世界的部分（即手指）。研究顯示，觸覺是最先被探索、使用的感官，讓我們了解自己跟其他世界是分開的。下面有幾個手指遊戲的例子：

遊戲 1 我家的小老鼠

作者：蘇・希（Sue Sim）

1. 我家的房子很好（指尖在頭頂相互接觸。）
2. 但有可怕的老鼠（雙手抱頭。）
3. 牠們忙忙又亂亂（雙手在身體前左右擺動。）

動作 1

動作 2

動作 3

4. 牠們吵鬧又打架（身體向上，雙手雙腳支撐於地板上，讓膝蓋左右晃動。）
5. 在櫥櫃上桌子上（雙手舉高於眼前，接著將雙手降低，至於胸前高度。）
6. 在窗戶上、門上（手彷彿攀著窗台。）

動作 4

動作 5

動作 6

7. **牠們又偷、又咬**（假裝用雙手於身側抓取東西，接著放在口邊假裝品嘗。）

8. **如果你動作太慢**（雙手抱拳置於胸前。）

9. **咻！一、二，不見了！**（將雙手藏到背後。）

動作 7

動作 8

動作 9

在孩子的圖畫中，常常出現這種房子的形象，這可以解釋孩子跟自己物質身體的關聯，在上述的遊戲中，腳和腳趾也被放進去遊戲動作中，這動作雖然不尋常，但對孩子卻非常有益。

遊戲 2 大樹

數千顆閃亮的星星

數百片生長的葉子（手臂伸出放在頭頂，向上伸直手指。）

數十根嫩枝

好幾根樹枝（舉起手臂。）

還有一棵樹！（身體直立，手臂在胸前交叉並將手掌放在肩上。）

遊戲 3 在水中

這個遊戲需要比較大的空間才可以進行。遊戲時，孩子可以在空間裡盡情奔走，但是唸到「我」的時候（領導者站在水坑中），所有孩子就必須靜止不動。

在海洋中，鯨魚和鯊魚

在湖泊中，有一隻鰻魚

在池塘中，鴨子泡泡水

在水坑中，可以看見我（領導者低頭看腳。）

遊戲 4 金戒指

作者：特雷弗・史密斯（Trevor Smith）

先用拇指跟食指形成一個圓圈，變成戒指，每次唸到底下有畫線的字時，就要輪流用其他根手指，與拇指形成另一個新的圓（戒指）。

我可以做一些金戒指

金戒指，美麗又免費

我可以用它們做項鍊

讓我的愛人嫁給我

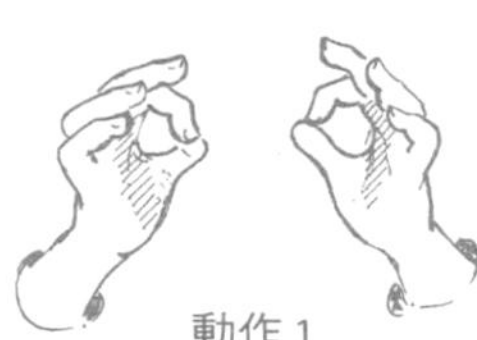

動作 1

動作 2

動作 3

遊戲 5 寶寶爬樓梯

作者：特雷弗・史密斯（Trevor Smith）

雙手手指指尖相互碰觸，每唸到一個音節，相觸的手指指尖就分開再合起，就像手指在爬樓梯一樣。

寶寶　爬　樓梯
（小指）（無名指）（中指）

一次　爬　一階
（中指）（食指）（拇指）

男　孩　女　孩　上　下　飛
（小指）（無名指）（中指）（食指）（拇指）（食指）（中指）

像　光　線　一　樣　快
（無名指）（小指）（無名指）（中指）（食指）（拇指）

老人　常常　滑一　跤
（小指）（無名指）（中指與食指交叉）（中指與食指交叉）

在　他們　睡覺　前
（中指）（食指）（拇指）（拇指）

女　士　步　伐　輕　盈
（小指）（無名指）（中指）（食指）（拇指）（食指）

無　法　聽　見　腳　步　聲
（中指）（無名指）（小指）（無名指）（中指）（食指）（拇指）

遊戲 6 小莫里斯人

雙手的手掌貼合在一起，手指向上。

兩個小莫里斯人（食指向外分開。）

向左鞠躬（轉動手掌，左手背靠近身體，左右手食指做鞠躬動作。）

向右鞠躬（轉動手掌，右手背靠近身體，左右手食指做鞠躬動作。）

然後拍手（食指碰觸到一起，回到雙手合在一起。）

四個小莫里斯人（雙手食指和無名指向外分開後合起。）

六個小莫里斯人（雙手食指、無名指、小指向外分開後合起。）

八個小莫里斯人（雙手食指、中指、無名指、小指分開後合起。）

【小提醒】可以更換使用不同的手指組合，例如：中指跟無名指、小指跟食指⋯⋯。

遊戲 7 七個胖紳士

利用下列手指對應的角色，輪流將每個角色套入歌謠，並且用相對應的手指玩遊戲。舉例來說：從拇指開始，舉起雙手大拇指，一邊將大拇指的角色「胖紳士」帶入歌詞中的空位，並且依照歌詞中的動作提示，唱到對應的歌詞時，做出動作。

可以帶孩子輪流操作每一根手指頭，並且重複唱這首歌謠。

兩個＿＿＿＿＿在路上

有禮地敬禮（雙手手指互相敬禮。）

再敬一次，唉，你好嗎？（左手手指敬禮。）

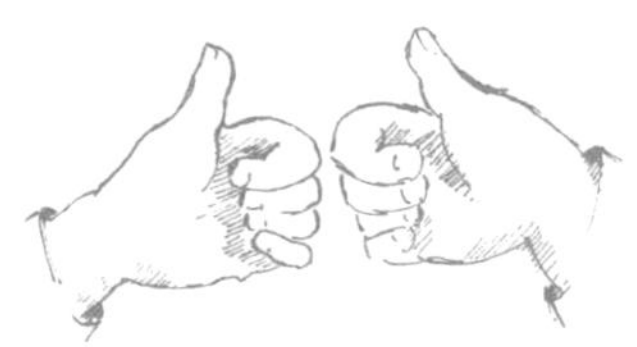

唉，你好嗎？（右手手指敬禮。）

再一次你好嗎？（雙手手指互相敬禮。）

【小提醒】歌詞依序更換為：拇指：胖紳士／食指：瘦女士／中指：高警察／無名指：農場工／小指：小寶寶

遊戲 8 小小蜘蛛

很多人都玩過這個傳統手指遊戲，如果不知道該怎麼做，記得先固定手指的方向，並且仔細了解整個遊戲流程。起初可能會有些困難，但或許這就是為什麼孩子最喜歡這首童謠的原因。因為當他們搞懂的時候，會有一種成就感。

小小、小小蜘蛛爬上排水口，雨下來把蜘蛛沖走

太陽出來把雨水晒乾，小小蜘蛛再次爬上排水口

手指動作分解

小小
（右手拇指靠身體內側、手心向下；左手拇指靠身體外側，手心向上；右手食指疊在左手大拇指上，彷彿讓雙手拇指與食指呈現長方形空間。）

小小
（右手由內側往上轉動，左手由外側往上轉動，讓手掌往上各繞半個圓，讓右手拇指會與左手食指在上方碰觸；原本互相碰觸的右手食指與左手拇指繼續維持相連的樣子，雙虎口呈現長方形。）

蜘
（放開一開始碰觸的右手食指與左手拇指，讓右手手掌由外側往上轉，左手手掌由內側往上轉，向上各繞半個圓。注意，這次改由左手拇指碰觸右手中指。）

蛛
（放開下方相碰的左手食指與右手中指，同樣讓雙手手掌分別由身體內外側向上轉半圈。注意，這次由左手中指與右手拇指相觸。）

爬上（重複上述同樣的動作，但是這次改由左手拇指碰觸右手無名指。）

排水（重複上述同樣的動作，但是這次改由左手無名指碰觸右手拇指。）

口（重複上述動作，左手拇指碰右手小指後轉最後一圈由左手小指碰右手拇指。）

雨下來把蜘蛛沖走
（按歌詞所說的——雨來了。將雙手平舉在前，手心面對前方，慢慢往上舉起超過頭，接著慢慢放下雙手，同時手指分別快速晃動，做出雨落的動作，直到雙手落到身體兩側。如果你是站著的，可以繼續往下，直到手碰到地面為止。）

太陽出來把雨水晒乾
（按歌詞所說的，太陽出來了。雙手交疊胸前，接著慢慢往上舉升到最高，然後分開雙手，讓手臂在身體左右兩側慢慢打開，做出一個大圓圈代表太陽。）

小小蜘蛛再次爬上排水口
（重複上述分解動作，讓手指跟著歌謠一步一步往上爬。）

遊戲 9 給吉米的球

這是吉米的球，又大又軟又圓
（雙手手掌彎曲，呈杯狀，合起做一個球。）

這是吉米的鎚子，看它咚咚咚地敲
（手握拳作鎚子狀，輕敲另一隻手的掌心。）

這是吉米的音樂，一起為他拍拍手
（拍手。）

這是吉米的士兵，立正站好排一排
（手指向上直立。）

這是吉米的喇叭，叭叭叭叭叭叭叭
（雙手握拳上下交疊，放在嘴前做出喇叭狀。）

這是吉米的遊戲，一起來玩捉迷藏
（用雙手遮住眼睛，然後移開。）

這是吉米的雨傘，讓他不會被淋溼
（雙手放在頭上，做雨傘的動作。）

這是吉米的小床，晃啊晃，搖啊搖
（兩手在胸前交疊，做出小床、左右搖晃。）

【小提醒】請用孩子的名字取代「吉米」。

遊戲 10 跳！拇指，跳！

第一段是拇指，第二段換成食指……直到五根手指都跳完舞，第六段變成大家跳。讓孩子依照歌詞，動動手指頭，最後一起快樂地跳舞吧！

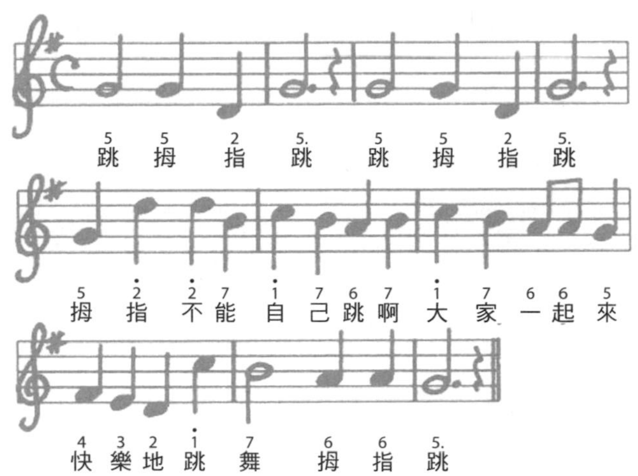

【小提醒】接下來依序改由食指、中指、無名指及小指，最後一改歌詞更改如下：

跳！大家跳！跳！大家跳！

大家一起來跳舞吧，幸福小朋友，

快樂地跳舞，大家跳！

遊戲 11 這隻小手

跟著唸謠的內容擺動雙手，讓孩子的小手，成為飛舞的鳥兒。

打開它、關上它，打開它、關上它，雙手拍一拍

打開它、關上它，打開它、關上它，放在大腿上

往上爬、往上爬，爬到下巴旁

張開小嘴巴，不要放進去

打開它、關上它，打開它、關上它，肩膀上飛飛

就像小小鳥兒，展翅飛上天，墜落墜落墜落，幾乎到地表

快快撿起來啊，讓它轉個身，快點快點快點，慢啊慢啊慢，拍！

遊戲 12 小小蚯蚓

作者：西蒙・伯頓（Simon Burton）

小小蚯蚓，扭啊扭的往上爬
（兩手的手指一同彎曲又伸直的扭動。）

當他看見，比利鳥在天上，飛高高
（雙手拇指交握，其餘手指呈現鳥的翅膀狀。）

比利鳥往下飛，往下往下往下
（兩手手腕交叉，做出俯衝的動作，從右到左，再從左到右。）

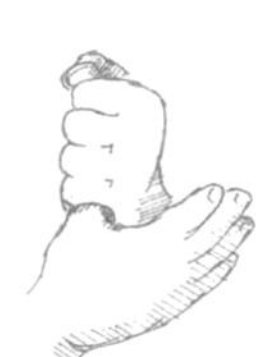

小小蚯蚓，快快溜回地底下
（一隻手舉起拇指，用另一手手掌包裹住，然後讓拇指突出的部分縮回掌心中。）

遊戲 13 這個小手指

1、2、3、4、5（數你的手指。）

抓到了一條大魚（雙手合十，一起左右搖擺，像條魚。）

6、7、8、9、10（數另外一隻手的手指。）

我又讓牠回海底（做出把魚丟回去的樣子。）

為什麼放牠走？因為牠咬了我的手（用力甩手。）

咬了哪隻手指？右手的這隻小指頭（將右手的小指頭舉起來。）

遊戲 14 莎拉奶奶和伊恩爺爺

莎拉奶奶和伊恩爺爺，一起坐在花園裡
（手握拳，舉起拇指，一個是奶奶、一個是爺爺。）

奶奶正在織襪子
（晃動一根拇指，做出編織的動作。）

爺爺坐在搖椅上
（前後晃動另一根拇指，彷彿搖椅在晃動。）

奶奶，什麼時候才會織好襪子？外面又冷又黑
（代表爺爺的拇指舉起來，然後像是在說話一樣搖擺。）

奶奶生氣地躲起來
（將代表奶奶的拇指藏在拳頭中。）

爺爺生氣地躲起來
（代表爺爺的拇指也藏了起來。）

奶奶偷看
（代表奶奶的拇指從食指與中指間的縫隙探出來，又縮回去。）

爺爺偷看（代表爺爺的拇指從食指與中指間的縫隙探出來，又縮回去。）

（重複上述兩個動作兩次，最後一次拇指留在外面，不再縮回去。）

他們擁抱又親吻（兩根拇指伸出來，勾在一起，碰一下。）

在和平之中走回家（讓兩根拇指一起「走」回家。）

二、圍圈遊戲

圍圈遊戲是許多人的童年回憶，3～4 歲的孩子身體發展尚未成熟，若要跑跳追人的活動比較難以執行，也容易在遊戲中因為碰撞受傷讓遊戲敗興而歸，因此，以下的圍圈遊戲已經簡化，讓孩子可以享受轉圈的樂趣。

遊戲 15 莎莉繞著太陽轉

讓孩子圍成一個圓圈，並且在唸謠時，順時針或是逆時針行走。

莎莉她繞著太陽（所有孩子面向圓圈內，順著圓圈往右走。）

莎莉她繞著月亮（所有孩子面向圓圈內，順著圓圈往左走。）

莎莉她繞著煙囪轉，在那星期六下午（所有孩子面向圓心，順著圓圈往右走。）

啦啦～（孩子往內向圓心走。）

遊戲 16 我的每一隻小鴨子

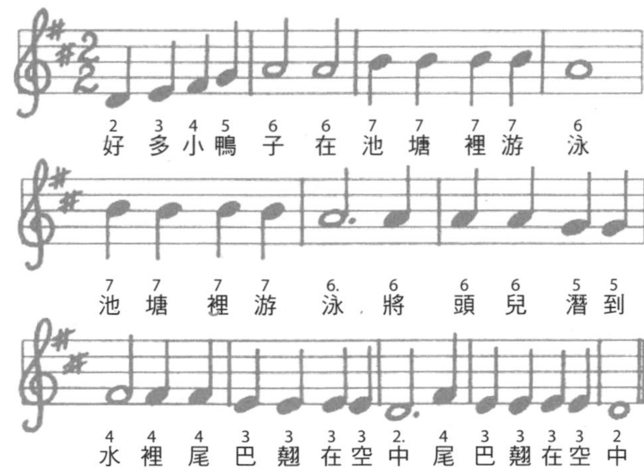

好多小鴨子在池塘裡游泳
（所有孩子圍成圓圈、面向圓心，接著自由走動，滑動手臂，就像在游泳。）

池塘裡游泳，將頭兒潛到水裡（向前彎腰，頭往下，手臂向後轉圈擺動。）

尾巴翹在空中，尾巴翹在空中（手掌在身後放下又抬起，彿彿尾巴翹起。）

遊戲 17 看那小兔子

這個圓圈遊戲可以在復活節左右玩，選一位孩子當小兔子，其他孩子手牽手，將小兔子圍起來。當孩子唸完下方歌謠時，擔任小兔子的孩子就跳起來摸身旁其他孩子，被摸到的孩子就要當下一隻小兔子。

看那小兔子！睡著得這麼快，睡著得這麼快

小兔子你生病了嗎？躺在那邊靜靜不動？

跳啊小兔子，跳啊跳

遊戲 18 我的鴿舍

一半的孩子圍成一個圓圈，另一半的孩子當鴿子，蹲在圓圈中間。

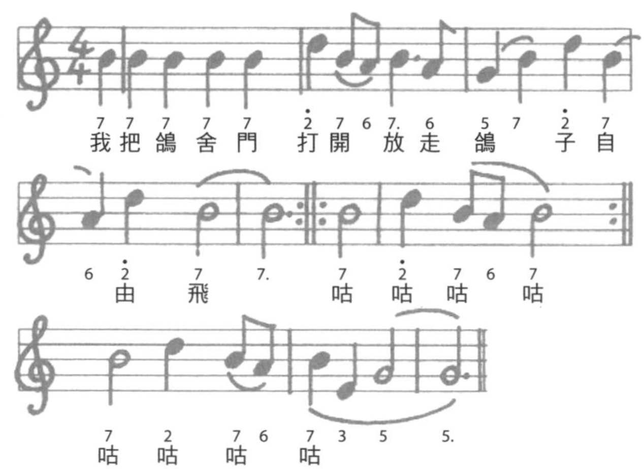

我把鴿舍門打開，放走鴿子自由飛，咕咕、咕咕、咕咕、咕咕

（圍成圓圈的孩子手牽手、把手舉高到耳邊，鴿子可以從空隙往圓圈外飛去。）

牠們四處樂飛翔，飛到最高那棵樹，咕咕、咕咕、咕咕、咕咕

（讓鴿子小孩在圓圈外自由飛翔。）

傍晚時分鳥歸巢，閉上眼睛唱起歌，咕咕、咕咕、咕咕、咕咕

（圍成圓圈的孩子將手臂下降到平舉，讓鴿子飛回圓圈內。）

chapter 2 4～5歲 孩子的遊戲

發展身體知覺與協調性

4～5 歲的孩子對自己的身體已經有更深的認識，因此可以稍微加深遊戲的難度。其中，「【遊戲 25】哈哈，這個方向」至「【遊戲 27】鞠躬，貝琳達」可以幫孩子發展對身體的覺知與協調性，是孩子成長中重要的一環。許多圍圈遊戲都是只挑選一位孩子待在圓圈中間，但是對於 4～5 歲的孩子來說，一個人待在圓圈中間可能會害怕，或是不知所措。因此，在下列遊戲中，可以從孩子中挑選 2～3 位孩子一起待在圓圈中間。

一、圍圈遊戲

遊戲時，要特別注意：可以挑選 2～3 個孩子在圓圈中一起作伴。

遊戲 19 河神女兒尼克斯

讓兩或三個孩子待在圓的中心當河神女兒尼克斯。

尼克斯在水中，河神的美麗女兒，銀沙清洗雙腳，金髮帶綁起秀髮

（在圓中央的孩子做出清洗雙腳、用髮帶綁頭髮的樣子。）

尼克斯來捉我

（尼克斯將手放在其他孩子的肩膀上，被點到的孩子就變成新的尼克斯。）

遊戲 20 誰來戴我的戒指

3～4 個孩子圍成圓圈，唱到「誰來進我的戒指」的時候，互相手牽手跳舞，其餘的孩子在一旁排成一直線。唱第二段旋律時，隊伍最前面的 2～3 個孩子加入圓圈。重複唱這兩段歌詞，直到所有孩子都加入圓圈為止。

第二段：

我會戴你的戒指，來幫忙，來幫忙。我會戴你的戒指，一起幫這戒指變大

遊戲 21 洗衣婦

小心這隻腳啊（把右腳伸進圓圈中。）

小心另一隻鞋啊（換左腳伸進圓圈中。）

看看忙碌的洗衣婦在做什麼

她們洗衣服 洗衣服（模仿歌詞做出洗衣服的動作。）

整天都在洗衣服，洗衣～服 洗衣服

【小提醒】接下來，可以用以下的詞取代底下有畫線的詞，並做出符合歌詞的動作：沖衣服、擰衣服、晾衣服、燙衣服、在休息、在跳舞。

遊戲 22 在風中的孩子

2～3 個孩子在圈中間，到處走動，努力決定要選誰。

都在風中，都在風中，像水手的小孩＊2

羅西、羅莎（請用在圓圈中的孩子的名字取代。）

選個寶貝（在圓圈裡的孩子，選擇一個夥伴，站在他面前。）

選個寶貝（向對方敬禮，然後互相手牽手轉圈圈、轉圈圈。）

羅西、羅莎，記得，選個寶貝！

遊戲 23 叮噹，葛羅莉雅

孩子手拉手圍成一座塔。選兩個孩子，一個站在圓圈的內，當塔裡面的公主；另外一個是王子，繞著圓圈外圍走。不斷重複歌曲跟動作，直到王子打破所有的石頭、釋放公主。

叮噹，葛羅莉雅

誰坐在塔中，那個像花一樣的少女

我想去找她（圓圈向公主靠攏集中。）

不不不，她不能見到陽光
除非把石頭全部敲碎，把石頭全部敲碎

第一塊
（王子用手碰組成圓圈的孩子肩膀，被碰觸到的孩子從圓圈中離開，牽起王子的手，形成一條直線隊伍。其他孩子就補起空位，重新形成密合的圓圈。）

第二塊
（王子碰觸第二位組成圓圈的孩子，孩子從圓中離開，牽上一個離開圓的孩子，之後，就會慢慢形成一條如同鍊子般的隊伍。）

第三塊（重複之前的動作。）

我們回家去（圓圈向外側擴大，形成較大的圓。）

遊戲 24 祝福我們的母親——瑪莉

這個遊戲非常適合在聖誕節玩，且越多孩子，這個遊戲就越好玩。讓所有孩子都掛上鈴鐺，其中 2～3 個孩子當瑪莉，繞著組成圓圈的孩子，以逆時鐘的方向行走，圓圈則依照順時鐘方向轉。

第二段：

喔！祈求小小的船，帶我離開這裡，讓我能和妳在一起，那金色天堂

（圍成圓圈的孩子站立不動，瑪莉敲敲船上了門〔圍成圓圈的孩子的手〕，然後門打開〔被敲到手的兩個孩子舉起手，變成一個通道〕，瑪莉進到圓的中心。）

第三段：

我們的母親瑪莉，當她開始旅行，全世界的鐘都響了，在世界迴響

（圍成圓圈的孩子牽著手，雙腳與肩同寬站立，開始左右搖擺身體。）

第四段：

鈴聲開始響起，聲音明亮清晰，帶母親瑪莉進天堂，神聖的天國

（圍成圓圈的孩子放開手，並在瑪莉的身後排隊，搖搖掛在身上的鈴鐺。）

遊戲 25 哈哈，這個方向

開始前，先決定歌曲前半段的動作（例如：行軍、走路……），並且配合歌詞動作；第二段時，可以改變動作：行軍、走路、滑步、跳躍……。

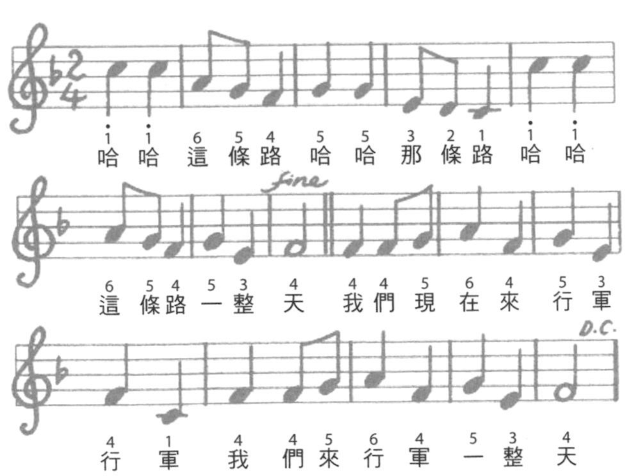

遊戲 26 頭兒肩膀

讓孩子圍成一圈，隨著歌詞碰觸歌曲中提到的身體部分，並且逐漸加快。

遊戲 27 鞠躬，貝琳達

同樣，讓孩子跟著歌詞動作。

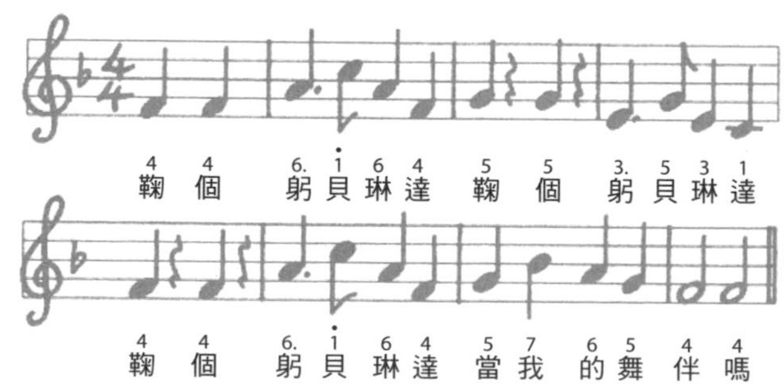

第二段：

伸右手，貝琳達，伸右手，貝琳達
伸右手，貝琳達，一起來握握手

第三段：

伸左手，貝琳達，伸左手，貝琳達
伸左手，貝琳達，一起來握握手

第四段：

伸雙手，貝琳達，伸雙手，貝琳達
伸雙手，貝琳達，一起來握握手

chapter 3 5～6歲 孩子的遊戲

調整孩子的空間感

這部分的遊戲適合 5～6 歲的孩子，現在，孩子已經漸漸成長，對身體的協調性與遊戲過程的理解也更加順暢，比起 4～5 歲的孩子，你可以慢慢開始只從團體中挑選出一個孩子，例如：讓他當五月女王。

一、圍圈遊戲

孩子已經開始熟悉圍圈遊戲，給 5～6 歲孩子的圍圈遊戲，可以適時地加入一些遊戲器材輔助（例如：沙包），加深遊戲難度的同時，也可以增加孩子的空間感。

遊戲 28 玫瑰蘋果熟梨子

孩子手牽手圍成一圈，舉起雙臂形成拱門，擔任新郎的人站在中央。

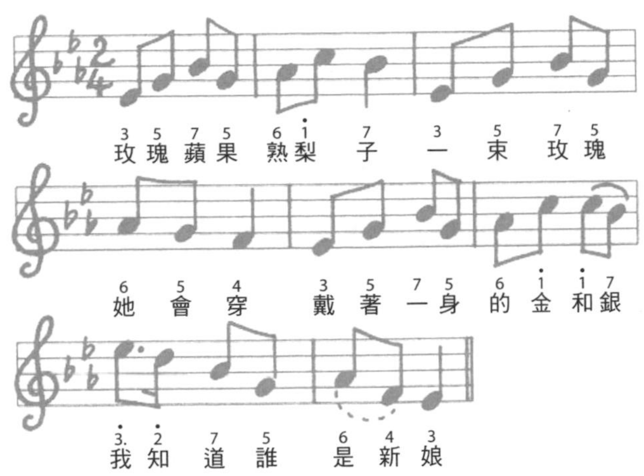

第一段：

玫瑰蘋果熟梨子，一束玫瑰

她會穿戴著一身的金和銀；我知道誰是新娘

（這時候，新郎選一位孩子當新娘。）

第二段：

牽著她純白的手，跨過了水

給她一個和兩個、三個親吻，她是女士的女兒

（依照歌詞，新郎會引導新娘穿過拱門，然後從其他孩子裡，選出新的新郎。）

遊戲 29 我寫了封信給我的愛

讓孩子坐在地上圍成一個圓圈。其中一個孩子拿著手帕，接著，大家一起唱著歌、拿手帕的孩子在大家身後繞圈，把手帕或沙包留在另一個孩子的身後。這時，身後被放置了手帕或沙包的孩子站起來、撿起沙包，開始繞著圓圈追剛剛放下手帕或沙包的孩子。若這個孩子安全地坐到圓圈間的空位，追人的孩子就開始重複剛剛的遊戲步驟：繞著圓圈行走、選定一個孩子，然後把「信件」遺落在他的背後。

遊戲設備 一個沙包、一條手帕或面紗。

於接近 7 歲生日的孩子而言，這個遊戲很好玩，因為當「信件」遺落在孩子的身後時，它提供這個孩子一個「清醒」的時刻。觀察孩子時，你會發現有些孩子比其他孩子更加夢幻，彷彿在沉睡中。這些孩子必須在這個遊戲中保持清醒，才能應付眼前的挑戰，去追趕上其他的孩子。

這個遊戲也有助於孩子更意識到自己背後的空間，幫助他們感受、覺察到：有一個空間是在他們前面（眼睛所見）；有一另外空間則是在他們身後，這兩個空間具有明顯的差異。

在育兒工作坊中，一位幼稚園老師分享她在課堂中經驗：有個男孩從圓圈的範圍中離開、跑進教室、大聲把門關上。當這位老師訴說時，這個畫面讓育兒工作坊的人都笑了。老師告訴我，當時這位孩子只有 4 歲。這件事告訴我們：為什麼要在適當的年紀玩安排適當的遊戲，這並不表示 6 、7 歲孩子在玩遊戲的時候，就不會發生同樣的情況。但是，如果發生了，我就會「微調」遊戲過程，例如：孩子要繞著圓圈跑的部分調整為「孩子可以一左一右穿過其他孩子身旁」，或是使用繩子，在圓外 3 公尺形成界線。

遊戲 30 進出窗戶

孩子手牽手，圍成圓圈，一個孩子站在圓圈外，擔任王子（或公主），吟唱第一段歌詞時，王子（或公主）就要繞著圓圈外圍奔跑。

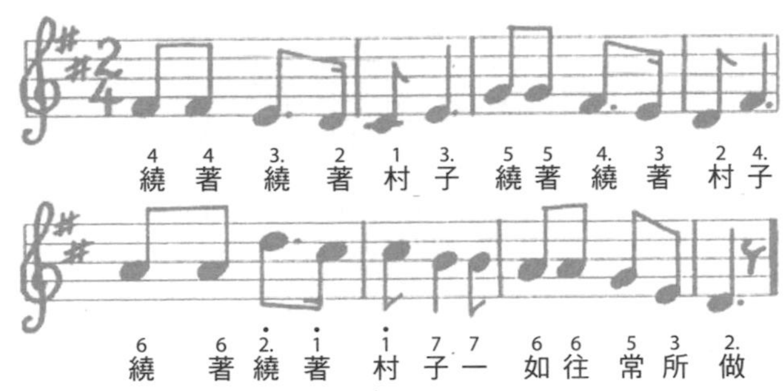

第二段：

進出進出窗戶，進出進出窗戶，進出進出窗戶，一如往常所做

（圍成圓圈的孩子舉起雙臂，讓王子可以跑進、跑出「窗戶」。）

第三段：

站在真愛面前，站在真愛面前，站在真愛面前，一如往常所做

（王子站在圓的中央，圍成圓圈的孩子開始在他的身旁轉動。 ）

第四段：

帶著他去倫敦，帶著他去倫敦，帶著他去倫敦，一如往常所做

（王子選一個孩子當「真愛」，圍成圓圈的孩子舉起雙臂，「真愛」跟著王子走進、走出手臂搭成的「拱門」，然後變成下一個王子或公主。）

遊戲 31 輕輕的、輕輕的

這個遊戲很適合在聖誕節玩，讓孩子手牽手，圍成圓圈，他們是村子裡的房子。選一個孩子擔任旅行者，在圓圈外、逆時針行走。

輕輕、輕輕，雪——在黑暗中落下了

好快、好快，風——全部都在狂吹啊（站在圓圈上的孩子站直、將手放開。）

我將門打開並祈禱

（圍成圓圈的孩子伸出手做出「○」的形狀。這時，旅行者敲敲一間「房子」。）

這條路上又黑又冷（旅行者站在其中一間房子前，面對「○」的位置。）

超然，超然的清明，鐘聲在呼喚

（其他孩子繞著旅行者跟他所選的房子轉圈，並且想像鐘聲響起。）

明亮，明亮的深處，一顆星在閃耀

遊戲 32 五月雪的樹枝

選出一個五月國王、五月皇后，讓他們站在圓圈中央。五月國王與皇后可以頭戴紙做的五月皇冠，手持五月樹枝或是皇后的絲帶。

（唱到最後一段時，其他人就拍手跟唱歌，五月國王和皇后會各自選一個舞伴，並且一起跳舞，這兩個孩子就是新的五月國王跟皇后。）

遊戲 33 睡美人

大家圍成圓圈，選一位孩子當睡美人、站在圓圈的中央；另外選出三個角色：邪惡的女巫、善良的仙女、王子，分別站在圓圈外面。

孩子吟唱第一、二段歌詞的時候，所有孩子都繞著睡美人跳舞、唱歌。

第一段：

睡美人真是個可愛的孩子，可愛的孩子

睡美人是個孩子，天真又可愛（所有孩子都繞著睡美人跳舞、唱歌。）

第二段：

睡美人請妳要小心，睡美人請妳要小心

睡美人請妳要小心，妳要小心（所有孩子繞著睡美人跳舞、唱歌。）

第三段：

邪惡的女巫來了，邪惡的女巫來了

邪惡的女巫來了，邪惡的女巫來了（邪惡女巫進到圓圈中。）

第四段：

睡美人永遠沉睡了，睡美人永遠沉睡了

睡美人永遠沉睡了，永遠沉睡（邪惡女巫獨自唱這一段歌詞。）

第五段：

善良的仙女來了，善良的仙女來了

善良的仙女來了，善良的仙女來了（善良仙女進到圓圈中。）

第六段：

睡美人會睡一百年，睡美人會睡一百年

睡美人會睡一百年，睡一百年（善良仙女獨自唱這一段歌詞。）

第七段：

荊棘樹叢越長越高，荊棘樹叢越長越高

荊棘樹叢越長越高，越長越高（所有孩子繞著睡美人跳舞、唱歌。）

第八段：

高貴王子騎馬經過，高貴王子騎馬經過

高貴王子騎馬經過，騎馬經過（所有孩子繞著睡美人跳舞、唱歌。）

第九段：

他舉起劍砍斷荊棘，他舉起劍砍斷荊棘

他舉起劍砍斷荊棘，砍斷荊棘（王子進到圓圈中。）

第十段：

睡美人再一次醒來，睡美人再一次醒來

睡美人再一次醒來，再次醒來（王子必須獨自唱這一段歌詞。）

第十一段：

大家一起唱歌跳舞，大家一起唱歌跳舞

大家一起唱歌跳舞，唱歌跳舞（王子和公主加入其他人，一起跳舞。）

遊戲 34 看那牧羊少女

選一位孩子擔任牧羊少女，並待在圓圈的中心；其他人以順時針方向移動、圍繞牧羊少女。另選一位孩子擔任領頭羊。

看那牧羊的少女，站在她的羊群旁，跟她的夥伴一起
（牧羊少女從其他孩子中選一個夥伴。）

為羊群蓋一道門（牧羊少女與夥伴在面對面，舉起雙臂合成一道拱門。）

牠們快速地通過（領頭羊帶著其他孩子一起通過拱門。）

走向山地上草原，那有最好的牧場，直到太陽落西邊，少女喚牠們回家
（羊群孩子再度圍成一個圓圈。）

日已盡羊群歸來，在守衛的保護下，免於傷害和寒冷
（最後，牧羊少女選的夥伴會成為新的牧羊少女，並且重複這段遊戲。）

遊戲 35 莎莉、莎莉、水

選擇一位孩子擔任牧羊少女莎莉，並蹲在圓圈的中心；其他人以順時針方向移動、圍繞牧羊少女。另選一位孩子擔任領頭羊。

莎莉莎莉把水灑進鍋子中，莎莉起來請妳站起來（莎莉站起來。）

飛向東邊啊飛向西邊，飛到那個愛妳的人身邊（莎莉選一個夥伴。）

最後結婚了恭喜妳（莎莉與夥伴在圓圈裡跳舞。）

先生女孩再生男孩，祝你們永遠相親相愛

永遠的在一起幸福又快樂（這時，莎莉所選的夥伴就變成了新的莎莉。）

遊戲 36 辛勤的農夫

讓孩子手牽手圍成圓圈，開始唱歌後，依順時針移動。

第一段：

你有沒有看過農夫，你有沒有看過農夫

你有沒有看過農夫播種大麥小麥？

這是我看到的農夫（站立，模擬農夫播種的動作。）

這是我看到的農夫（重複播種的動作。）

這是我看到的農夫（重複播種的動作。）

播種大麥小麥（重複播種的動作。）

【小提醒】請依序用下方詞語更換歌詞下有畫線的地方，並且讓孩子依照歌詞改變動作：**收割、打穀、篩穀、收成**。

遊戲 37 我是音樂家

讓孩子以順時針的方式順著圓圈行走，挑選一個孩子擔任音樂家，並在圓圈外圍以逆時針的方向行走。

第一段：

我是個音樂家來自夢幻的國度，我會演奏樂器，你呢？
我會演奏小提琴，演奏小提琴，小提琴
我會演奏小提琴，小提琴，小提琴
（圍成圓圈的孩子站立不動，擔任音樂家的孩子依照歌詞做出模擬動作。）

我們都會演奏小提琴，小提琴，小提琴
我們都會演奏小提琴，小提琴～
（所有的孩子一起依照歌詞做出模擬動作。）

【小提醒】歌詞畫線的地方可以更換為：**彈奏大鋼琴、吹奏銀長笛、吹奏金喇叭、敲打低音鼓**，並依照更換歌詞改變動作。

遊戲 38 我旅行過海與陸

讓孩子排成圓圈，隨著歌詞做出不同動作，並順著圓的形狀走動。

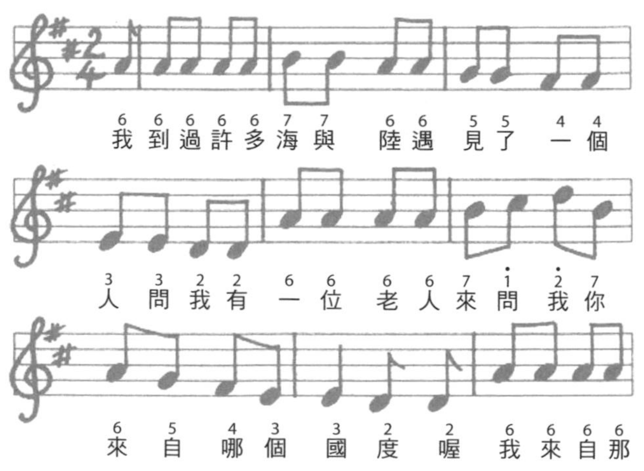

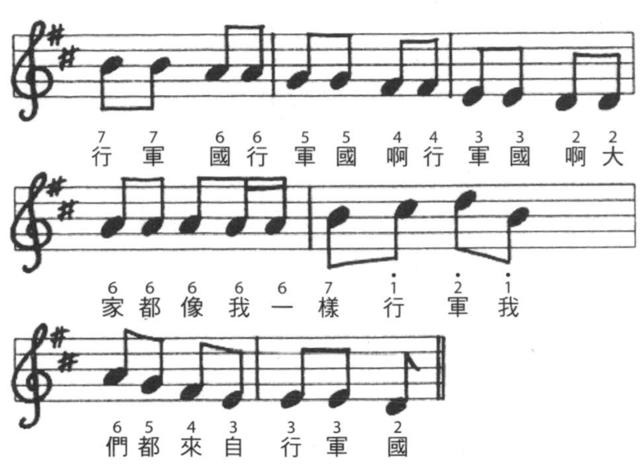

【小提醒】用下列詞替換行軍國：**拍手國、跳躍國、滑步國、點頭國**。

遊戲 39 小丑先生

一個孩子站在中央當小丑先生，其他孩子圍成圓圈繞著小丑先生走動。

第二段：

來一起玩，我們全都準備好了

小丑先生我們愛看你表演（小丑做有趣的動作，其他孩子模仿他的動作。）

塔啦啦啦，塔啦啦啦啦啦啦啦

塔啦啦啦，塔啦啦啦啦啦

（小丑先生隨意選另一個孩子當小丑，然後取代這位孩子在圓圈的位置。）

---

chapter 4 6～7歲 孩子的遊戲

學會控制自己的身體

6～7 歲的孩子已經有許多遊戲經驗，他們需要更刺激、更多身體活動的遊戲。以下的遊戲，孩子除了需要更多體力來跑跳，同時也開始培養孩子的觀察力、身體控制能力、與他人談判的能力……。對於需要調整身體狀態的孩子（例如：內八或外八問題），也可以藉由遊戲中的動作，讓孩子可以不知不覺中，改變自己的身體形態。

一、圍圈遊戲與聯合遊戲

簡單的圍圈遊戲已經無法滿足 6～7 歲孩子的能力，以下我提出了更多需要奔跑、觀察、控制自我身體、了解空間感的活動，以符合孩子的成長需求。除此之外，以前孩子玩過的圍圈遊戲，都可以改變形態、增加困難度，或是讓孩子有機會在遊戲中體驗奔跑的感受。或許，我們根本不需要教孩子新遊戲，他們就可以藉著以前玩過的遊戲加以變形、增加難度！

遊戲 40 誰在床單下？

這是一個簡單，但是深受 5～7 歲孩子喜愛的遊戲。這個遊戲雖然簡單，但是在遊戲過程中，需要孩子運用觀察力。對 6、7 歲的孩子來說，他們仍與周遭環境合而為一，融合感還是相當重，無法像 7、8 歲的孩子一樣，輕易就能注意到環境中的細節。這個遊戲可以挑戰他們的觀察能力，並輕輕地喚醒孩子進到周圍世界中。

遊戲設備 一張大毯子。

遊戲步驟

1. 讓孩子圍成圓圈，並且從中選出一位孩子擔任「農夫」。
2. 給「農夫」一段時間觀察其他參與遊戲的孩子，然後請他先到教室門外，等待被大家叫喚進來。
3. 從其餘的孩子之中選一個孩子擔任「種子」，請這位「種子」躺在圓圈中央，並用毯子蓋住全身。
4. 孩子一起大聲唸出下方文字，「農夫」這時回到教室。

小小種子在地下，有個農夫過來了

農夫叫喚種子的名，長大進入陽光中

5. 回到教室內的「農夫」必須猜：「誰躲在毯子底下？」如果「農夫」猜對了，就選另一個孩子擔任「農夫」，並且重複剛剛的遊戲步驟；如果「農夫」猜錯了，大家就要給他一些暗示，例如：「種子」的頭髮顏色、身高……。

遊戲 41 奶奶的鞋

接下來介紹的這些遊戲，可以幫助孩子更意識到身體的動作。藉由試著移動、奔跑，孩子學會控制自己的四肢。「【遊戲 41】奶奶的鞋」可以給孩子一個機會，讓他們去面對自己因天性、氣質所產生的結果與影響。例如，我曾經看過一個風向小孩因為太急切地想要往前走，卻一次又一次地被奶奶抓到，然後不斷地被送回起點。另外一方面，水向與土向的孩子因為太過小心，一次只動一小步，雖然不會被奶奶抓到，但是也失去了拿到鞋子的機會，錯失了許多樂趣。在遊戲中，被抓到的孩子會被送到最後一個孩子身旁（最後一個通常是小心翼翼的土向孩子），也給了這個孩子遊戲價值，同時讓他有機會跟著「前鋒」一起前進。

透過這樣的遊戲規則，經常在遊戲中被忽略的土向孩子，就會變成了遊戲裡的救星，甚至會得到其他孩子的恭賀。平常那些忽略，或者讓他不自在的評語，現在都不同了，

「【遊戲 41】奶奶的鞋」中，遊戲「變化 3」也很受歡迎。偷偷將鞋子運回起跑線，對孩子而言是一種圖像，代表著權威者也有可能被蒙蔽，對年幼的孩子而言幾乎是不可能會發生的事，所以他們覺得很有趣；這個年紀的孩子也非常著迷魔術，當鞋子出現在起點時，對「奶奶」而言，絕對是「有如魔術般」充滿驚喜的時刻。

遊戲設備 一隻拖鞋或鞋子。

遊戲步驟

1. 選一位孩子擔任奶奶（或爺爺），並且背對著、站在遊戲區的一端。
2. 奶奶身後的地板上，放了一隻拖鞋（可以依照孩子的能力，適當調整

放置鞋子的距離），其他孩子要試圖從奶奶背後偷走鞋子，且不被她發現、抓住。

3. 當奶奶說出：「**奶奶、奶奶，誰拿我的鞋！**」時，遊戲開始！
4. 當奶奶說話的時候，其他孩子可以往前移動，當這句話說完後，奶奶就要迅速轉身，看看有沒有人還在移動。
5. 奶奶轉過頭時，其他人必須像雕像一樣站著不動。若奶奶看到有人動了，所有孩子就必須回到最遠的孩子身旁，繼續進行遊戲。
6. 當有人成功撿起鞋子，大家就要開始奔跑，奶奶必須追到並碰觸到一位孩子，遊戲才會結束，然後再選一位新的爺爺或奶奶。

遊戲變化

變化 1：若奶奶抓到有人移動，這個孩子會被送回起點，重新開始。

變化 2：當鞋子被拿走後，奶奶只能追那個拿走鞋子的人。

變化 3：當鞋子被拿走後，孩子不需要奔跑，但是所有人必須同心協力的將鞋子送回起點。奶奶同樣要站在原地，並且在唸完「奶奶、奶奶，誰拿我的鞋！」後才能轉身，其他孩子只能在奶奶轉過身、說話時才可以移動。但是，他們可以透過接力的方式，將鞋子遞給其他人。這時候，奶奶可以有 1～3 次的機會猜「鞋子在誰的身上」，如果奶奶抓到有人在動，還是可以將那個孩子送回起點，且每次有人不小心動了也被奶奶抓到，奶奶就多一次猜人的機會。最後，如果孩子能在不被奶奶猜中的情況下，將鞋子傳過起跑線就贏了，遊戲也會重新開始。

遊戲 42 狼先生現在幾點鐘

跟「【遊戲 41】奶奶的鞋」類似，但改由狼先生站在前面。

遊戲步驟

1. 設定好起點，並且選出一 位孩子擔任「狼先生」。
2. 「狼先生」必須背對所有孩子，當所有孩子大喊：「**狼先生現在幾點鐘？**」遊戲開始。
3. 狼先生大喊時間，例如：「**六點鐘！**」並轉身，看看有沒有人在動。
4. 重複幾次後，當有人靠近狼先生時，狼先生可以回答：「**晚餐時間！**」然後轉身追逐、抓那些嘗試跑回起點的孩子。

遊戲 43 國王

與「【遊戲 42】狼先生現在幾點鐘」類似，但是主角是「國王」。擔任「國王」的孩子站在遊戲場的一邊、背對著大家；其他孩子慢慢靠近，並且在不被抓到狀況下摸到國王。

遊戲步驟

1. 「國王」先背對大家喊：「ㄨㄤ，王！」（也可用英文，拼出 KING。）
2. 接著，「國王」轉過身過來，檢查是不是有人在動；然後，再一次背對大家，重複剛剛的過程。
3. 有孩子碰到國王時，所有孩子都轉身跑回起點，國王必須試著抓到他們。

遊戲 44 一二三，木頭人

（中文版新增）

為了更符合台灣讀者需求，中文版新增此遊戲做為參考。

遊戲步驟

1. 選出一位孩子擔任「鬼」，面對一棵樹、背對其他孩子，並且用雙手蒙住眼睛。
2. 擔任「鬼」的孩子說出：**「一二三，木頭人！」**時，遊戲開始。
3. 「鬼」說話時，其他孩子可以移動、靠近，說完後，「鬼」必須馬上轉身，其他孩子必須像雕像一樣，一動也不能動，這時候「鬼」可以觀察有沒有人在動。
4. 被「鬼」抓到在動的孩子，就必須站到前面，牽住鬼的一隻手。若有多個孩子被抓到，就依照順序，互相手牽手，在「鬼」的身後排成一排。
5. 其他孩子必須在不被「鬼」看到自己在移動的狀態下，接近「鬼」的背後，並且在離得夠近的時候，碰觸「鬼」的肩膀。
6. 若有孩子成功碰觸到「鬼」的肩膀時，所有孩子必須奔跑，這時候「鬼」就必須追到並碰觸到任何一位孩子，遊戲才會結束。

遊戲 45 媽媽，可以嗎？

讓孩子圍成大圓圈，選一個孩子擔任爸爸或媽媽，並且站在圓圈中央。圍成圓圈的孩子藉由問問題，還有走不同形式的步伐（步伐請見下一頁圖解）來前進、接近媽媽。當其中一位孩子靠近到可以碰到媽媽時，媽媽就要在孩子退回原來的圓圈前，抓住任何一位孩子，如果抓到了，那個孩子就會變成新的媽媽或爸爸。

這是個古老的遊戲，以父母作為原型。父母在這個年紀的孩子眼中，仍然是全知全能、充滿智慧的創造性權威角色；但是，這樣的認知很快就會改變（通常在 9、10 歲）。仔細觀察孩子的遊戲過程，你會看到他們如何透過模仿來學習，通常，孩子都能夠將父母的態度、語言模仿得維妙維肖！

這個遊戲可以訓練孩子溝通、談判技巧。度假買紀念品時，若需要討價還價會很有用！說真的，談判溝通是社會環境的一部分，這個遊戲可以讓孩子探索、練習。

遊戲範例

莎拉：**「媽媽，我們可以踏三個巨人大步向前進嗎？」**

媽媽：**「不！但是妳可以用兩個寶寶爬向前。」**
（圍成圓圈的孩子一起前進兩小步。）

媽媽：**「換你問問題！」**（選另外一個孩子問問題。）

湯姆：**「媽媽，我們可以踩十個交叉步向前嗎？」**

媽媽：**「不，但是你可以______向前。」**

可用以下動作，套入「【遊戲 45】媽媽，可以嗎？」：

內八字腳

外八字腳

寶寶爬
（學寶寶爬行）

星星跳
（向上跳時，
手與腳向外伸直）

巨人步
（大步跨向前）

寶寶步
（小步跨向前）

【小提醒】若孩子有內八與外八字腳，我們不僅僅要幫忙協調孩子的雙腳動作，也需要幫忙協調他們的身體。例如：外八的孩子比較容易投入某些事物中，不太會有退縮的感覺；內八的孩子則可能容易有自我封閉的狀況，甚至會有難以與周圍他人或世界產生關聯。

二、拍手遊戲

現代孩子的童年，有太多不可預期、分散的事物，小至生活規律，例如：上床時間、用餐規律；大至更廣泛的影響，像是：居住環境和城鎮的改變、破碎、干擾都四處可見，不斷地破壞孩子的安全感。因為生活中不確定性變高，孩子經常會透過重複性的童謠韻律、遊戲來尋求內在安全感。

如果沒有這些活動，孩子很有可能會變得情緒化、脆弱、容易緊張、無法與他人交往，更重要的是「他們無法靈活、健康的擁有自己的感覺來生活」。有節奏韻律的語言和身體律動，不僅僅是幫助我們傳達自己的基本需要，背後還有這麼深的層面。

幾乎在所有文化中，都有數以百計的拍手遊戲。在世界各地的操場上，都可以看見孩子享受這些遊戲。「拍手遊戲」（有時會以複雜的模式呈現）需要與另一個人密切合作，知道某些特定拍手遊戲的人，會分享友誼和認同團體身分。在這項活動中，也需要良好的身體協調能力。

事實上，當孩子不斷反覆地玩這些遊戲時，就為所有節奏性、可預期的活動帶來安全感。有節奏性的口語律動活動對孩子的童年來說，相當重要。接下來，我要介紹的遊戲僅僅是這拍手遊戲海洋中的一滴，這裡所提到的活動，只是為了激發你的記憶和想像力，要知道，那些最好的拍手遊戲，往往是由孩子自己創造的！

遊戲 46 水手去海上

讓孩子兩兩一組、面對面站著，雙手交叉放在肩膀上。一邊唱著下方歌謠，一邊做出動作。

遊戲動作

那	水	手	出	發	去海洋
（交叉拍肩膀）	（拍手）	（互拍）	（交叉拍肩膀）	（拍手）	（互拍*2）
看	看	什	麼	在	海中央
（交叉拍肩膀）	（拍手）	（互拍）	（交叉拍肩膀）	（拍手）	（互拍*2）
乘	風	破	浪	海	水泱泱
（交叉拍肩膀）	（拍手）	（互拍）	（交叉拍肩膀）	（拍手）	（互拍*2）
只有	看見	海底	深藍	色	海洋
（交叉拍肩膀）	（拍手）	（互拍）	（交叉拍肩膀）	（拍手）	（互拍*2）

交叉拍肩膀　　拍手　　互拍

可用在歌曲中的其他拍手動作：

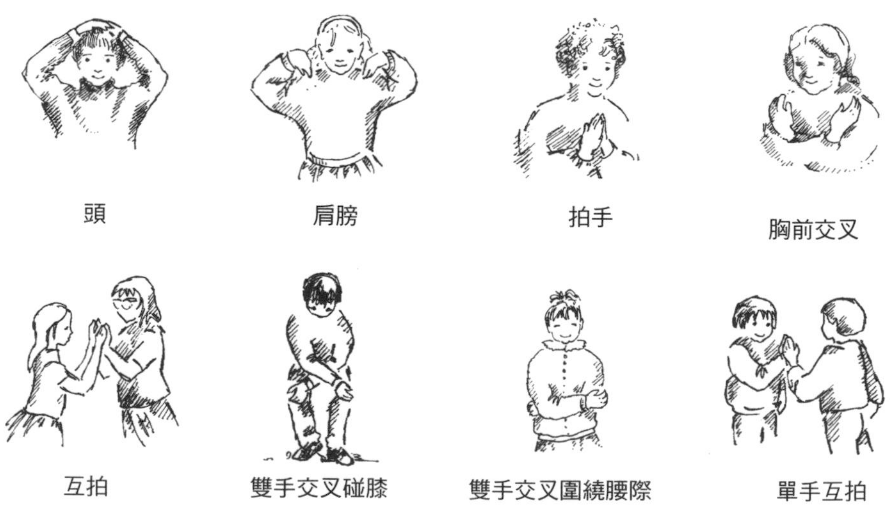

頭　　肩膀　　拍手　　胸前交叉

互拍　　雙手交叉碰膝　　雙手交叉圍繞腰際　　單手互拍

左／右手交叉互拍

手心上下互拍

【小提醒】遊戲時，要確保孩子拍手時，雙手維持在肩膀的高度，不要越舉越高。在這個遊戲中，交叉雙手的動作對孩子的成長非常有幫助，但是對於某些有學習困難的孩子來說，這個動作可能有困難，需要一些時間和耐心才能完成這些較高難度的動作。但是，當孩子一旦掌握了這些動作，就會非常熱中於這類遊戲。

遊戲 47 我的媽媽說

遊戲動作

我	媽媽	說，	我	不應	該
（頭）	（肩膀）	（互拍）	（頭）	（肩膀）	（互拍）
跟	精靈	玩，	在	樹林	裡
（頭）	（肩膀）	（互拍）	（頭）	（肩膀）	（互拍）
他們	與火	共舞，	他們	草裡	打滾
（頭）	（肩膀）	（互拍）	（頭）	（肩膀）	（互拍）
他們	偷走	你的心，	在	一瞬	間
（頭）	（肩膀）	（互拍）	（頭）	（肩膀）	（互拍）

遊戲變化

變化 1：（頭）（肩膀）（拍手）（互拍），一個字搭配一個動作。

變化 2：（頭）（胸前交叉）（拍手）（互拍），一個字搭配一個動作。

遊戲 48 Pimpompe

在下面的遊戲中，「拍膝蓋」就是用雙手拍自己的雙腳膝蓋，「互拍」指的是兩個合作同伴雙手互拍，「右手交叉互拍」、「左手交叉互拍」指的是兩個人一起伸出右手或左手，並且用單手交叉互拍對方的右手或左手，「拍手」指的是自己拍手。

這首唸謠除了用傳統純發音、無意義的語言來表達之外，我不知道是來自哪個語言。這個遊戲很可能是孩子經常用來押韻、不具意義的詞語，讓我們單純的在遊戲中欣賞聲音的本質吧！

遊戲動作

Pim（拍膝蓋）	pom（拍手）	pe（互拍）	
po（拍手）	lo（右手交叉互拍）	ne（拍手）	
po（左手交叉互拍）	lo（拍手）	nas（互拍）	ki（互拍）
pim（拍膝蓋）	pom（拍手）	pe（互拍）	（拍手）
po（右手交叉互拍）	lo（拍手）	ne（左手交叉互拍）	（拍手）

Ac	a	de	mi	so	far	ri
（拍膝蓋）	（拍手）	（互拍）	（拍手）	（右手交叉互拍）	（拍手）	（左手交叉互拍）

Aca	de	mi	puff	puff
（拍手）	（拍膝蓋）	（拍手）	（互拍）	（互拍）

遊戲 49 鵝喝酒

在下面的遊戲中，右上、左上、右下、左下是給參與遊戲的孩子當中，其中一位的指示，另外一個人則必須做出相反的動作，例如：當我們唸到「右上」的動作時，其中一個孩子必須做出在「右上邊拍手」的動作，另一個孩子則必須做出在「左下邊拍手」的相反動作。

這個遊戲是個很好的例子，表達出「孩子會將周遭大人的言行習慣放進遊戲中」，例如「吃檳榔」。在這個情況下，孩子會將這些現實圖像與童謠中常見的動物，與他們的精神世界結合。

遊戲動作

三	六	九	鵝	在	喝	酒
（拍手）	（右上）	（右下）	（拍手）	（左上）	（左下）	（拍手）

在	路	邊	吃	檳榔	的	小	猴
（右上）	（右下）	（拍手）	（左上）	（左下）	（拍手）	（互拍）	（互拍）

馬路	上	的	猴子	噎	到	後
（拍手）	（右上）	（右下）	（拍手）	（左上）	（左下）	（拍手）

一	起	坐	上	小船	去	天	堂
（右上）	（右下）	（拍手）	（左上）	（左下）	（拍手）	（互拍）	（互拍）

遊戲 50 水痘

這個遊戲的韻律非常容易。一開始，這個遊戲叫做「猩紅熱」，但是，「猩紅熱」已經很罕見，所以用更常見的「水痘」取代。

遊戲動作

（拍手）（右手交叉互拍）（拍手）（左手交叉互拍）（拍手）（互拍）（互拍），一個字搭配一個動作。

我得水痘長水痘，很癢很熱很糟糕，我被毯子裹起來，帶我坐上計程車

左搖右搖計程車，差點把我搖下車，當我坐到醫院時，你會聽見我大喊

爸媽我想要回家，這裡不是我的家，已經住了一兩週，現在我想要回家

那邊走來高醫生，樓梯扶手滑下來，半路撕破他褲子，正在跳著草裙舞

三、沙包遊戲

沙包遊戲可以用來幫助孩子提升空間感，並且幫孩子了解自己的左右、前後、上下的位置。記得，先確保孩子可以完美的完成「【遊戲 51】小老鼠跑啊跑」，再進到下一個遊戲。除此之外，**沙包遊戲也可以用來做個別治療，或是當作群體活動。**

從小，就可以鼓勵孩子用良好的姿勢坐著。我發現，當孩子在地板的小墊子、盤腿而坐時，會坐得比較挺直。在玩「【遊戲 51】小老鼠跑啊跑」時，若孩子有良好的姿勢，就比較容易讓沙包（老鼠）鑽上鑽下。在兒童運動治療中，我也觀察到越來越多孩子需要矯正姿勢。有時候，一個班級有一

半以上的孩子需要額外的協助，所以我創作了這款遊戲，用來治療孩子的身體姿勢。這樣的遊戲，可以在整個群體獲益的同時，還能夠讓孩子享受到遊戲中的樂趣。這也表示著，若只有單獨個體，反而不容易被挑出來做這些動作，即使需要做出困難的動作，對單獨的孩子而言，威脅也比較小，因此矯正姿勢的效果也比較不好。

以下提供的兩款**沙包遊戲都有助於提升孩子的空間感，在傳遞和接收沙包中，需要對上下、左右、前後有所察覺，才能順利地進行遊戲。**我曾經帶過一個小男孩，他對自己的左邊比較沒有意識，所以每次玩下列兩個沙包遊戲時，這個孩子的面前，可能會堆著一大堆沙包，而在他左手邊的孩子，卻一個沙包都拿不到。之後，我試著讓這位男孩描述剛剛所處的房間內有什麼，他能夠詳細的描述右手邊的所有東西，但是對於左手邊的東西卻描述得很模糊。接著，我請他轉半圈，然後依樣請他描述左右手邊的物品，也同樣有這種狀況。我終於確認了這位男孩的問題在於——對左邊空間較沒有意識。之後，為了幫助他，在沙包遊戲時，我會請他反著坐下、背對著圓心，這樣一來，這個男孩就可以用左手來接沙包，然後用右手傳遞出去了。

舉例來說，其他的治療型活動有：讓沙包從頭上滑落下來，就是需要讓下巴向下的訓練運動。這個動作可以矯正嬰兒時期，躺在媽媽肚子上會自然抬起頭的原始反應。如果到了 6、7 歲時，這個反射動作持續出現在孩子身上、仍然無法擺脫這個原始反射動作時，就應該被矯正，讓他的頭能夠安定、平衡地枕在正確的脊椎位置上。

遊戲 51 小老鼠跑啊跑

「【遊戲 51】小老鼠跑啊跑」可以培養孩子的肢體動作，為下一個遊戲「【遊戲 52】動我們的手」做準備。

遊戲設備 一個沙包。

遊戲故事

在遙遠遙遠的地方，有一個小村莊。

村莊裡有許多的房子，但是，村民都非常貧窮，沒有什麼食物可吃。

教堂附近有一間房子裡有隻小老鼠，牠住在櫃子後面的小洞裡。每天晚上，當所有男人、女人、小孩都睡著時，小老鼠會跑出洞，尋找食物……。

遊戲步驟

（讓所有孩子圍成一個圓，盤腿坐在地上，就是村莊裡的房子，並且用一個沙包當作「小老鼠」。當孩子熟悉這個遊戲之後，可能會想站著玩。）

有隻小老鼠，跑進房子裡
（開始唸詩以後，拿著沙包的孩子用左手推動沙包，讓沙包〔老鼠〕沿著地板滑進右手〔房子〕裡。）

再一次，跑進跑出
（拿到沙包的孩子用右手將沙包〔老鼠〕傳給坐在右手邊的孩子〔鄰居〕。）

跑進跑出，跑進跑出，再一次，跑進跑出
（下一個孩子重複同樣的動作，然後再將沙包傳給下一個人。）

一會兒後，帶入變化：

有隻小老鼠，繞著房子跑
（拿著沙包的孩子將沙包放在右手上，然後從背後將沙包傳到自己的左手上，接著再從身前將沙包傳回自己的右手，最後將沙包傳給右手邊的鄰居。）

再一次，繞一圈
（下一個孩子重複同樣的動作，然後再將沙包傳給下一個人。）

繞一圈，繞一圈
（下一個孩子重複同樣的動作，然後再將沙包傳給下一個人。）

再一次，繞一圈
（下一個孩子重複同樣的動作，然後再將沙包傳給下一個人。）

有隻小老鼠，房子裡上下跑
（孩子右手拿沙包舉高，左手放在腰際的高度，用右手將沙包拋下，由左手接住，然後，雙手互換，重複同樣的動作。最後，用右手將沙包傳給下一個人。）

再一次，跑上跑下
（下一個孩子重複同樣的動作，然後再將沙包傳給下一個人。）

跑上跑下，跑上跑下
（下一個孩子重複同樣的動作，然後再將沙包傳給下一個人。）

再一次，跑上跑下
（下一個孩子重複同樣的動作，然後再將沙包傳給下一個人。）

有隻小老鼠，房子裡高低鑽
（孩子用右手輕輕將沙包拿到頭頂前方，左手放在大約腰間的部位，然後上方的手將沙包放開，讓沙包垂直掉進下方的手掌裡。）

再一次，鑽高鑽低
（下一個孩子重複同樣的動作，然後再將沙包傳給下一個人。）

鑽高鑽低，鑽高鑽低
（下一個孩子重複同樣的動作，然後再將沙包傳給下一個人。）

再一次，鑽高鑽低
（下一個孩子重複同樣的動作，然後再將沙包傳給下一個人。）

遊戲變化

若想要增加這款遊戲的難度，可以根據「【遊戲 52】動我們的手」的概述來改編故事，或是讓孩子做出更難、要求度更高的動作，或是自己創作出不同的動作與故事。

變化 1：如果想讓這款遊戲更加刺激，可以在遊戲中加入「飢餓的黑貓（一顆軟球）」。當沙包開始傳遞後，也會用相同的方式傳遞這顆軟球（黑貓），軟球（黑貓）可以從沙包（老鼠）對面的位置出發，看看孩子是否能快速地傳遞這顆軟球（黑貓），趕上前方的沙包（老鼠）。記得，如果著重在傳遞速度上的話，可能需要簡化遊戲動作。

變化 2：除此之外，也可以添加「貓頭鷹」在圓圈中飛舞。可以由你或是其中一位孩子擔任「貓頭鷹」，任務就是要小心觀察沙包（老鼠）傳遞的路徑。如果沙包（老鼠）掉到地上，「貓頭鷹」就會迅速俯衝、吃掉牠。換句話說，站在圓圈中心擔任「貓頭鷹」的孩子，必須仔細觀察沙包的傳遞，若有孩子失手、弄掉沙包，「貓頭鷹」就要趕快衝上前，搶先摸到沙包。若「貓頭鷹」搶先摸到沙包，就可以跟剛剛弄掉沙包的孩子互換位置。若覺得這樣的遊戲對孩子來說太難，也可以簡化成：只要有孩子弄掉沙包，就要跟站在圓圈裡的「貓頭鷹」互換位置，成為新的「貓頭鷹」，然後遊戲再次開始。這樣一來，「貓頭鷹」就不需要搶奪掉下來的沙包。

變化 3：還有另一個變化，但是需要小心跟孩子解釋規則。這個變化是追逐遊戲的版本，一組只使用一個沙包。如果孩子在傳遞時弄掉沙包，把沙包（老鼠）弄掉的孩子就必須趕快撿起，並試著在「貓頭鷹」的追擊下脫逃。這時候，就必須使用一開始提到的「攜帶式體育場」，例如：用一條大繩子來增加遊戲範圍，並且界定哪些區域屬於遊戲範圍內。當「貓頭鷹」抓到拿著沙包（老鼠）的孩子後，就要互換角色，之前當「貓頭鷹」的孩子現在加入拿著沙包（老鼠）圍成圓圈的孩子，先前拿著沙包（老鼠）的孩子則變成了新的「貓頭鷹」。

這個遊戲可以站著玩，但是要確保孩子有良好的判斷力，並且有足夠的自我紀律。不然，這場遊戲可能會變得一團混亂，拿著沙包（老鼠）的孩子可能會在「貓頭鷹」的追擊下，雙雙消失在地平線盡頭喔！

剛開始介紹這款遊戲的時候，先用一個沙包就好，但是，當孩子的遊戲能力增加時，可以加入更多的沙包，有時甚至可以增加到四個或更多的沙包。決定沙包的數量取決於參與遊戲的孩子數量。

遊戲 52 動我們的手

開始時，雙手打開在身體兩側，右手掌心向上，手上握著沙包，在唸到底下有畫線的字時，將右手蓋到左手上，沙包也從右手改放到左手心上，並握住沙包；接著，將雙手分開，回到身體兩側時，右手手掌向上，左手手掌則改為向下。當又唸到字底下有標記的字時，左手將沙包放在隔壁同伴的右手上，自己的右手則會接到另一旁傳來的沙包。

遊戲設備 一個孩子一個沙包（可以隨著孩子的能力增加沙包）。

遊戲步驟

空中移動我們的手，就像河流的漣漪
（重複同樣的動作，遇到底下有標記的字時，就必須交換沙包。）

我們的手是施予者（重複同樣動作。）

給我們一切的需要（重複同樣動作。）

遊戲變化

河裡的漩渦
（雙手互相傳遞沙包時，改由身後傳遞。）

空中的彩虹
（雙手互相傳遞沙包時，改由經頭頂傳遞。）

山裡的瀑布
（雙手互相傳遞沙包時，改經由頭頂，由身後垂直丟下。）

入眠的沉睡者
（雙手互相傳遞沙包時，改經由頭頂，由身前垂直丟下。）

溪邊的水鳥
（雙手互相傳遞沙包時，改用腳趾頭夾取沙包傳遞。）

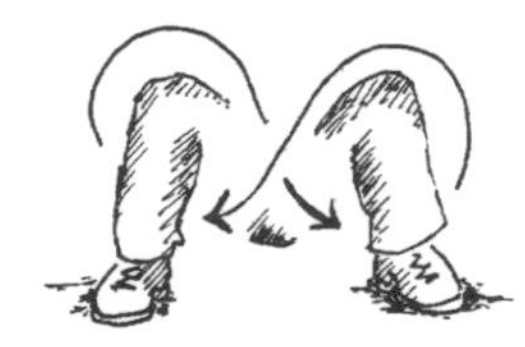

倫敦鐵橋／紡織者
（雙手互相傳遞沙包時，改經由雙腳間，八字傳遞。）

四、追逐遊戲

為什麼孩子需要玩追逐遊戲呢？追逐遊戲讓人訝異、注意的地方在於：世界各地都有這項兒童遊戲，且非常普遍。想想看，追逐遊戲背後的原型意象、圖像是什麼？或許，這樣的遊戲讓我們有機會表達出：我們被看不見的敵人追逐的噩夢，當無意識產生的噩夢，能夠藉由遊戲被發揮、上演出來，對孩子本身來說，可能有幫助。**追逐遊戲讓無意識生成的恐懼，能夠透過身體而表達，給孩子一個克服恐懼的機會**，利用自己的智慧、快速的動作以及策略來智勝敵人，並到達安全地點躲藏；在危險的時候，能夠加強自己的能力來掌握局面、控制自己。在追逐遊戲中，如果想要抓到別人，或是避免自己被抓，就得有大量的「空間意識」。透過遊戲中調皮地扭動、轉向，我們更了解自己周圍的空間。

隨著孩子的成長，他們的思維能力會以連續性的方式發展，從夢幻般的狀態，慢慢走向抽象性思考。追逐遊戲有助於發展孩子的「思考與行動」能力，孩子的思維能力發展會自然的、積極的與自身意志連結在一起。

「思考與行動之間的關係」以非常特別的方式存在，這種現象在追逐遊戲中尤其明顯。孩子感覺到追逐自己的人靠近，於是他跑走了。跑走的動機是什麼？可能是危險、恐懼、能夠不被抓到的得意跟自豪，這些動機的共同點就是——這些都是某種情緒。**追逐遊戲展現了情緒如何在思考與行動之間進行調和與溝通，同時培養了對生命而言極為重要的「和諧」。**

雖然「【遊戲 53】果園」是追逐遊戲，但是在被追的同時，你也必須追逐另一個人。這樣的遊戲可以讓孩子了解前、後空間，並且帶來遊戲感。而在同時，孩子也要注意腳的位置，否則很容易就會被果樹的根絆倒。為了同時做到這一切，孩子必須對自己有非常清楚的覺知，比起一般自由追逐遊戲，「【遊戲 53】果園」需要更清明的覺知與察覺。**孩子在遊戲中必須對一切事物保持覺知，可以幫孩子練習、增加他們對於周遭事物、空間的意識。**

遊戲 53 果園

這個遊戲可以幫助孩子意識到跑步時，腳的位置。在「如何移動」上，有助於提高我們的覺知、意識。就像許多為年幼孩子設計的遊戲，它有一個明確的開始（當領導遊戲者呼喚水果名稱時），且這是一個透過圖像來工作的遊戲，它有一個「覺醒」的時刻——領導遊戲者的「叫喚」。

遊戲故事

從前從前，有一位農夫，他擁有一座非常美麗的果園。在果園之中，有許多長滿了水果的果樹，像是：蘋果樹、梨子樹、香蕉樹……。

但是，這個農夫很懶惰，他不喜歡自己撿水果，所以他總是等到一陣大風吹來，然後快速地跑進果園，盡可能地接到被風吹下來的水果，而且要避免被清脆可口的蘋果，或是沉重的香蕉串砸到。但是，這個農夫的速度不夠快，沒有辦法接到所有水果。聽到北風開始吹時，農夫會決定要接哪一種特定的水果，好在星期六時，拿到市場上賣。

遊戲步驟

1. 所有孩子圍坐成圓圈，將腳往前伸直，代表果園裡的果樹。孩子的腳就是樹根，因此要確保孩子的腳都併攏，並且平放在地面上。
2. 遊戲領導者必須沿著圓圈，為每個孩子指定一個水果名，例如：蘋果、水梨、香蕉。然後，遊戲領導者要說：**「大風吹，吹下了所有的『蘋果』！」**
3. 這時，當蘋果的所有孩子必須站起來，然後跨過所有的樹根，繞著圓圈內圈跑一圈。這回合沒有被叫到的水果（當果樹樹根的孩子），則要試著在蘋果孩子跑過前方時，抓住他們。切記，要叮嚀孩子不要從背後抓人。
4. 如果有一顆蘋果被抓到了，就要快速跑到圓圈中心（代表水果碗），直到所有沒被抓到的蘋果孩子回到自己的位置後，這位待在水果碗裡的孩子才可以回到自己的位置，重新開始下一回合。
5. 接著，引導者開始下一回合的風，說：**「大風吹，這次把所有的『香蕉』吹下樹。」**然後重複剛剛的遊戲過程。

遊戲變化

變化 1：果園建了一道籬笆。

（孩子將雙腳伸直，一隻腳放在另一隻腳上，若想蓋更高的籬笆，可以再加上雙手。）

變化 2：農夫在果園中犁田。

（所有孩子坐著，將雙腳打開，與左右兩邊的孩子互碰腳掌，被大風吹下樹的水果孩子，就必須來回在腳與腳尖的空隙踏過。）

變化 3：果園裡的果樹長得太密了。

（孩子將手放在左右兩邊的人的肩膀上，被大風吹下樹的水果孩子必須要沿著圓圈，在其他孩子的雙臂空隙下穿梭。）

變化 4：有些樹枝上的果實太沉重，都垂到地上了。

（一個孩子將右手放在右邊同伴的肩膀上，然後左手跟左邊同伴互握。下一個孩子則是相反，將左手放在左邊同伴肩膀上，右手跟右邊的同伴互握。被大風吹下樹的水果孩子則是再一次，從手與手間的空隙穿越，但是，遇到比較低矮的樹枝時，孩子就必須從下方爬過，或是滑過去。）

變化 5：果園裡，到處都是跳過籬笆的青蛙。

（圍成圓圈的孩子蹲下來，雙手抱膝、頭低下，被大風吹下樹的水果孩子變成了青蛙，需要一個又一個跳過蹲著的孩子。）

遊戲 54 大風吹

（中文版新增）

類似「【遊戲 53】果園」的玩法，在地上排一圈墊子，墊子必須比參與遊戲的人數少一個，如此一來，會有一位孩子沒有墊子可坐。

遊戲設備 墊子（數量必須比參與遊戲的人數少一個）。

遊戲步驟

1. 先從孩子當中選一個人當鬼，其他孩子隨意選一個墊子坐下。這時，當「鬼」的孩子必須站在圓圈當中。
2. 當「鬼」說出：「大風吹！」其餘的孩子要一起喊：「吹什麼？」
3. 「鬼」必須選擇多數人身上有的東西，例如：「吹有戴眼鏡的人！」
4. 這時，所有戴眼鏡的孩子必須起身，換到另一個座位。「鬼」就必須在這時候加入搶位子的行列。
5. 沒有位置坐的孩子，就是下一回合的「鬼」。

五、抉擇歌

下面是一些抉擇歌，傳統上，會用來挑選出一個成員時使用。孩子通常會站一排，或是圍成一圈，其中一個孩子會被指定為「計數者」，當所有想參加遊戲的成員都站一排或圍成一圈時，計數者就會開始唱或唸抉擇歌然後一個一個指出所有成員。他可以用手指頭碰觸或是指每位成員，指到每位成員時，都會輪到小段唸謠，或是一個字就代表一個人。唸到最後一句或是最後一個字時，被指到的人就會接受預先安排好的任務，可能會變成一個「物品、動物」，或是變成團隊的領導者，也可能會在遊戲第一回合當鬼。

抉擇歌中，可能包含很多「沒有意義」的字，這個年齡層的孩子特別喜歡這樣的唸謠，且最好的抉擇歌，通常都是自創，下面有一些範例：

遊戲 55 喔！迷糊的青蛙！

作者：凱特・哈蒙德（Kate Hammond）

喔！迷糊的青蛙，砰！春天的笨蛋，

踢踏拍出謎題，紐澳良樂隊水坑，完成！

遊戲 56 當我還是小女孩的時候

作者：安娜・哈金森（Anne Hutchinson）與蘇・希（Sue Sims）

當我還是小女孩，我跳上一棵樹

我看見一隻大象，和你我一樣大

當我跟牠說話時，蜜蜂輕輕飛來

翻滾下來嗡嗡嗡，你快點飛出去

遊戲 57 虎克船長

我從澳洲孩子身上無意聽到這首抉擇歌。

虎克船長四周看看，閒晃到了澳大利亞

他把褲子搞丟了，丟在法國的中部呀！最後在塔斯馬尼亞找到

遊戲 58 點點點

（中文版新增）

在台灣，許多人的童年也都經歷過這樣的遊戲過程。遊戲前，除了用「剪刀石頭布」來決定誰當鬼，也會用「抉擇歌」來取代。這首「抉擇歌」並不算是歌謠，而是短短的唸謠形式，用來排除不用當鬼的孩子。

遊戲步驟

1. 參與遊戲的孩子伸出一隻腳、圍成一個腳趾圈。
2. 選一個人來唸下方唸謠，一個字對應一個孩子的腳。
3. 對應到最後一個字的孩子，就可以排除，然後直到剩下最後一個人，就是第一回合的「鬼」。

點點點，點到的人不用當鬼

遊戲 59 點啊點水缸

（中文版新增）

在台灣，也有許多台語唸謠可以用來當「抉擇歌」。

點啊點水缸，啥人放屁爛腳瘡

點啊點茶甌，啥人今冥來阮家

點啊點茶古，啥人今冥要娶某

點啊點叮噹，啥人今冥要嫁尪？

六、編繩遊戲

安靜你的面容，

交叉每個拇指，

緊盯著我的眼，

用我的繩子，一個個故事要來了！

那古老的、可愛的、有智慧的故事！

向英國詩人沃爾特・德・拉・馬雷（Walter de la Mare）致意

編繩遊戲跟拍手遊戲、跳繩遊戲一樣，幾乎每個文化中都有，不論是最基本的到極其複雜的形式。**編繩遊戲可以訓練孩子手指的靈巧度，對於將來握筆、書寫，或是其他需要手指精細能力的動作非常有幫助。由於編繩需要左手的配合，還可以訓練孩子的左右腦發展。透過編繩遊戲，也可以讓孩子透過編繩動作，認識空間感。同時，因為編繩遊戲需要很大的專注力，當孩子沉浸在編繩遊戲的喜悅中，也可以安安靜靜的在一旁玩耍。**我們可以從孩子遊戲中，看見他們專注臉龐的喜悅。

市面上，有整本書都是專門在講編繩遊戲，其中最棒的系列是《貓搖籃系列》（Cats Cradle，無繁體中文譯本）。然而，這些書中並沒有提供伴隨著編繩圖形的故事。在太平洋群島，編繩遊戲扮演著非常重要的角色。當手指在繩索上穿梭時，也會同時講述故事，而故事的描述又常常帶入文化認同，並且將歷史具體形象化。當這些島嶼上的父母、祖父母用這樣的方式將故事告訴孩子時，我也入迷地坐在一旁聽著。

下面舉了一些例子，教你如何以傳統方式將編繩遊戲呈現給孩子。透過這樣的方式，孩子更容易學習，且當孩子重複編繩時，也保留了故事還有其中的圖像。當孩子試著把編繩遊戲教給其他孩子時，也會自己重複一次故事，通常也會編加一些新的圖像。

教孩子編繩遊戲時，要求孩子兩兩並排坐在一起、面對前方。在解釋編繩遊戲時，我會用「慣用手」來主導（右撇子用右手，左撇子用左手），然後用另一隻手輔助。有時候，我會轉身背對孩子，將手高舉到頭部以上來演示編繩動作，孩子就不用左右顛倒來「翻譯」這些編繩動作。如果面對孩子演示編繩動作的話，除了大腦需要有如體操般靈活，身體上也需足夠的柔軟、扭曲度，所以，如果你不是在訓練「大腦奧林匹克」，當你在講述故事並演示編繩動作時，就讓孩子坐在身後吧！

在開始前，我會先對孩子唸下方這段詩，讓孩子先認識自己的手指：

靈活的手指、靈巧的手指，他們能做什麼？

用食指、中指、無名指，和小指，還有拇指跟手掌。

下面是一些給 6 歲孩子的入門編繩遊戲，「【遊戲 61】噴火龍」與「【遊戲 62】美麗的項鍊」這兩款編繩遊戲來自麥可・泰勒（Michael Taylor）所設計的編繩故事「噴火龍、公主與傑克」：

遊戲 60 夜裡的貓頭鷹

遊戲步驟

1. 從前有一棵柳樹
（將繩子掛在食指上。）

2. 一隻貓頭鷹用爪子抓住樹枝
（繩子在食指上繞一圈。）

3. 用另外一隻爪子抓住另一根樹枝
（將拇指伸出來，繩子垂下的兩端在拇指與食指間交叉。）

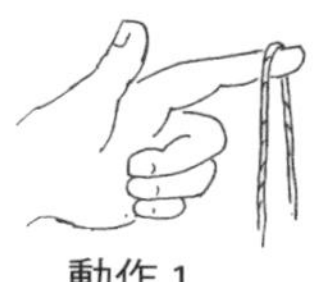
動作 1

動作 2

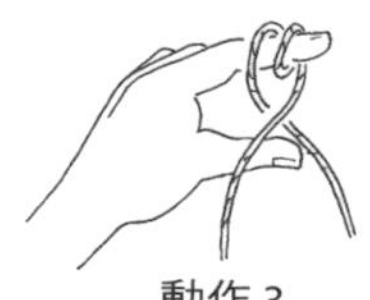
動作 3

4. 然後打呵欠
（纏繞食指的圈拉大，並將拇指放入圈中。）

5. 接著收起一隻翅膀
（垂下的兩條繩子從食指與拇指間拉出。）

6. 再收起另一隻翅膀，眼睛眨三下，嗚！嗚！去睡覺了
（將垂下的兩端繩子，在纏繞拇指與食指的圈前交叉。）

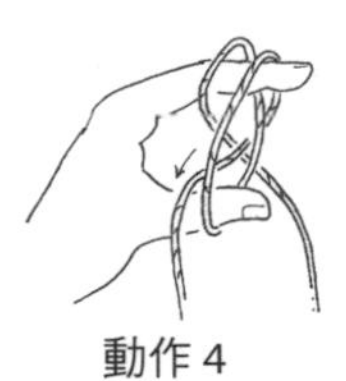
動作 4

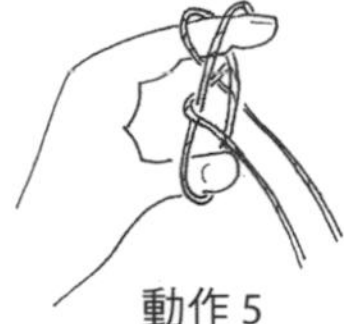
動作 5

動作 6

遊戲 61 噴火龍

麥可・泰勒（Michael Taylor）

遊戲步驟

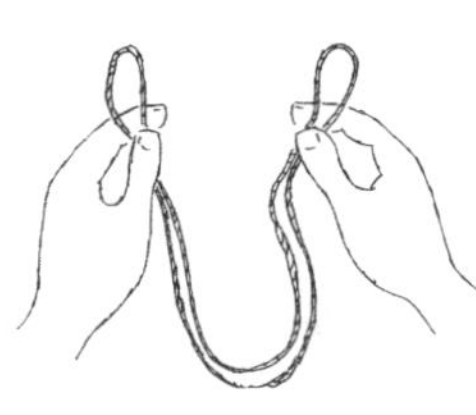

1. 這是一隻噴火龍，牠正在小心翼翼地看著你
雖然牠搖著尾巴，但是不代表牠很友善
（拉起環形繩子的兩端。）

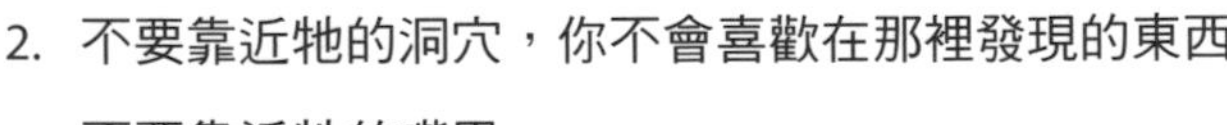

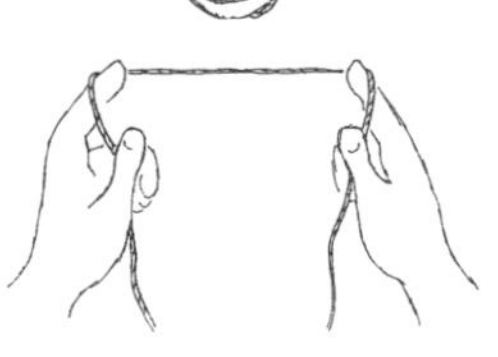

2. 不要靠近牠的洞穴，你不會喜歡在那裡發現的東西
不要靠近牠的嘴巴
（將雙手食指穿入繩子中，並且注意讓左右兩邊的繩子長度平均。）

3. （運用慣用手，將繩子與輔助手上的繩子交叉。雙手皆拉起原輔助手的繩索，食指皆穿入繩子中，並讓繩索交叉點介於雙手中間。請注意讓左右兩邊的繩索長度平均。）

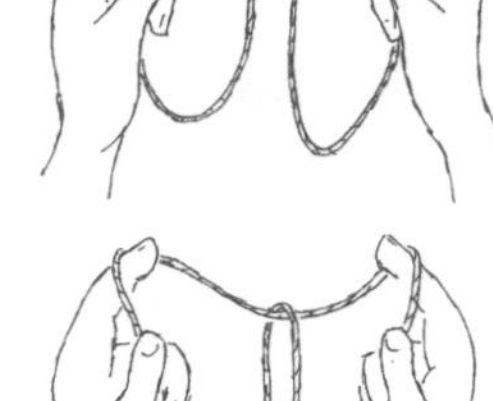

4. **牠可能會……噴火！**
（雙手抓緊繩子，然後微微合在一起，接著快速分開，拉直雙手食指間的繩子。這時，懸掛在繩子中間的交叉點就會向上噴出，彷彿噴火龍在「噴火」一般。）

5. **牠可能會噴火、噴火！**
（重複上一個動作，繼續讓噴火龍「噴火」。）

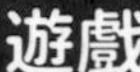

遊戲 62 美麗的項鍊

遊戲設計：麥可・泰勒（Michael Taylor）

遊戲步驟

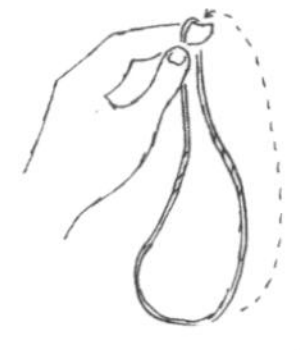

1. **在這座金色塔樓裡，數著時間**

   塔樓裡的公主，指頭上戴著戒指
（將圓圈狀的繩索，掛在輔助手〔左手〕食指上，接著將垂下的一端也掛在輔助手〔左手〕的食指上。）

2. **指頭上的戒指，腳尖上的鈴聲**

   無論她去哪裡，都會響起樂聲

   但她無處可去，只坐著、看著

   脫下戒指轉啊轉……。
（用慣用手〔右手〕將外圈繩索取下，接著轉動外圈繩索，使其單獨交叉一次，然後再將交叉過的繩索掛回輔助手〔左手〕食指。）
手指上的戒指……。
（重複上一步動作，拿下外圈的繩索，轉一圈使其交叉，然後掛回輔助手〔左手〕食指。）

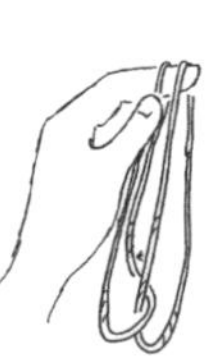

3. **她脫下了項鍊，測試了扣環**
（伸出慣用手食指，順著輔助手食指穿過繩索的環，接著將左手食指抽出。）

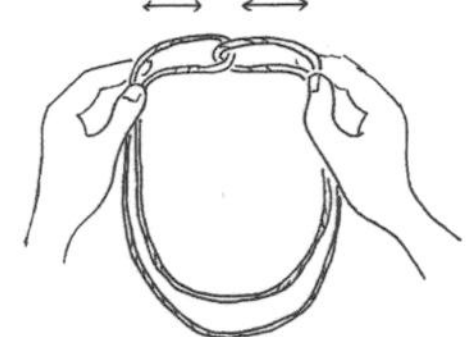

4. 長久以來，堅強、持久，如同她的心……。
（用雙手拉拉繩子兩端，用來測試扣環。）

5. 不要在恐懼的時刻斷裂，
如果惡龍在附近，擦乾妳的眼淚，
親愛的，有人會來尋妳！
但扣環已經鬆落……。
（確認繩索下端環沒有打結，接著輕輕鬆開，
讓心形環滑落，變成淚滴狀。）
（拉開，讓繩索的淚滴狀消失。）

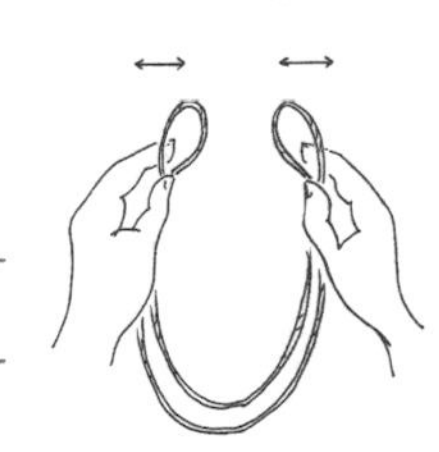

6. （雙手拉拉繩子兩端，顯現扣環鬆脫的樣子。）

＊更多編繩與遊戲，請上網搜尋麥可‧泰勒（Michael Taylor）。

遊戲 63 地精的新帽子

故事設計：蘇‧希（Sue Sim）

遊戲步驟

1. 很久很久以前，有四個小地精。大家都知道，地精總是戴著帽子，但是，這些小地精卻弄丟了帽子，只好去隔壁村子，找製帽老師傅做新帽子。
小地精說：「拜託，製帽師，可以幫我們做四頂新帽子嗎？」
製帽老師傅鞠躬說：「當然，親愛的地精！」
他叫小幫手從櫥櫃中取來針線，小幫手走到製帽師跟地精中間，拿出針線。
（將繩索掛在輔助手〔左手〕拇指上，然後用慣用手〔右手〕的食指，穿過繩索下，從輔助手〔左手〕拇指與食指間的空隙，勾拉出繩子。）

2. 小幫手開始跳魔法舞，他手上拿著針線，指向地精接著指向天空，然後走向「食指地精」，將新帽子戴到他的頭上。

（將剛剛慣用手〔右手〕拉出來的繩索，在輔助手（左手）拇指下方順時針轉一個小圈，形成一個小環。接著，將小環掛在輔助手〔左手〕食指上。切記，掛上地精的帽子時，不需要再扭一次環喔！）

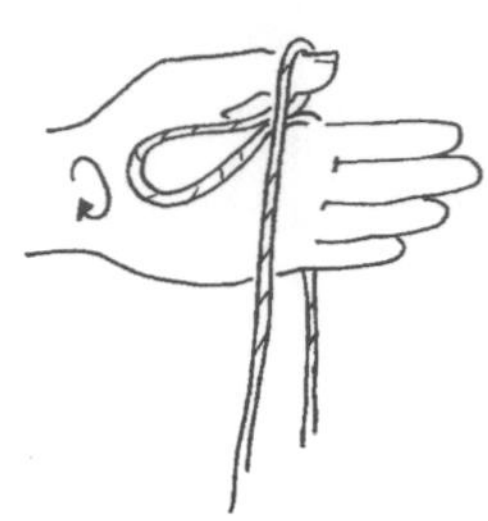

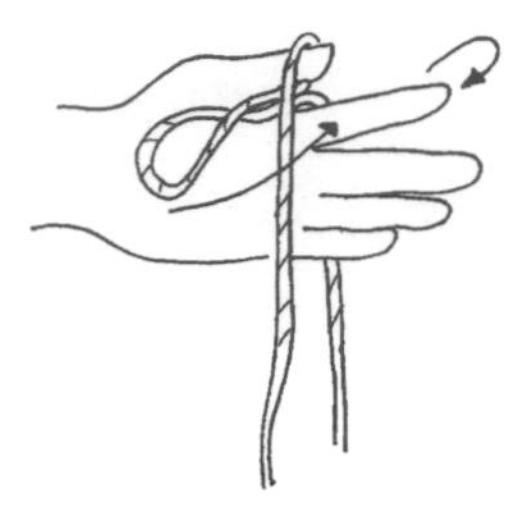

3. 小幫手來到「食指地精」跟「中指地精」中間，取出更多的線。他跳著同樣的魔法舞，然後將新帽子戴到「中指地精」頭上。

（重複同樣的動作，將繩索從兩個手指中間拉出來、扭半圈，接著掛上輔助手〔左手〕手指。維持一條繩索在掌心、一條繩索在手背，慣用手〔右手〕食指一定要從掌心繩索下面穿過去，再拉出手背那側的繩索、形成小環。重複這個動作時，可以檢查手背繩索的樣子，你會看到每個手指都會套上雙螺旋紋戒指。）

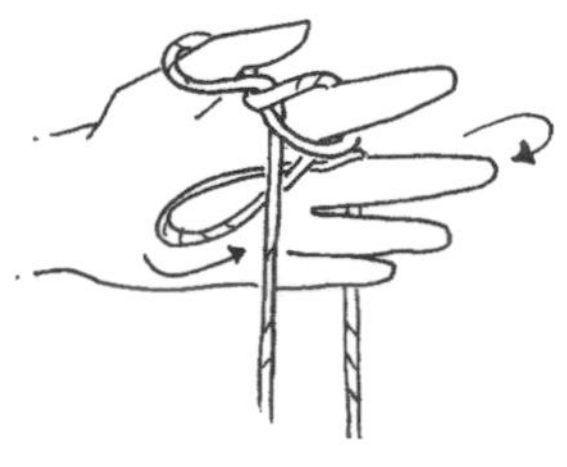

4. 小幫手來到「中指地精」跟「無名指地精」中間，並取出更多的線，他跳著同樣的魔法舞，然後將新帽子戴到「無名指地精」頭上。

（重複同樣的動作，但是這次將慣用手〔右手〕食指穿過輔助手〔左手〕中指與無名指間，接著拉出手背的繩索、扭半圈，並將環掛到輔助手〔左手〕無名指上。）

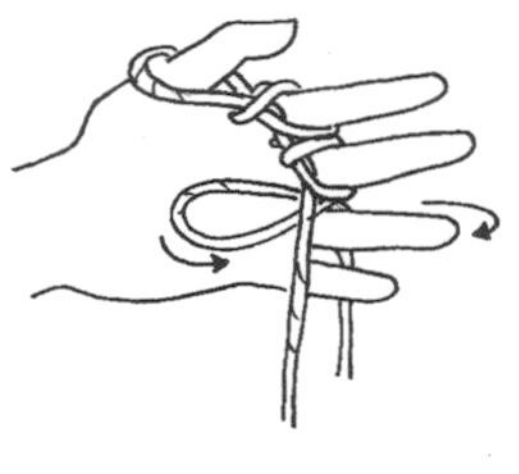

5. 最後，小幫手來到「無名指地精」與「小指地精」中間，取出更多的線，他跳著同樣的魔法舞，並且將最後一頂新帽子戴到「小指地精」頭上。

（重複同樣的動作，慣用手〔右手〕食指穿過輔助手〔左手〕無名指與小指之間，拉出手背的繩索、扭半圈，最後掛到輔助手〔左手〕小指上。）

6. 所有的地精都非常開心，他們謝謝製帽老師傅以及小幫手。老師傅鞠躬，並脫下他的帽子，然後跟一旁的小幫手說悄悄話。
（首先，輔助手〔左手〕四根手指握拳，然後打開，小心不要讓環脫落。接著，左手拇指朝掌心彎曲，讓環脫落，輔助手〔左手〕拇指代表製帽老師傅，彎曲拇指時，彷彿在跟小幫手說悄悄話。）

7. 地精再一次鞠躬，製帽老師傅接著說出魔法句子：「乒砰呸，鬍子和啤酒，跳躍、帽子消失！」
然後，製帽老師傅拿起一根非常特別，從沒被任何地精看過的針線。當所有地精走到店門外的街道時，呼！製帽老師傅拉起了線，所有的帽子都消失了！
（用慣用手〔右手〕拉扯靠輔助手〔左手〕掌心的那條繩索，讓手指上的所有環都消失。）

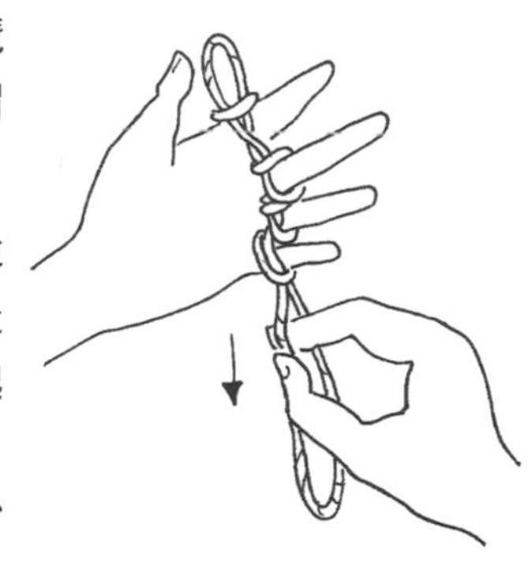

遊戲 64 帳篷

遊戲步驟

1. 有一天，食指去樹林裡散步，
他跑到圓木底下，站起來，然後跑掉了。
（雙手放在身前、掌心面對掌心，將繩索掛在兩手拇指與小指上〔如圖〕，然後右手食指穿過左手手掌繩索底下，往後拉回原來的位置。）

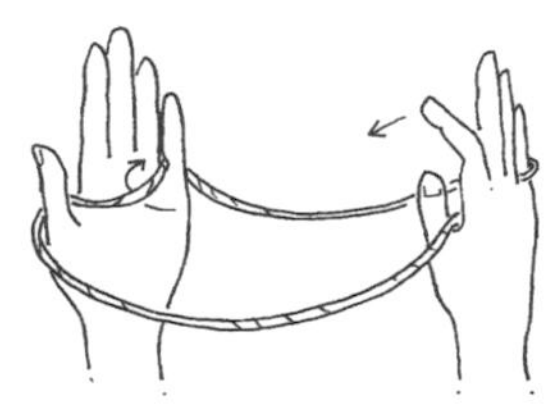

2. **食指繞著樹跑，再繞著樹跑。**

（右手食指勾著繩索，往外轉一圈，讓繩索交叉。）

（再轉一次，確認扭轉後的扭結在繩索上。現在，右手食指上掛著一個環，繩索上有兩個扭結。）

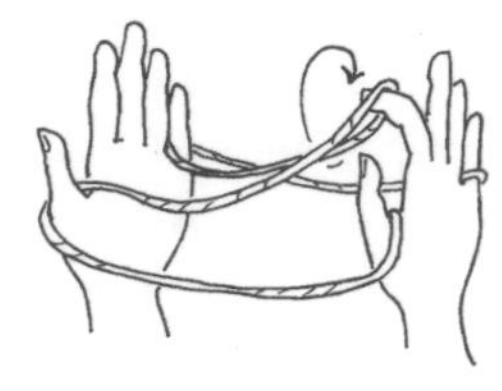

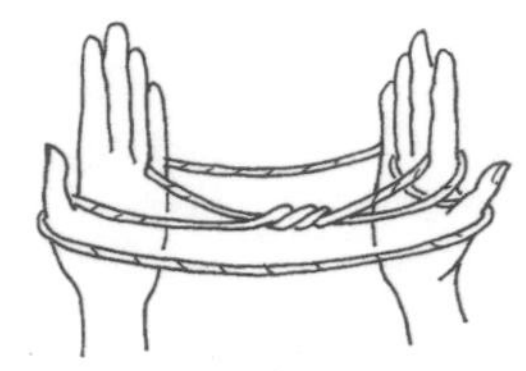

3. **食指看到兔子洞，跑下去，再跑上來。**

（接著，右手食指往後拉，左手食指從右手食指的環裡面伸到右手手掌的繩索下，左手慢慢地後退，拉出在右手食指環繩下、右手手掌上的那條繩索，左手往後拉回到最遠的地方。）

4. **小指累了，放下他的環，**
拇指也累了。

（右手拇指跟右手小指放開繩索的環。）

5. **但食指把他們叫起來，**
因為，你看！他們做了一個帳篷。

（將右手食指和右手手掌往後拉到最遠，讓繩索移到該去的地方，最後形成一個帳篷的形狀。）

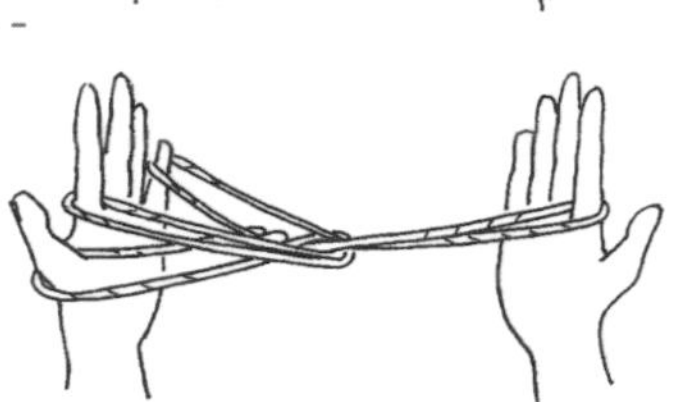

chapter 5 水上遊戲

我發現，**孩子享受自我的時候，正是學習游泳最佳時機**。我在此建議，可以透過創造性的圖像，教學、引導孩子。怕水的孩子，往往被迫以不適當的方式進到水中，造成對水的恐懼；在過去 15 年中，我開發了一系列的遊戲，鼓勵孩子學習游泳，且不會在學習的過程中，產生創傷，讓孩子可以自然、不自覺的在遊戲之中學到游泳技巧。我花了很多時間創造「水中適應」遊戲，因為遊戲需要某些技巧，孩子可以自然的在水中、水下學習，並且找到自己的方式，來習得這些游泳技巧。

我會親自下水，教導孩子水中適應和游泳。我相信，當你與孩子一起在水中的時候，就可以慢慢累積、建立孩子對你的信任感。許多游泳指導員會站在游泳池岸邊，指示孩子遠離、游去其他地方，但是，這同時也表示孩子也遠離了安全。在水中的時候，我們的視覺會較差，所以，我會安排一個救生員站在游泳池邊看照與待命。

如果**孩子能在水中獲得自信，當他遇到危險的時候，依舊可以放鬆及漂浮，大大提高被救援的機會。**幫助孩子適應水的時候，我花了很多時間教他們如何在水中放鬆、漂浮，這些動作會留在孩子的運動記憶中。我所教導的所有的技巧，都是透過簡單的水中遊戲來教授，使游泳充滿樂趣。

孩子有一種天然的運動智慧，他們本能會在固定年齡層傾向某些特定遊戲或活動，所以，我會試著在「對他而言適當的時機」教孩子游泳。教孩子游泳最適當的時機通常是 7～9 歲左右，透過我的「水中適應計畫」，通常可以幫他們更快學會游泳。事實上，**嬰兒時期，就開始讓孩子做水中適應活動，像是：在洗澡的時候跟爸媽一起玩。**特別注意的是：當孩子不怕水後，可能會過於自信，讓自己置身險境。當孩子的信心增長，但還不能正常游泳時，我們在監督孩子時，就需要格外警戒。

水上遊戲相當多樣化，其內容甚至可以成為另一本書，在此，我給出的例子只是給你參考，幫助激發你對於水上活動的想像力。此外，書中其他章節提到的遊戲也可以很簡單地應用在水中。

一、3～6 歲孩子的水上遊戲

年齡較小的孩子，可以透過下列遊戲，讓孩子慢慢接觸水，感受自己與水之間的關聯。光是簡單的弄溼身體、進到水中，就可能給某些孩子帶來創傷，我通常會從「讓幼兒逐漸習慣水在身體上的感覺」開始。

遊戲 65 癢癢魚

遊戲步驟

1. 讓孩子坐在游泳池邊，讓孩子將雙腳置於水面上，彷彿在水面上行走：接著，將孩子的雙腳浸入水中。
2. 遊戲領導者就是一條魚，用手「搔癢」或「輕咬」孩子的腳。

遊戲 66 划槳輪船

遊戲步驟

1. 孩子同樣坐在游泳池邊，將雙腳置於水中。
2. 讓孩子用雙腳踢水、濺起水花，如同輪船的划槳一樣。

遊戲 67 鈴啊！鈴啊！玫瑰環

遊戲步驟

1. 所有孩子手牽著手，跟著遊戲領導者走下游泳池台階，進到水中。
2. 讓孩子站在水深大約到腰部或者腰部以下的位置，哼唱這首歌並且玩遊戲：

鈴啊！鈴啊！玫瑰環
（所有孩子圍成一個圓圈，並且沿著圓圈走。）

一口袋裝滿花瓣，
哈啾！哈啾！都倒下。
（所有孩子整個身體浸入水中。）

遊戲 68 袋鼠

遊戲步驟

1. 所有孩子在水中，手牽著手圍成一個圓圈。
2. 孩子必須像袋鼠一樣，跳到圓圈中央。
3. 孩子也喜歡玩袋鼠追逐遊戲，他們必須用跳躍的方式，逃離那個被指定（同樣要跳躍）的孩子。

遊戲 69 軟木爭奪

遊戲設備　盡可能準備最多的軟木塞。

遊戲步驟

1. 讓孩子待在水深到腰際高的地區，並將軟木塞丟進水中。
2. 對孩子說：「在我……之前，看看你們可以找到多少顆軟木塞。」（例如：在我「唱完這首歌前」或是「在我拍手數到 20 前」。）

遊戲 70 隱身的鱷魚

遊戲步驟

1. 讓所有孩子站在水中，手牽手形成一個大圓圈。
2. 孩子是準備要偷東西的鱷魚，需要安靜的往圓圈中心走。
3. 讓孩子將下巴貼在水面上，或浸到水中，眼睛張大準備等待獵物。

遊戲 71 擱淺的鯨魚

遊戲步驟

1. 選擇其中一個孩子當鯨魚，其他孩子站兩排形成海灘。
2. 排成兩排，面對面站好，並在對面排找一個夥伴、握住他的手。
3. 鯨魚滑行通過時，藉由兩邊孩子的手臂幫助，順利到達另外一端。
4. 當鯨魚經過海灘時，組成海灘的孩子可以將手臂浸在水下，這樣，鯨魚就可以藉由其他孩子的手臂，讓自己半浮在水中。

遊戲 72 馬車輪

孩子非常喜歡這個遊戲，我通常會用這個遊戲當作結束。當孩子都躺在水面上，隨著漩渦旋轉的時候，會在此時產生片刻寧靜。這個遊戲也可以利用手握著手，形成一個圓圈，然後按照同樣的步驟進行。

遊戲設備　一塊浮板。

遊戲步驟

1. 孩子繞著浮板手牽手圍成一個圓圈。
2. 孩子繞圈時會越走越快，讓圓圈中央形成一個漩渦。
3. 孩子將雙腳置於中心浮板上，往後躺在水面上，形成馬車輪。

二、6～7 歲孩子的水上遊戲

成長中的孩子，花費了頭 9 年的歲月努力克服地心引力，學會行走與直立。在孩子的潛意識裡，他們反抗水平狀態，特別是：需要在水中面朝下的時候。孩子通常只有在睡覺的時候，才會讓身體呈現水平狀態，如果突然被迫游泳，他們會感到恐懼、害怕自己進入無意識、失去知覺的狀態，這也是為什麼許多孩子很討厭把臉放進水中的部分原因。

但是，當孩子進入 9、10 歲時，已經發展了個別性，因此，可以更容易放鬆在水中的水平位置。最先，我會從孩子的背部，幫助他們學習：如何在水平位置上感到舒服。

魚雷

遊戲步驟

1. 孩子是魚雷，在水中被射出，並引爆他們所能夠擊中的任何船隻。
2. 首先，孩子先用雙手握住游泳池的一側，然後用雙腳將自己用力推離岸邊。這時，雙手必須往前伸展。

【小提醒】你可以在游泳池內放幾塊浮板，當作漂浮的船。一開始，孩子會用後背面向池底來玩這個遊戲，之後就可以臉朝下來完成。

遊戲 74 糾纏

遊戲步驟

1. 讓所有孩子在水中聚在一起，把雙手放在圓中心。
2. 每個孩子用兩手隨便抓著任兩人的手，一起往後移動，並且試著要鬆開握住的手，重新形成一個圓。

遊戲 75 河堤上的鱷魚

遊戲步驟

1. 孩子是鱷魚，坐在河岸邊（游泳池邊），遊戲領導者站在孩子一旁。

2. 在帶領下，孩子一個一個輪流下水，第一個當鱷魚的孩子先將下巴放進水中（孩子伸長手臂、身體微微往前彎），然後是整個身體。
3. 遊戲領導者手放在鱷魚孩子的肚子、支撐著他。

遊戲 76 鱷魚洞穴

遊戲設備 三個浮環。

遊戲步驟

1. 從岸邊開始，孩子必須一個接著一個移動，穿過鱷魚洞穴（浮環）。
2. 可以在一條航線中，置放不同高度的浮環。

遊戲 77 獨木舟

遊戲設備 繩子、游泳圈、浮環、浮板（獨木舟）。

遊戲步驟

1. 運用浮環、繩子等等當作障礙物，讓孩子乘著獨木舟（浮板）經過。
2. 孩子可以獨自一人乘坐獨木舟（浮板），或是 2～3 人乘坐一艘。

【小提醒】 孩子不可以撞到航線中的任何器材，例如：岸邊、漂浮的原木、島嶼……。（可以利用不同的游泳圈、浮環來代表。）

遊戲 78 螺旋槳

遊戲步驟

1. 一個孩子向前、手伸長握著浮板。
2. 孩子用力地踢腳，代表螺旋槳。
3. 這艘船也可以有舵手，利用打水來控制浮板方向。

【小提醒】很多追逐遊戲都可以加入這項水上遊戲中，可以根據孩子的年齡，玩水中版本的追逐遊戲，例如：「【遊戲 109】貓捉老鼠（圍圈版）」、「【遊戲 127】稻草人」、「【遊戲 100】白鵝與白鷺鷥」。

遊戲 79 浮橋

遊戲步驟

1. 一個孩子擔任旅行者，利用浮橋來過河。
2. 其餘孩子變成浮橋，面對面兩排站好，手放在對面同伴的肩膀上。
3. 擔任第一組浮橋的兩位孩子，一邊的手必須抓住游泳池岸邊。
4. 當旅行者踏進浮橋後，其他擔任浮橋的孩子要下沉，讓水能浸到肩膀以下，這樣旅行者的重量就會因為浮力變輕。

【小提醒】若孩子的數量較多，可以編成兩隊：兩個旅行者、兩組浮橋（排成四條直線）。

Part 2

7～12歲學齡後孩子的遊戲

學齡後的孩子開始意識到自己與世界、他人是分離的狀態，同時也感受到外在給予的障礙。孩子 9 歲時，會經歷一次內在轉變的危機，開始脫離幼兒期，進入兒童期，對自我與他人的距離感更加強烈。

遊戲就是孩子釋放壓力、發現獨特自我的方式，讓孩子，更加平緩地度過這段轉變時期。

chapter 6 7～8歲 孩子的遊戲

克服外界困難、學會面對世界

這個時期的孩子開始發現自己的獨特性，加上身體發展更加完全，我們可以適當地增加許多追逐、跳躍遊戲，讓孩子從面對遊戲的困難，學會克服外界給予的困難，擁有面對世界的勇氣。在過去，孩子的心理狀況大多都是配合生理狀況而成長。然而，我們在近幾年可以觀察到：孩子的心理狀況已經跟不上生理發展，許多情緒、情感問題也被延長，原本在兒童期可能會出現的問題，被拉到少年期。因此，這些遊戲不只是對該年齡層的孩子有撫慰作用，對於年紀較長的孩子來說，有時也有助益。

一、跳躍遊戲

7 歲前的孩子，大多都很喜歡玩跳躍遊戲。這並不奇怪，因為在現代社會，傳統所謂的 7 歲、9 歲、12 歲、14 歲的關鍵發展階段，已經越來越不清楚了。

過去，外表變化（例如掉牙）幾乎都會發生在 7 歲左右，但是，現在擴大到 4～10 歲，甚至到 12 歲都有可能發生；同樣地，青春期也可能從 9～

16 歲之間的任何時間點開始。過去，情緒／情感和生理發展是否成熟有相當密切的關聯；然而，在現代，生理發展則普遍得比心理發展來得快。也因此，伴隨著這些成長階段所產生的所有壓力、不安全感，以及行為改變期間，也一併延長了。

當我們開始讓孩子玩跳繩時，最好是以團體方式進行，再漸漸的進階到個人挑戰，例如：兩人一組的跑過跳繩，會比一開始就要孩子單獨跳過繩子來得容易些。可以在遊戲中伴隨一些韻律歌謠，幫助孩子感受跳繩的節奏，所以一邊跳一邊唸或唱著歌謠很重要（例如我們小時候都玩過的「小皮球香蕉油」）。除此之外，歌謠的韻律也能促使孩子更有意願與勇氣去接近，並跨越移動中的跳繩。

跳躍動作對 6～8 歲的孩子有很大的幫助，這個年紀的孩子開始體會到自己與世界是分離的、開始發覺周遭世界。繩子代表外部的物體，有著外部的力量與障礙，並且有其獨特的規律，是孩子必須理解、克服的事實。

孩子無法去掌控繩子本身，因此，對某些孩子（特別是男孩）來說，可能頗具威脅性。有些男孩可能會因為害怕失敗，而拒絕嘗試，因此，遊戲一開始，可以先跟孩子說明「跳繩是件需要勇氣的事情」，或許會有幫助。

也可以找一些與勇氣相關的圖像給孩子看，例如：一位英勇的武士正靠近巨龍的嘴巴。

遊戲 80 跑過跳繩

遊戲設備 一條跳繩。

遊戲人數 四人以上（包含兩位大人、兩位孩子）。

遊戲步驟

1. 兩位大人手握跳繩，繩子間必須留出孩子可以跳躍的空間。
2. 讓跳繩順時針轉動（相對於孩子排隊等待跳繩的位置）。
3. 讓孩子站在繩子向下轉動的那側。
4. 讓孩子兩兩一組跑過跳繩，同時一邊唸著下方歌謠：

請進　請進　敲一　敲門
跑過去　繞一圈　下次　再來

【小提醒】

1. 唸到有「畫線」的字時，跳繩應該剛好拍打在地上。
2. 孩子很多時，可以將孩子分成兩組，用兩條跳繩同時進行。

遊戲變化

變化 1：兩個人一組，其中一個孩子閉上眼睛，另一個孩子帶他通過。

我帶　著好友　敲一　敲門
跑過去　繞一圈　下次　再來

變化 2：跑進轉動中的跳繩後，必須原地跳一次，再跑出來。

請進　請進　敲一　敲門
跑過去　跳一下　再來　一次

變化 3：當孩子對動作很熟練之後，可以再做變化：讓孩子站在同樣的起點，但是這時跳繩改為逆時針轉動。這麼一來，孩子進入跳繩後就必須立刻跳過跳繩，接著就要立即跑出來。這樣的方式可以讓遊戲更具挑戰性，因為逆時針轉動的跳繩，不同於順時針轉動的跳繩會迎接孩子進入繩內。

遊戲 81 巨龍的嘴巴

遊戲步驟

1. 讓一位張著眼睛的孩子，帶著一位閉著眼睛的孩子跳過跳繩。
2. 唸到有「畫線」的字時，跳繩應該剛好拍打在地上。

龍<u>的</u>　嘴<u>巴</u>　一<u>開</u>　一<u>合</u>

快<u>逃</u>　命<u>吧</u>　別<u>被</u>　吃<u>了</u>！

【小提醒】這個遊戲用來對付愛欺負人的孩子非常有效。我常常會將「喜歡欺負人」與「經常受欺負」的孩子配成一對，這樣，每個孩子都有機會互相以溫柔、負責任的方式，協助並帶領彼此通過跳繩這個障礙。

遊戲 82 搖晃的小船

遊戲設備　一條粗的跳繩。

遊戲變化

變化 1：

1. 可以讓孩子兩兩手牽手一起進行。
2. 繩子輕輕的左右搖動，讓孩子從繩子邊一個一個輪流跳過繩子。
3. 跳過跳繩後，兩人分頭從跳繩兩邊繞回到起點碰面。

我們滑　著豌豆船　出海去

穿上暖　暖的外套　坐在綠　色的船裡

4. 繩子左右搖動幅度更大。

第一個　海浪打來　搖又晃

5. 此時，將繩子放置在地上，讓繩子呈 S 形左右擺動。

小蛇正　安安靜靜　向前滑

6. 將繩子兩頭拉緊，其中一人上下擺動繩子製造出第一波大浪，另一頭緊接著擺動繩子製造出第二波大浪。浪高約 45 公分。

兩個　大浪打過來　搖又晃

7. 將繩子以一般跳繩方式轉動，讓孩子不須跳就能穿過繩子。

大風　大浪翻船了　翻船了

船翻了！船翻了！翻船了！翻船了！

（重複這部分。）

8. 不斷重複最後一個動作，直到所有孩子穿過繩子，接著從頭。

最後回到　漁夫家　把衣服　晒乾。

遊戲 83 高高低低

遊戲設備　一條較粗的跳繩。

遊戲步驟

1. 將繩子順時針轉動，讓孩子站在你的右手邊。
2. 讓孩子一邊唱著下面的歌謠，一邊跳過跳繩。

天上　地下　星星與胡椒

剪刀腳　轉過去　手碰地

（加速……。）

可以用下方動作取代：

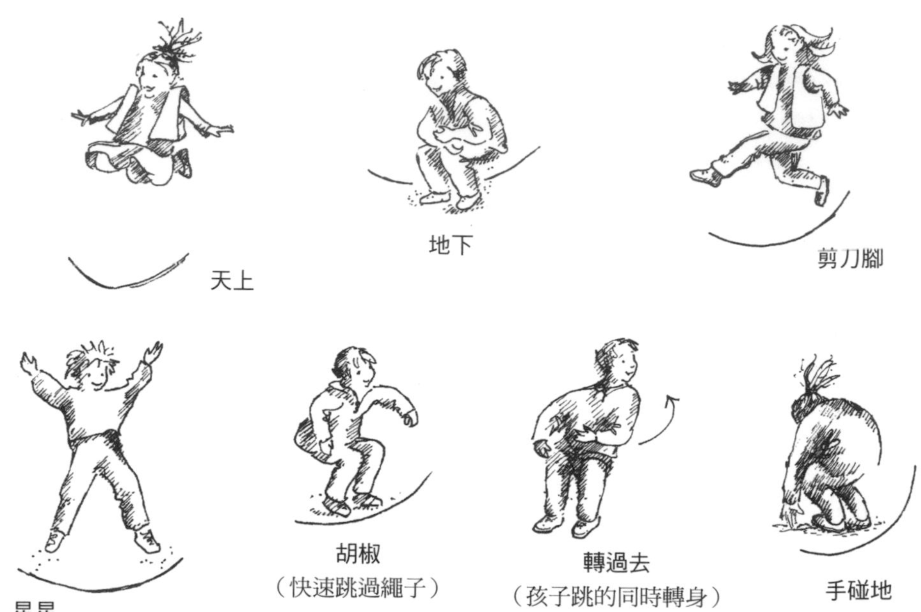

【小提醒】

1. 唸到有「畫線」的字時，跳繩應該剛好拍打在地上。
2. 歌謠越唸越快時，繩子也隨之越轉越快。
3. 當孩子沒跳過，或是被繩子絆住時，可以清楚記住自己唸到哪一個字的時候被絆住。這也是孩子的「闖關任務」：看看自己可以跳過幾個「星星」，幾個「胡椒」。

魚兒魚兒

遊戲設備　一條粗的跳繩、幾條橡皮圈或橡皮筋。

遊戲步驟

1. 讓所有孩子圍成一個圓，一個孩子坐在中間。
2. 遊戲引導者用跳繩以及綁在繩子前端的圈套來釣魚，周圍的孩子就是池塘裡的魚。
3. 坐在圓圈中央的孩子，開始貼著地板甩動繩子，並且唸下段歌謠：

魚兒，魚兒

我需要許多魚，放在我的鍋子裡

做成我的晚餐

魚兒肥，魚兒瘦，魚兒肥，魚兒瘦

很快就會抓到魚

就是這樣，有時高，有時低

哪一隻會被抓到？

很快會知道

4. 周圍的孩子在繩子甩過自己時，要跳過繩子及圈套（魚鉤）。
5. 當唸到：「有時高。」時，歌謠要停頓一下。這時，要跟周圍的孩子說：「請大家蹲下來。」然後將繩子舉高，在大家的頭上甩動繩子。
6. 最後，繼續唸到：「有時低。」時，繩子又回到原本貼著地板甩動。

【小提醒】

1. 在圓圈中間的孩子要以「當繩子甩到背後時換手」來甩圈圈，否則整個身體跟著轉圈圈很容易就頭暈了。
2. 將繩子先拉近，接著舉起後再甩出，並且讓繩子在孩子頭上繞圈。要確定使用的圈套（魚鉤）是軟軟的橡皮筋，且確保繩子一直保持在孩子的頭上。

3. 孩子沒成功跳過繩子的時候，怎麼辦呢？可以讓跳失敗的孩子到「池塘邊」等待。等到有第三個孩子被送到池塘邊等待時，第一個孩子就可以回來加入了。若是玩遊戲的孩子年紀稍大時，對失敗的孩子就可以用不同的方法：第一次失敗，請孩子用雙腳併步跳，第二次失敗請孩子用開合跳，第三次失敗就用迴轉跳，第四次失敗就用青蛙跳直到能夠連續三次成功跳過為止。

不過最近，當我在和一群孩子玩這遊戲時，被送到「池塘邊」去等待的孩子總會很不開心。而其他的孩子也會受這樣的情緒干擾。所以我也在思考是否能夠用其他形式的「後果」來取代，當我和一群師訓學員討論時，他們給了一個我從來沒想到過的建議：這個孩子還是被送到「池塘邊」，然而這次是由其他的「魚兒們」一起成功的跳過繩子三次的方式，來解救在池邊等待的孩子，讓他能夠再回來加入遊戲了。我想這是一個非常好的建議：讓孩子一起協助救回這個被送到池邊的孩子，這麼一來，就不會有被排擠或拋棄的感覺了。

遊戲 85 裝著老太太的籃子被拋上天

有位老太太，裝在籃子裡被拋上天（跳繩向上擺動，孩子跑進跳繩裡。）

就像月亮一樣高，99 次
（唸到這段時，孩子要將「99 次」替換成自己要跳的次數，然後繼續唸下段歌謠，看看孩子能否達成目標。）

她到底要往哪裡去，我也不知道（孩子邊跳邊搖頭。）

她的手中拿著掃帚（孩子邊跳邊假裝手裡握著一支掃把。）

我說：「老太太！老太太！老太太！」（孩子駝著背，假裝是老太太。）

「妳飛這麼高是要去哪？」
（當孩子唸到「要」時，要跳高，讓膝蓋碰到胸部。）

「要去清天上的蜘蛛網。」
（孩子跳起來的同時，要順便做出用掃把揮舞的動作。）

「我們想要一起來。」
「不行啊，再會再會。」
（孩子跳出跳繩，另一個孩子跳進來，或者是：原本待在跳繩內的孩子仍然留在原地，另外一個孩子加入一起跳。每當唸完一次韻文，就再加入一位新的孩子。在這個版本裡，你可看看最多加入幾個孩子才開始出錯。）

遊戲 86 我喜歡喝咖啡，我喜歡喝茶

有個很有趣的現象。遊戲場中，玩跳繩遊戲時所唸或唱的歌謠，常常會反映出一些社會問題，例如：大人的一些成癮習慣。下方這段跳繩歌謠，就反映了大人的日常生活：

我喜歡咖啡，我喜歡茶，我想要強納生來陪我
我不喜歡咖啡，我不喜歡茶，我不想讓伊莉莎白來陪我
全進來，一瓶琴酒（孩子一個一個進入跳繩內。）

全出去，一罐啤酒
（孩子一個一個跑出跳繩，順序也是由：第一個進來的孩子，就第一個出去。）

遊戲 87 泰迪熊！泰迪熊！

孩子輪流跳繩，一邊唸這段韻文，並做出韻文中的相應動作。

泰迪熊！泰迪熊！手碰地！（跳繩時，孩子的手也要碰一下地板。）

泰迪熊！泰迪熊！轉過去！（孩子在跳起的時候，同時轉身。）

泰迪熊！泰迪熊！上樓去！（孩子模仿上樓的動作——雙腳膝蓋輪流抬高。）

泰迪熊！泰迪熊！做禱告！（跳繩時，雙手相握，做出祈禱的樣子。）

泰迪熊！泰迪熊！請關燈！（跳繩時，孩子模仿關燈的動作。）

泰迪熊！泰迪熊！說「晚安」！（跳繩時，一邊說「晚安」！）

晚安！

遊戲 88 阿強在海上

阿強在海上，阿強在海邊

阿強打破玻璃，還怪到我身上

我跟爸說，爸跟媽說

阿強真倒楣，哈，哈，哈！

鹽，蜂蜜，芥末，胡椒！

【小提醒】唸到「胡椒」時，甩繩的孩子就要快速轉動跳繩。

遊戲 89 壺裡的水在滾

壺裡的水在滾，別太遲了

壺裡的水在滾，說一個數字

遊戲步驟

1. 所有孩子排成一排，輪流跳過跳繩，然後回到原來的位置。
2. 跳繩每甩一次，就要有一個孩子跳過。無法及時跑回原來位置或被跳繩絆住的孩子，就成為下一個甩跳繩的人。
3. 如果有很多孩子參與，可以讓孩子在跳過跳繩後，必須先碰一個事先說定的物品（附近的樹或牆壁等等），才能夠回到原地，繼續跳下一次，這樣就能控制孩子跳繩的速度。
4. 當唸到「說一個數字」的時候，甩繩的孩子可以報出一個數字，比如「1」或「3」，代表正在跳繩的孩子必須跳的次數。

遊戲 90 海邊

在這個遊戲中，會隨著孩子不同，改變遊戲中的名字。孩子邊跳，大家一邊幫他數跳的次數。隨著次數越來越多，跳繩就越甩越快。

大海旁，大海邊

阿西、爸爸還有我，要到海邊來釣魚

阿西釣到幾隻魚？一二三四五六七……

遊戲 91 大家，大家

大家，大家，一起進來

第一個沒跳過，要換去甩繩子

【小提醒】在這個遊戲中，被跳繩絆住的孩子，就要換他去甩跳繩。

遊戲 92 換房間

1 號房換房間、2 號房換房間、3 號房換房間、4 號房換房間

遊戲步驟

1. 幫所有孩子編碼，讓孩子從跳繩兩邊進入甩動的跳繩內。
2. 叫到號碼的人，就要算準時間點 180 度跳轉身體，改面對另外一邊，繼續在繩子內跳躍。

【小提醒】由側邊進入跳繩內，困難度更高，孩子得果決地跳入。

遊戲 93 女孩／男孩一起來

在這項跳繩遊戲裡，當女孩聽到自己出生的月份時，就要進入跳繩內。等到所有女孩都跳進來了，仍然繼續唸這首唸謠，但是，這次聽到自己出生的月份時，就要跳出跳繩。最後將歌謠的「女孩」換成「男孩」。

所有的女孩一起來，女孩們，今天的天氣還好嗎？

1月、2月、3月、4月、5月……

遊戲 94 小皮球香蕉油 （中文版新增）

這是台灣傳統的跳繩遊戲，利用相當具有韻律的唸謠。讓孩子在繩子旁排成一排，並開始唸下方唸謠，孩子可以依照自己的能力進入。

小皮球，香蕉油，滿地開花二十一

二五六、二五七、二八二九、三十一

三五六、三五七、三八三九、四十一

四五六、四五七、四八四九、五十一

五五六、五五七、五八五九、六十一

六五六、六五七、六八六九、七十一

七五六、七五七、七八七九、八十一

八五六、八五七、八八八九、九十一

九五六、九五七、九八九九、一百一

二、自編歌謠

你也可以自創歌謠、節奏、還有跳繩遊戲，這其實沒有想像中的困難。我曾經讓師訓課程的學員一起玩跳繩遊戲〈漁夫的家〉（The Fisherman's Hut），然後要求他們自己創造出屬於自己的遊戲。以下三個歌謠，就是這樣產生的：

遊戲 95 岸邊的海浪

作者：蘿絲（Rose）、芭芭拉（Barbara）、蓋得（Guido）、安娜（Anna）

岸邊的海浪，用力地拍打，岸邊的海浪，用力地拍打
水中的魚兒，努力地游著，水中的魚兒，努力地游著
閃電與雷聲，轟轟在作響，閃電與雷聲，轟轟在作響
不要淋溼了！不要淋溼了！

【小提醒】這些歌謠可以用來搭配許多遊戲，例如：跳繩、沙包等等。

遊戲 96 你看！蜿蜒的小溪

作者：茱蒂（Judit）、雪莉（Shirley）、賽門（Simon）、南蒂亞（Nantia）

你看！你看！蜿蜒的小溪！

你可曾看過……潺潺的流水？

跳進河裡一起游泳！

跳進滾動的水，自由自在！

遊戲 97 池塘邊

作者：蕾貝卡（Rebecca）、艾利森（Alison）、艾琳（Arlene）、娜塔夏（Natasha）

魚兒戲水的池塘邊，一隻青蛙跳下水

青蛙戲水的池塘邊，一隻鴨子跳下水

鴨子戲水的池塘邊，一隻狐狸跳下水

狐狸戲水的池塘邊，一隻鱷魚跳下水

鱷魚戲水的池塘邊，蕾貝卡（用孩子的名字代替）跑來要玩水

大家嚇得跑不見

二、腳步遊戲

孩子的腳需要自然發展，不應該由外部預先設計好的鞋子來塑形。然而，市面上有許多運動鞋卻可能會有這樣的情形，特別是在腳跟放置彈性軟墊的鞋子。我曾經看過習慣穿這種鞋子的孩子，當他們光腳跑或走路的時候，腳跟很容易瘀青受傷，因為他們從未真正的「與地面接觸」。某種程度來說，這些孩子與地面阻力及硬實表面接觸的機會，已經被半永久阻斷。

一些在演講中都會用到的詞，例如：「站在堅實的地上。」、「站穩自己的腳步。」、「世界就在你的腳下。」或「有良好基礎的人。」等等，以現在

流行的鞋子來說，都失去了意義。事實上，與一般想法相反的是：鞋子的足弓部分，並不能真正解決扁平足問題。穿著這些仿造腳形所專門打造出來的鞋子，反而會導致足弓與小腿肌肉力量不足。腳部如果有問題，可能會對腳踝、膝蓋、臀部甚至脊椎發展產生不良影響。若有這種問題，最好尋求專家協助，也許在某些情況下，需要在鞋子內放置特殊矯正鞋墊。

現代流行的鞋子，雖然與中國傳統裹小腳相反，但是造成的負面影響卻很相似。這些鞋子都讓腳失去健康發展能力。運動鞋只能在運動時穿，其他時候，應該要穿著簡單的薄鞋或涼鞋，若環境許可，可以打赤腳跑來跑去，並且多進行一些能夠增加腳部靈活度的遊戲，有助於孩子的整體健康。

遊戲 98 水鳥

每次讓孩子進行這個遊戲時，都可以清楚地看出：哪些孩子常穿形塑腳形的鞋子，而哪些孩子不是。只穿著運動鞋或輔助鞋的孩子，當需要用腳撿起小物品（如彈珠）時，往往會顯得不太靈活且無法控制自己的身體，這對孩子來說，真的有很大的影響。

遊戲設備 不同大小的彈珠、可以用來翻滾的地墊或地毯。

遊戲步驟

1. 讓孩子脫下鞋子和襪子，並將彈珠分散放在地墊或地毯上。
2. 告訴孩子：他們現在是水鳥，只能用腳趾來撿彈珠。（孩子不能彎腰用手將彈珠從腳上拿起，必須將腳高高抬起，不讓彈珠掉落！）
3. 遊戲領導者可以一邊看孩子能夠撿起多少顆彈珠，一邊唸謠：

一隻白鷺鷥，站在湖中間，魚兒水中游，來去很自由
今天的食物，都靠牠的腳，抓到的魚兒，收穫有多少

遊戲 99 單腳上樓梯

遊戲設備 每個孩子一根竹竿。

遊戲步驟

1. 將孩子分成兩隊。每隊前方地上，用竹竿排出一個平面的「階梯」，每階間隔 45 公分。
2. 各隊成員在自己的梯子後方排成一排，就可以宣布遊戲開始。
3. 兩隊第一個孩子單腳跳過一根根竹竿，拿起最後一根竹竿後，再依原路單腳跳回起點。
4. 輕輕碰下一位隊友，換隊友重複相同的過程。
5. 先將所有的竹竿拿回的隊伍獲勝。

【小提醒】孩子必須單腳跳過，另一隻腳不能放下，或碰到竹竿。

三、組織遊戲

遊戲中，也是讓孩子學會了解自我行為與後果最佳的方式。以下提供的遊戲為組織型遊戲，孩子必須與他人組隊、互相配合，一同贏得勝利。過程中，孩子的特質會在團體中顯現出來。火向特質的孩子可能會在一開始就引

領隊伍向前衝，個性膽小內向的孩子則可能落在隊伍最後頭，然而，儘管火向孩子一開始就衝在隊伍前方，卻可能因為他的莽撞、粗心而成為第一個被敵隊捉捕的對象；反之，害羞內向的孩子可能會因為過於小心翼翼，而成為最終留下來的人，但這時，他也必須面對龐大的敵人。

孩子的特質各異，不論是爆衝、莽撞的孩子，或是內向害羞的孩子，都可以在團體中找到自己的定位。

遊戲 100 白鵝與白鷺鷥

8～9 歲的孩子很喜歡這款遊戲，這款遊戲也提供「讓孩子認識自我價值」的機會。孩子所面臨的情況，會讓他們承擔自己個性所造成的結果。例如，本身個性就比較大膽／莽撞／講話又大聲的孩子（請參見 P40〈當孩子破壞遊戲規則時，怎麼處理？〉一節中，我所提到的「火向特質：噴火的拿破崙孩子」），他們會充滿自信地向前衝，急切地加入戰場，但常常會忘記要與同伴合作，被抓到而變成敵軍的機會很大。

但是，比較膽小又安靜的孩子通常能存活比較久，可能到遊戲快結束時，才被抓到。但是，因為他們總是小心謹慎的小步小步向前走，比其他人更接近自己守護的村落。因此，在遊戲接近尾聲時，這些孩子可能就得獨自面對一個巨大又強勢的敵人部落。然而，這也給孩子一個改變膽小個性的機會，展現他們的勇氣。

這樣的遊戲，可以讓照顧者與孩子站在同一陣線，而不是對立面。如果用強迫的方式，要膽小的孩子大步向前走，反而會讓他更加恐懼，甚至哭泣。然而，經由遊戲本身，讓孩子嘗到行為後果，就可以透過遊戲，學習到：如何更容易和更有機會去改變。

遊戲設備 鼓（非必要，但有最好）、彩色頭帶（非必要，若有，每個孩子需要一條），也可以用粉筆或臉部彩繪顏料幫孩子畫臉。

白鷺鷥的村莊　　白鵝的村莊

遊戲步驟

1. 將孩子兩個部落，分別取名字，但是兩隊隊名的第一個字要相同，例如：白鷺鷥和白鵝。
2. 每個部落都有自己畫定的領土，也就是自己的村落。位置在遊戲區的兩端，相距不超過 50 步。也可以用粉筆畫出兩個部落的分界線，或是用樹木來分界（如果在戶外進行遊戲，就更要清楚畫定出兩個村落的領土）。
3. 遊戲領導者開始擊鼓，一邊叫出部落名字的第一個字（例如「白……」）。
4. 每聽到一聲鼓聲，兩個部落的孩子就要向前走一步。接著，打鼓的人就會叫出其中一個部落的完整名字，例如：白鷺鷥！
5. 這時，白鷺鷥部落的孩子就得趕緊跑回自己的村落，另一個部落——白鵝部落，就去追捕白鷺鷥部落（喊部落名字的時候，不一定要兩隊交替輪流喊，因為人生不永遠都是公平的）！
6. 回到自己村落的孩子就安全了。被抓到的人就要跟著抓到他的戰士一起回到敵方部落，然後戰俘就會被迫成為該部落的成員。
7. 不斷反覆進行下去，直到其中一個部落都被抓完為止。

遊戲變化

變化 1： 可以改分成四個部落一起玩，但是必須有四種不同顏色的頭帶，孩子才能相互分辨隊伍。

變化 2：我也曾經在游泳池玩過這款遊戲的水上版。

變化 3：如果孩子在追捕另一隊孩子時，越界進入對方的領土，另一隊的孩子就可以反過來抓他。

遊戲 101 風、月亮與彩虹

向年幼孩子解釋這類遊戲時，最有效果的方式就是以圖像還有說故事的方式，讓他們了解遊戲方式與規則。當你在說故事的時候，孩子可以圍繞著你。下面的這個遊戲就是以說故事呈現的例子：

遊戲故事

很久很久以前，北風想要在這個宇宙製造一些混亂。他用盡所有力氣，將月亮、星星，以及許多星球吹到離這個世界非常遙遠的地方。一位年邁的巫師看到北風做的好事，便開始在全宇宙中遊走。他所到之處，都會出現彩虹。但是，巫師的行動被北風發現了，他飛上天空，將靜靜掛在那裡的美麗彩虹吹散了。

這時，巫師知道必須請大家幫忙，因此先去找了月亮，問問她是否願意提供協助；然後巫師又去找了清晨的星星，問她是否願意幫忙。於是，月亮和星星開始尋找彩虹，當她們找回彩虹時，彩虹又再次靜靜地閃爍、輕輕地觸摸著地球。最後，月亮在清晨星星的協助下，制止了北風繼續胡鬧。

遊戲步驟

1. 選一個孩子當北風，一個孩子當月亮，另一個孩子當清晨星星，其他孩子就是靜靜地閃耀的彩虹，分散在宇宙之中（彩虹要彎下身，用手撐在地上，讓身體形成一個拱形）。

2. 北風從彩虹的拱形身體下方穿過，並碰他們一下，彩虹便會四處飄散（被北風孩子碰到的彩虹孩子，就必須在遊戲空間裡隨意走動）。
3. 月亮不喜歡北風造成的混亂，所以在清晨星星的幫助下，找回所有的彩虹、輕輕摸他們一下，彩虹就回到地球上，找到休息的地方（被月亮與清晨星星碰到的彩虹，就可以立刻坐下來休息）。
4. 當所有的彩虹都靜靜待在地球上時，月亮就可以抓到北風了。

這個遊戲可以帶給孩子清晰的圖像，同時具備秩序和混亂。雖然，生命本身看起來沒有什麼秩序和結構可言，但是，仍然可以從中找到平和與靜謐，而不失去對生命的感受（彩虹一旦碰到地球就會繼續閃耀）。同時，還會有另一股彩虹無法控制的力量，讓彩虹有種無法掌控自己命運的感覺（他們被北風吹來吹去，又被月亮給安排到地球上來）。不過，每個人都有著相同的情況：不僅彩虹最後會被月亮觸碰，北風這個麻煩始作俑者也一樣。也許，這就是正義最後得以伸張的圖像——每個人最終都得面對自己的命運。

遊戲 102 燙手山芋

遊戲設備 1～4 個沙包。

遊戲步驟

1. 讓所有孩子圍成圓圈。
2. 告訴孩子這些沙包是非常燙手的山芋，然後在圓圈中傳遞。
3. 接到沙包的孩子必須以最快速度傳給下一個人，手才不會被燙到。

【小提醒】

1. 先讓大家傳一個沙包，之後加入更多沙包。你可以要求：如果有人將沙包掉到地上，就要立刻喊「改變」並同時改變傳遞方向。這表示孩子在傳接的過程中，必須豎起耳朵，一旦聽到「改變」兩個字，就必須立刻改往反方向傳。
2. 盡量要求孩子只動一次，就將沙包接住再傳遞出去，這麼一來，就不會出現沙包短暫握在某個人手裡的狀況，沙包會不間斷的在圓圈中被傳遞。
3. 可以鼓勵孩子找尋各種拋接的方式，之後將「燙手山芋」改為「很重的南瓜」，藉此告訴孩子南瓜的「重量」會如何影響拋出的弧度。

遊戲 103 部落土地（1）

遊戲設備 用幾個木塊橫向排成一個圓圈（中間需有間隔）。

遊戲步驟

1. 將孩子分成兩個「部落」，遊戲的目標是整個部落必須回家——從一個木塊跳到另一個木塊上，中間不著地，沿著圓圈跳完所有木塊。
2. 兩個部落同時出發（兩隊從同一個起點開始，但其中一隊是順時鐘方向跳，另一隊則是逆時鐘方向跳）。

3. 兩隊成員會在途中相遇，不幸的是，相遇的地點是在狹窄的木塊上（在懸崖邊／沼澤的岸邊），他們必須緊緊相靠，試著讓兩個人都能走過，而不掉進沼澤或懸崖。
4. 如果有人掉下來，所有孩子（不論哪一隊的成員）都得退回原點，重新開始。

【小提醒】如果在附近有樹的戶外，進行這個遊戲時，可以將繩子綁在一棵樹上，孩子就可以利用繩子擺盪到下一塊木塊。

遊戲 104 部落土地（2）

遊戲設備 幾個木塊與幾塊不同長度的木板（3～4 個即可）。

遊戲區域

排列木塊，注意木塊之間的距離必須能夠搭上一旁準備好的木板，且最長的木板只能用在其中一個地方。

遊戲步驟

1. 同上一個遊戲，孩子必須邁上回家的道路（木塊）。
2. 但這次不再是兩個部落同時出發，而是一次一個部落，因此每個木塊上只會有一個孩子，他得避免掉落沼澤、安全回到村莊（對面的地方）。

3. 如果部落中有一個成員不小心掉進沼澤，所有人（不論是哪一隊的成員）都必須回到原點重新開始。

【小提醒】

1. 當孩子發現木塊與木塊間距太遠，無法跳過時，就得要想辦法解決問題。我通常會故意將木板放在遊戲區旁邊，但什麼都不說，靜靜等待哪個孩子會想到利用這些木板。一旦他們意識到可以利用這些木板，就會用來搭成可以跨越沼澤的橋梁。但是，如果在搭橋的時候，一座橋掉進沼澤裡去，就不能再使用這塊木板。當最後一個人過橋後，就必須拆除這座橋，否則敵人就可以藉機攻進。
2. 大約在 8 歲時，孩子會開始感受到自己與世界、其他孩子是分離的狀態。雖然這是一個痛苦的歷程，但是也代表孩子正成長為獨立個體。「【遊戲 103】部落土地（1）」與「【遊戲 104】部落土地（2）」這兩個遊戲，都可以讓孩子感受到行為對外部產生的影響，藉此探索他們新長出的個性／個體。例如：在「【遊戲 103】部落土地（1）」中，「火向特質——噴火的拿破崙孩子」可能會負責組織部落，走在最前面帶領大家勇敢向前衝。但是，當他遇上其他部落的「領導者」時，便面臨了進退兩難的窘況。以他們的個性，當然希望能將另一個孩子推下懸崖，但是如果這麼做，全部的人都得重新開始。我曾經看過兩個脾氣暴躁的孩子在這種情況下面對面，最後自己找到一個健康的解決方法：他們用彼此擅長的能力，相互協助那些必須通過他們腳下木塊的孩子。
3. 團體中有些太過自信的孩子，他們會貿然的從一個木塊跳到另一個木塊，但是，如此夢幻般的跳法，必定會有跌下的時候。然後，其他人就會發出呻吟，大家都得返回原點重新開始。過度自信的孩子可能會犯同樣的錯誤好幾次以後，才意識到自己在做什麼，以及自己的行為已經影響其他孩子了。最後，會由另一個腳步較穩、較慢的孩子，握著過度自信孩子的手，才讓大家成功到達對岸。

4. 在「【遊戲 104】部落土地（2）」中，通常是比較憂慮／內向的孩子會注意到遊戲區一旁的木板。這樣子，也會讓其他孩子對他另眼相看，因為他為大家提供了解決方案！

四、追逐遊戲

以下的追逐遊戲，孩子必須專注在遊戲過程中，才不會因此被敵人捉捕的命運。因為遊戲中需要非常注意聽取遊戲過程，同時也是讓孩子專注於遊戲的大好機會。

遊戲 105 小羊與大野狼

遊戲設備 選擇遊戲區的一端作為狼窩（一棵樹，或一張長凳）；另一端則是牧羊人小屋。如果附近沒有樹、石頭，可以用粉筆在地上畫兩個小圓圈，當作是狼窩和牧羊人小屋。

遊戲步驟

1. 選一個孩子當大野狼，並且讓他待在「窩」裡。另一個孩子是牧羊人，他在牧羊人小屋照顧羊群。其餘的孩子是羊。他們在草地上玩耍，圍成一個圓圈手握著手，一邊唱歌，一邊繞著圈跳：

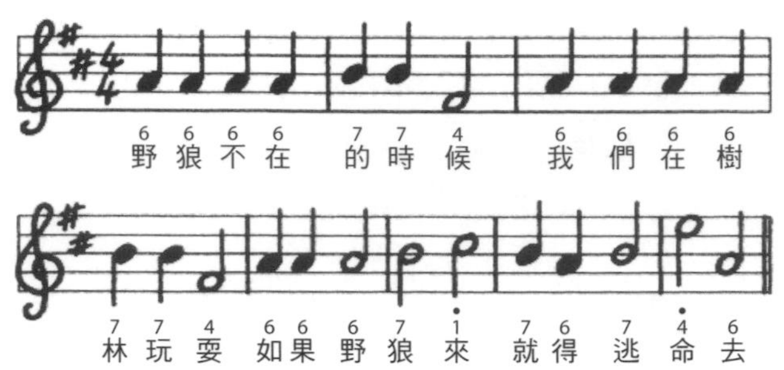

2. 接著，羊群大聲喊出：「大野狼！大野狼！你在哪？」大野狼回答：「我剛剛起床！」（做出起床的動作。）
3. 羊群再次唱歌，然後再一次大聲問大野狼同樣的問題，大野狼又再度回答，例如：「我正在穿鞋。」（做出穿鞋的動作。）
4. 羊群繼續唱歌、問問題，然後大野狼必須回答他正在做什麼，且每次都要說一件不同的事情，同時模仿這件事情的動作，例如：「正在梳頭髮！」、「我在洗澡。」
5. 當大野狼準備要出門抓羊群的時候，就必須這樣回答羊群的問題：「我準備要吃早餐了！」就可以開始抓羊群，抓越多越好。
6. 被抓到的小羊，就得待在狼窩裡。但是，牧羊人可以將小羊從狼窩中拯救出來，牽著他們的手，帶回到牧羊人小屋。
7. 回到牧羊人小屋的途中，大野狼仍然可以抓他們，如果途中被大野狼抓到，牧羊人就得將小羊送回狼窩；如果安全到達牧羊人小屋，小羊就自由了。

【小提醒】剩下三隻小羊手握著手圍成圈，邊唱邊跳的時候，大野狼不能抓這些小羊。但是，當歌一唱完，大野狼就可以抓小羊。

遊戲變化

變化 1：剩下五隻小羊圍繞大野狼，邊唱邊跳時，大野狼會被歌聲催眠，在圓圈中睡著，這時候，小羊是安全的；然後，一唱完歌，大野狼就會立刻醒來，這時候所有小羊就要趕快逃命。

變化 2：剩下五隻小羊圍繞大野狼時，大野狼可以試著從小羊的手臂下爬過、逃出圓圈（絕不能讓狼從其他孩子的手臂上方跳過，否則很容易受傷，非常危險）！

變化 3：剩下三隻小羊沒有抓到時，遊戲結束。我通常會讓這三隻小羊選下一回合的大野狼和牧羊人，作為生存下來的獎勵。如果大野狼一直抓不到小羊，可以在樹林中呼喚另一隻大野狼來幫忙（從被抓的小羊中，選擇 1～2 隻變成大野狼）。

遊戲 106 兔子和地洞

遊戲設備 4～5 張地墊或呼拉圈、1 顆練習用排球、3 件背心（穿上背心的孩子代表狐狸）。

遊戲步驟

1. 其中一個孩子擔任狐狸，其他孩子都是兔子。
2. 地墊代表兔子的地洞，兔子在洞穴時是安全的。
3. 狐狸會在地洞附近試著抓兔子，被抓到的兔子就必須待在狐狸窩。
4. 兔子越來越少，有些地洞就會崩塌（拿走 1～2 個地墊或呼拉圈）。
5. 當狐狸抓到所有（或幾乎所有）兔子時，選一隻新的狐狸，遊戲重新開始。

遊戲變化

變化 1：第一隻兔子被抓到就變成新的狐狸，原本的狐狸變成兔子。

變化 2：年紀稍長的孩子玩這個遊戲時，狐狸手上可以拿一顆球。當狐狸在洞穴附近跑來跑去時，得用球丟擊兔子，擊中兔子才算抓到（狐狸可以帶球跑）。

變化 3：狐狸不能帶球跑。但是要增加狐狸的數量，也許是 3～4 個，狐狸之間可以相互傳球。

變化 4：限定每個洞穴只能容下一定數量的兔子，例如：一個洞穴只能有 3 隻兔子。數量超過時，狐狸就可以自由進入洞穴去抓兔子。

變化 5：指定一個地區當狐狸的窩（通常會用呼拉圈）。當兔子被狐狸抓到的時候，必須到狐狸的窩裡等待兔子同伴拯救他。其他兔子必須伸出一隻手，握住被狐狸抓到的兔子，一起跑回洞穴裡。他們必須先回到洞穴後，才能再出去拯救其他被抓到的兔子。這樣的玩法，必須有兩隻狐狸，一隻為了防止抓到的兔子不被救出，另一隻則負責抓兔子。

遊戲 107 兔子與地洞（水中版）

這個遊戲很適合在游泳池裡玩。將洞穴設置在靠近泳池邊的地方（距池邊一步的距離）。有些洞穴設置在淺水區，一些在較深的地方。

針對不同的地洞，可以限制兔子待在地洞的時間，例如：在較深的區域，設定為數到 10，兔子就必須離開洞穴；淺水區則設定為數到 5，兔子就必須離開。

遊戲變化

這是一個非常簡單而通用的追逐遊戲，很容易創造出各種變化，例如：我把此款遊戲改成一款澳洲遊戲「安全樹」。將安全區域（洞穴）設定為綁上絲帶的樹木，這樣孩子大多數的時間會在樹蔭下奔跑，不會一直受到太陽曝晒；遊戲中的主角改成袋鼠與野狗。對於年紀較大的孩子，玩這個遊戲時，我會加入更多規則，例如：每棵樹（洞穴）都給予不同的時間限制，粗大的樹木保護袋鼠的時間會比細瘦的樹木長。

遊戲 108 四元素

遊戲設備 一顆軟球。

遊戲步驟

1. 讓孩子圍成一個圓圈，遊戲領導者站在中心，手上拿著球。
2. 當遊戲領導者把球扔給孩子時，要同時喊出三個元素之一（火、空氣或水）。例如：遊戲領導者：「空氣！」
3. 孩子要接住球，同時要想出一個與「空氣」有關的生物，例如：「老鷹！」然後把球扔回給遊戲領導者。
4. 重複上述過程，但是站在中間的人每次都可以喊不同的元素。

【小提醒】接球的孩子只能讓球在手中停留三秒（前面已經說過的生物就不能再重複）。

遊戲變化

如果遊戲領導者叫出：「火！」這個元素時，孩子不能夠碰球，必須直接讓球落地。如果孩子來不及反應，或是當遊戲領導者說「火」的時候接了球，就得離開圓圈，加入在一旁排成一排的「出局／等待再加入」孩子的行列。

遊戲 109 貓捉老鼠（圍圈版）

遊戲步驟

1. 孩子手牽手圍成一個圈，代表老鼠窩。
2. 圓圈中的一個孩子被選為老鼠，他仍然和大家手牽手圍成一個圈。
3. 老鼠窩外有一隻貓，他會沿著老鼠窩外圍漫步，試著抓老鼠。
4. 老鼠必須與大家手拉手，試著旋轉整個「窩」，避免被貓抓到。

【小提醒】孩子可能無法維持圓圈形狀，這裡有兩個建議：

1. 你可以站在圓圈中央，作為孩子中心點參考。
2. 在地上用繩子圍出圓圈，告訴孩子圓必須在繩子裡面。

這個遊戲和後面介紹的另一個版本「【遊戲 113】貓捉老鼠」不同的地方是：在這裡，老鼠本身就是老鼠窩的一部分，與圍圈的孩子相連。此外，這個遊戲不需要從圓圈外跑到裡面，或是從裡面跑到外面的動作，因此需要的遊戲空間較小。

遊戲 110 外婆家

遊戲設計：莎莉・庫柏（Sally Cooper）、莉絲莉・威利斯（Lesley Willis）

遊戲步驟

1. 選一個小孩當大野狼，另外選三個孩子手牽手，圍成一個圓圈，代表外婆家，其他孩子是小羊，在屋外躲避大野狼。
2. 大野狼追著小羊跑，想要抓他們。被抓到的小羊，就得進到外婆家裡，屋子裡面有一個大野狼的大鍋子。
3. 如果房子內的小羊想逃跑，必須要敲敲門（握住組成外婆家孩子的手腕），這麼一來，他們就會變成房子的一部分。越來越多被抓到的孩子想逃出去，房子就會越變越大。
4. 大野狼抓到所有小羊，或者所有小羊都變成了房子，再也沒有任何小羊可抓，遊戲結束。

遊戲變化

變化 1：只剩下一隻小羊沒有被抓到時，他就可以敲敲門（牽起組成外婆家孩子的手），釋放所有在大野狼鍋子裡的小羊。

變化 2：與「變化 2」玩法相同，但是最後的那隻小羊得進去外婆家，從鍋裡將一隻小羊帶出來，且不能被大野狼抓住。記住，雖然大野狼不能進入房子或鍋子裡，但是在這種情況下，他一定會等著要抓最後一隻小羊以及他從外婆家救出的小羊。如果大野狼沒有抓到這隻小羊，那麼羊群獲勝。然而，最後一隻小羊一旦進入房子後，只有數到 10 的時間可以救出一隻小羊，否則大野狼就獲勝。

chapter 7 9～10歲 孩子的遊戲

幼兒轉變為兒童的過渡時期

9 歲左右，孩子開始經歷從幼童到兒童的過渡時期，為未來的青春期做準備。**孩子開始體驗到自己與他人的分別性，也讓孩子更清楚意識到自己與他人之間的關係。**雖然說，絕大多數遊戲都有輸贏，但是在這個時期，最重要的是讓孩子能夠學習「如何坦然接受輸贏」。在這個年紀，**孩子新發展出來的個體性特別脆弱，任何可能因「群起攻擊」而產生受害者的遊戲，都要小心處理。**太快讓孩子進行競爭性或高度個體性的運動，都可能讓孩子出現成人的行為意識：為了贏不惜一切代價。這個時期，孩子仍然非常需要「從遊戲中的韻律與圖像去模仿，透過想像力學習」。

許多青春期的情緒障礙，可以追溯到 8、9 或 10 歲左右未解決的創傷。這個年齡層的孩子往往更加開放又敏感，因此，我們應該要多鼓勵孩子，嘗試透過各種不同方式來表現／表達自己，幫助孩子度過這段危機。例如：孩子常常透過破壞遊戲規則，表現出自己在情緒上的困境與掙扎（請參考 P40〈當孩子破壞遊戲規則時，怎麼處理？〉中，關於孩子擾亂遊戲時的幾種解決方式，以及可能的根本原因）。

這是一個非常關鍵的年紀，過去，許多包圍著孩子的舊結構漸漸被丟棄。孩子可能會開始質疑大人的指令與引導，因此，**給予孩子建立新的情感結構和安全感的活動非常重要。這個時期的孩子，非常需要能利用外在行為表現，反映內在變化的遊戲。**

一、追逐遊戲

9 歲左右的孩子，會逐漸意識到「人生就像一個危險的旅程」，充滿了陷阱和障礙。7 歲時，我們用擺動跳繩的方式讓孩子看到外界的障礙，而這個障礙物是有節奏、可預測的，但是，現在他們所感受到的障礙則不再那麼的規律，反而有些混亂。因此，可以開始讓孩子進行需要躲避、過程曲折的遊戲，例如：「【遊戲 116】鯊魚和章魚」，小魚躲避不斷揮舞手臂的章魚。

遊戲 111 大象

遊戲來源：馬丁・貝克（Martin Baker）

跑步時，若有東西礙手礙腳（在這個遊戲中，是大象的鼻子），這樣的圖像剛好與 9 歲的圖像相輝映：孩子不再如過去一樣自由自在、不受物質世界束縛，正要走出夢幻般的小學低年級，進入中年級。

遊戲步驟

1. 其中一個孩子當大象，用一隻手當作象鼻。
2. 擔任大象的孩子要去追其他孩子，並抓到他們。
3. 被抓到的人也會變成大象，同樣用一隻手做象鼻，然後追並抓其他孩子。

遊戲變化

變化 1：第一次被抓到的時候，孩子會慢慢地變成大象——先用一隻手握住鼻子；第二次被抓到的時候，孩子就會長出象鼻，且可以抓其他人了。這樣的玩法可以讓遊戲時間長一些。

變化 2：這個遊戲透過故事的圖像來呈現，且很容易變換成孩子可能正在學習的任何一種動物：袋鼠、鸛、青蛙等等。

遊戲 112 跳蚤

遊戲步驟

1. 假裝一位孩子身上有跳蚤（例如：跳蚤在他的頭上）。
2. 身上有跳蚤的孩子要去碰其他人，把跳蚤傳染給他們。
3. 如果被碰到，就必須用手抓被碰到的地方（抓癢），然後再把跳蚤傳給其他人。
4. 若只剩下一位孩子沒被傳染，遊戲就結束。

遊戲變化

為了讓遊戲更持久，可以加入一位「抓跳蚤」的人。但是，「抓跳蚤人」必須在至少有 8 人以上（假設有 20 個孩子正在參與遊戲）被跳蚤咬了以後，才能開始幫大家抓跳蚤。

遊戲 113 貓捉老鼠

這個遊戲涉及了內、外空間：孩子圍成的圓圈內空間（孩子正面），還有圓圈外的空間（孩子背面）。因此，圍成圓圈的孩子必須隨時注意待在外圈的貓在哪裡，還有待在內圈的老鼠在哪裡。即使貓與老鼠都在外圈，也意味著組成圓圈的孩子必須同時「警覺」到前方與後方。
若在遊戲中加入新角色「狗」時，圍成圓圈的孩子也要快速做出反應：他們必須記住「孩子擔任的角色」，以及「該讓哪個角色進入（或者離開）」，才能保護處於弱勢的角色。這都需要閃電般的快速思考！

我常會用這個遊戲引導喜歡「欺負他人的孩子」：在這款遊戲透過團體的力量保護處於弱勢的人；而遊戲中「狗」的角色，可以讓孩子體驗到：無論做什麼，總會有阻礙（一群孩子），這股力量可以很強大。

遊戲步驟

1. 讓孩子雙腳併攏、手握手面對面圍成一個圓圈（房子）。
2. 一位孩子站在圓圈中間當老鼠，另一個孩子站在圓圈外當貓。
3. 遊戲開始後，貓與老鼠開始對話：

貓：「老鼠！老鼠！你出來！我要給你起司。」

老鼠：「我不要！」

貓：「老鼠！老鼠！你出來！我要給你培根。」

老鼠：「我不要！」

貓：「老鼠！老鼠！你出來！不然抓你的眼睛。」

老鼠：「你敢！」

4. 說完上面的對話後，貓就開始追老鼠。

【小提醒】

1. 房子的門只有在老鼠要通過時，才會打開（圍成圓圈的孩子將手舉起），若貓想要進入房子時，只能彎下身子，低頭從手臂下爬過。

2. 圍成圓圈的孩子必須雙腳併攏站好，這一點非常重要。否則，當貓想要穿過門時，就會被絆倒、踢到甚至受傷。
3. 千萬別讓貓從門上（孩子的手臂上）爬過，他可能會跌倒、摔到頭，或者讓脖子受傷。另外，我也不允許貓（或狗）在房子內衝撞，用力衝破孩子圍成的圓圈。

遊戲變化

變化 1： 為了要幫貓，房子有一道魔法「金色大門」。這道門會為貓打開一次（選則一對孩子的手當金色大門）。我通常會對某兩個孩子眨眨眼，提示他們就是那道金色大門。貓必須繞著圓圈外圍跑，並試著抓到老鼠。當貓跑過金色大門時，這道魔法門就會突然打開，貓就可以跑進房子內了！

變化 2： 可以在遊戲中加入一隻狗，負責追捕在追老鼠的貓。遊戲開始時，狗和老鼠都先待在房子內。房子永遠會保護弱勢的那一方，所以，現在房子的門也會在狗追貓時，自動為貓開啟，就像貓追老鼠時。

遊戲 114 女巫

遊戲設備 四張長矮凳。

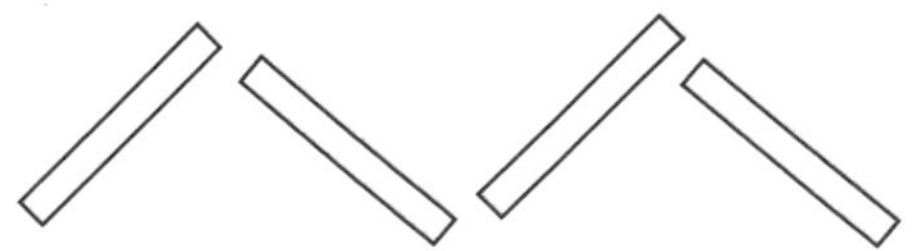

遊戲故事

很久很久以前，在一個遍布河流的國家裡，住著一位邪惡的女巫。每天，村民到田裡照料農作物時，女巫都會躲在田裡等著他們。一旦村民出現在視線中，女巫就會起身去追捕這些村民。

這些村民會沿著河流，以最快的速度往安全的家跑去，而女巫就緊追在後。每當女巫抓到一個人，就會把他放在最近的河裡，晚一些再將他們一起帶回山裡洞穴的家。

但是，村民非常聰明，他們會設法在河裡找到一些浮木，並利用浮木搭一座橋，趁女巫追逐朋友與家人時，穿越河流。大家都知道女巫不能碰水，因此村民可以藉此逃跑，女巫只能在河邊跑來跑去。

遊戲步驟

1. 其中一個孩子當女巫，其他的孩子都是村民。
2. 長凳是河流，被抓到的孩子站在長凳上，互相用手臂搭在彼此的肩上，形成橋梁。
3. 逃命的村民可以穿過橋梁（胳膊）下的捷徑，逃離追捕他們的女巫。
4. 女巫不得利用橋梁過河，但是可以將手伸過橋，到另一邊抓人。

【小提醒】

1. 村民和女巫都可以在河流（長凳）的四周，自由奔跑。
2. 如果沒有比較低矮的長板凳可以使用，也可以用粉筆在地板或遊戲場上標出河流位置。如果是在草地上玩耍，可以在河流的兩端放置三角錐或衣服（河流的長度約四步）。

遊戲 115 瞎眼的獅子 作者：魯道夫・基施尼克（Rudolf Kischnick）

我會和 9～10 歲的孩子玩這個遊戲，在這個年紀，孩子開始意識到自己是獨立個體、開始質疑老師或父母的權威。這款遊戲提供孩子一個圖像——正是帶領這年紀孩子的老師或引導者的感受。有趣的是，這個圖像也可以被視為「孩子的感受」。不需要太多言語表達，透過這款遊戲，可以幫孩子對成年人多一些同理心。更重要的是，這款遊戲呈現出孩子在這個年紀經常深刻經驗到的孤獨與失落感。

遊戲設備 一根點燃的蠟燭，以及每個孩子一個「寶藏」。（我通常會找一些美麗的東西，如：水晶、貝殼、木雕等等），還有一條圍巾當眼罩。

遊戲故事

從前從前，森林裡住了一隻雄壯的獅子，牠每天都會尋寶。獅子是森林之王，所以，牠慢慢地收集到許多鄰近村莊的寶藏。但是，獅子終究愈來愈老，雖然牠仍勇氣十足，但視力卻愈來愈模糊。當附近村莊的孩子聽到這個消息後，便想要偷偷溜進森林裡，將寶藏偷回來。老獅子的聽力很好，牠的爪子仍然保有過去的魔法力量，牠聽到孩子接近洞穴時，就會用魔法爪子指著孩子，並在他身上施魔咒。

被施魔咒的孩子，就會歸還寶藏，並回到村莊裡。瞎眼的老獅子法力高強，即使孩子回到了村子，如果他們太吵，老獅子仍然可以聽見孩子的聲音，並用魔法爪子指向孩子，就能讓他們歸還寶藏。

遊戲步驟

1. 遊戲在完全沉默的狀況下進行。其中一個孩子當瞎眼的獅子坐在圓的中心，並用眼罩將眼睛蒙住（記得確認耳朵沒有被眼罩給遮住）。

2. 其他孩子每個人選擇一個寶藏，握在手中，然後在離獅子約 10 步遠的距離靜靜坐下，圍成一個大圓圈。
3. 當你一邊講故事的時候，一邊將孩子手中的寶藏收集起來。然後將寶藏放在瞎眼獅子周圍，並把點燃的蠟燭放在獅子面前。
4. 孩子必須安靜地，將屬於他們的寶藏偷回。
5. 由你指定「誰先去偷回寶藏」，只有被指到的孩子才能去偷。
6. 當獅子聽到孩子的聲音，並用手朝他指去，這個孩子就必須回到原位坐下，直到下一次偷寶藏的機會到來。
7. 如果孩子已經偷到寶藏，但卻在回程，甚至是已經回到原位時被獅子發現，並指出，就必須靜靜歸還寶藏，然後等待下一次機會。
8. 用故事向孩子解釋規則。當所有的寶藏都被偷回時，由一個孩子偷偷吹熄蠟燭，遊戲就結束了。

遊戲變化

變化 1：可以讓孩子從家裡帶寶藏來，也可以在附近的花園中尋寶。

變化 2：遊戲開始之前，可以讓孩子選擇與一個同學交換寶藏，這時，他們得幫別人偷回寶藏。

變化 3：也可以玩「獅子與荊棘樹」，基本玩法一樣。但是，這個版本更困難：瞎眼獅子坐在想像的荊棘樹下，所有孩子都要脫下一隻鞋子，然後放在獅子周圍的圓圈中。在圓圈內隨意放幾張報紙，這些報紙是會刺痛孩子的腳，並發出聲的荊棘，若踩到這些報紙，獅子就抓到他們（孩子必須避開這些報紙）。

變化 4：這遊戲還可以讓他更困難一些，每個寶藏都要放在獅子周圍圓圈的報紙上，因此孩子們在偷取的時候必須更加的小心。

遊戲 116 鯊魚和章魚

這一類的追逐遊戲也在比擬生活中，自然擴張和收縮的過程（例如：呼吸）。當遊戲中的「小魚」安全抵達對岸時，自然會有鬆一口氣的感覺。相反的，被追逐的時候，內心則是會感到緊繃與緊張。

遊戲區域 如果有 20 個孩子，需要約 25×15 步大小的空間。

遊戲步驟

1. 一個孩子當鯊魚，其他孩子一開始都是小魚，站在遊戲區域的一頭。這時，鯊魚說：「小魚快來我的海裡游泳。」
2. 小魚必須游到對岸而不被鯊魚抓到，一旦離開岸邊，就只能繼續「游」到對岸，不能半路回到出發的安全岸邊。
3. 每次，小魚要等到鯊魚說：「小魚快來我的海裡游泳。」才能出發（重點是要大家朝同一個方向游，不能有人朝反向迴游），當鯊魚一說完，所有小魚就得離開岸邊。
4. 被鯊魚抓到的孩子就得原地盤坐，變成章魚（盤坐才不會有人被孩子伸出的腳給絆倒，減少受傷的機會）。
5. 章魚也可以抓小魚，但是必須坐著抓。被章魚碰到的小魚也會變成章魚，而鯊魚的目標就是要把教室裡的所有小魚統統變成章魚。

遊戲變化

變化 1：可以在遊戲中加入一些「漂浮物」──指定的安全區域。可以用墊子、呼拉圈或樹來表示，規定每個漂浮物上只能容納三隻魚（可以事先說定一個數字）。如果在一個漂浮物上有超過那個數量的魚，這個漂浮物就會下沉。

變化 2：鯊魚也可以作一些變化，改說「小魚快掉進我的海裡游泳」。這時所有的魚得用受傷的魚鰭游，所以孩子得單腿跳。同樣，她也可以將口訣改成「跳」或「爬」。

遊戲 117 龍抓人

遊戲故事

遙遠的國度裡，有一隻喜歡吃小孩的兇惡的猛龍。牠會離開洞穴去尋找食物，每當牠抓到小孩，就會立刻把他吃掉，身形也會長大一些。每吃掉一個小孩，就會長更大，直到大到身體橫跨了整個國家。

遊戲步驟

1. 兩個孩子手牽手扮演龍，他們會祕密決定要抓誰。
2. 被龍碰到的孩子，就變成龍，龍可以用頭部（其中一個孩子的手）「咬」住孩子，或者用尾巴「刺」向孩子（另一端的手）。
3. 被龍抓到時，這個孩子就得握住最後一個孩子的手，變成龍的一部分。然後這隻新的龍可以選擇下一個要抓的孩子。

【小提醒】組成龍的手，必須一直握在一起，不能鬆開。當每個孩子都變成龍，或是只剩下一個孩子的時候，遊戲就結束了。

遊戲 118 龍之牙

遊戲步驟

沿用「【遊戲 117】龍抓人」的遊戲規則。然而，當第四個人加入龍那一組時，龍就會分裂成一半，變成兩隻龍（或是在第 6 個人時分裂，每三個人組成一條龍）。

遊戲 119 熊抓人

這個遊戲再次探索群體與個人之間的動態關係——隨著龍或熊越來越大，個人逃脫的機會就會越來越少。但是，龍也會因為龐大的身軀而變得更笨拙，組成龍身體的每個孩子都要相互配合！
我設計了熊的遊戲變化，為了需要彼此身體接觸的孩子。這種接觸不能是在嘻嘻哈哈和過早對性產生興趣的觸碰。這樣的遊戲變化可以幫助孩子們意識到，身體上的觸摸可以是有趣的並且與性無關，他們能夠以一個輕鬆的方式來與彼此有身體上的接觸。

適用「【遊戲 117】龍抓人」的遊戲規則，但唯一不同的地方是在抓人的時候：不是用觸碰的方式，而是用熊抱的方式將對方緊緊抱住（扮演熊的孩子要手牽手將對方團團圍住，並且緊緊貼住），在數到三以內沒有掙脫這個圓圈，就會變成熊。

遊戲變化

變化 1：畫出不能進入的區域，例如：沼澤（如圖）。可以用呼拉圈、繩索、體操器材，甚至在地板上用粉筆畫出區域。不論是哪方人馬，都不能在遊戲中踏足這些區塊，增加遊戲的困難度。

變化 2：正在逃跑的人，與熊面對面的時候，可以從熊的胯下鑽過（孩子手牽手的手臂下，並非真的胯下），這樣比較不會造成相互碰撞。但是，因為逃跑的人只能從一個方向穿過，表示擔任熊的孩子必須站得更緊密，但是這也讓「熊」更難抓到人。

變化 3：可以選擇不用觸碰或熊抱的方式來抓人，改成龍／熊必須在孩子的周圍鬆鬆的形成一個圓圈，這樣會增加抓人的困難度，因為孩子更容易從圓圈的空隙間逃脫。

遊戲 120 神奇寶物、猛龍與石武士

遊戲設備 三樣「寶物」，例如：水晶、貝殼、石頭。

遊戲區域 在遊戲區的一端畫出城堡（可以用一塊石頭或一把椅子代表）。另一頭，畫出半徑約 5 步的半圓形，作為龍的巢穴，然後將所有寶物放在這裡。

遊戲步驟

1. 選一個孩子擔任皇后（或國王），待在城堡裡。
2. 另外選兩個孩子擔任猛龍，他們必須阻止石武士進入洞穴將寶物偷走。但是猛龍的身形太大無法進入洞穴，只能在洞穴外徘徊（在粉筆畫出的線之外）。
3. 其餘的孩子是武士，他們一開始都先待在城堡裡。
4. 開始時，皇后（或國王）叫：「武士啊！武士！請奪回我的寶物！」
5. 所有的武士向龍猛的巢穴衝去，奪回第一個寶物，但過程中不能被猛龍碰到，且一次只能奪回一個寶物。
6. 如果武士拿到寶物，卻在回城堡的路上被猛龍碰到了，就必須將寶物歸還給猛龍，猛龍將寶物放回洞穴，武士則會變成一塊石頭。
7. 第一個寶物被成功帶回城堡時，皇后（或國王）就會喊：「石武士啊！石武士！快回到我身邊！第一個寶物已經被奪回，你現在自由了！」變成石頭的武士被釋放，並返回城堡。
8. 皇后（或國王）說：「武士啊！武士！請奪回我的寶物！」遊戲再度開始。當三個寶物都被奪回城堡，遊戲就結束了。

遊戲變化

變化 1： 當第一個寶物被成功奪回後，石武士仍然不能被釋放。若孩子在向前衝的過程中，太過興奮而變得莽撞時，這樣的規則可以幫孩子冷靜下來。

變化 2： 寶物奪回的順序可隨意。然而，持有寶物的武士可以利用碰觸，拯救並釋放變成石頭的武士。

遊戲 121 懶惰鬼

作者：魯道夫・基施尼克（Rudolf Kischnick）

9～10 歲的孩子會漸漸從夢幻中醒來。此遊戲正是孩子狀態的最好比擬：床上的孩子必須快速觸碰到來偷床的人，否則床就會被偷走。

遊戲設備 舊床墊，代表「床」（或一個堅固的毛毯、地毯、體操用的安全墊，如果使用毯子，請將毯子周圍綁上六個網球，以便孩子們有「把手」可以拉）。

遊戲設備 遊戲區域：最好在光滑的地板上進行，「床」才能夠安全又平滑的被孩子拖動。

遊戲步驟

1. 在「床」的周圍畫離床約 10 步遠的大圓圈（房間）。
2. 選一個孩子當懶惰鬼，在床上閉上眼睛、躺著睡覺，選另一個孩子在床邊，當懶鬼的助手。
3. 遊戲的目標是要將懶惰鬼的床墊拖出房間外，且不能被抓到。懶惰鬼被吵醒的時候，脾氣會非常暴躁，因此試著碰任何想要將床偷出房間的人，可是他實在太愛睏了，所以無法從床上站起來，也無法離開「床」。不過懶鬼的助手可以跑來跑去，抓其他的孩子。
4. 孩子在床邊的大圓圈外等待，一邊唸著下面的韻文，一邊用前腳跟貼著後腳趾的方式向前走，每唸一段就走一小步。

懶惰鬼，整天睡
大家一起來，偷搬他的床！

5. 唸完最後一段時，孩子就一起跑進房間，將懶惰鬼的床拖到圓圈外，且不能被抓到。
6. 「房間」外是安全區，不會被抓。被抓到的孩子必須原地坐下，等待下一場遊戲開始。
7. 當所有的孩子都被抓了，或是床被拉出房間，遊戲就結束。

遊戲變化

變化 1：可以增加「助手」的人數，讓遊戲難度更高。

變化 2：限定每次唸完韻文後，可以進入房間偷搬床的人數。

遊戲 122 貓與老鼠窩

這款遊戲的目的，是要幫孩子學習臨危不亂的能力。在環境有所變化或慌亂之中，仍然能夠穩住自己（例如：當貓一下變成老鼠的時候）。通常，當這樣的情況發生，人往往會因為害怕而失去自我，以及思考能力與清晰反應。此外，這個年齡層的孩子，表現往往會太過外放（具侵略性）或過於內縮（被動或內向）。例如：小珍可能非常的好動，不只話很多，身體也是動個不停，然而小麗卻整天只想躺在床上看書。

這個遊戲有助於平衡這些不同的個性傾向，如果小珍太過激動，將所有心思與精力都集中在追捕老鼠，當她抓到老鼠後，就會有所遲疑，無法迅速意識到自己變成老鼠了，必須趕緊逃脫；扮演老鼠的小麗如果太過停留在自己的世界時，當她一變成貓時，可能會錯過立刻抓到新老鼠的機會。兩種不同的個性，關乎到事先計畫的能力。要能夠在不同的角色間快速變換，需要強烈的自我意識，這樣的能力，需要在這個年紀培養。

這個遊戲對於「喜歡欺負人的孩子」，以及「缺乏界線的孩子」非常有益。因為遊戲中，必須區分屬於自己的空間以及別人的空間。在扮演貓的時候，目標是要抓住老鼠，所以是將自己向外投射，向外看這個世界；扮演老鼠時，必須回到自己，若轉換角色的時間太長，新的老鼠可能就跑掉了。

遊戲步驟

1. 讓孩子兩兩一組，每個孩子都要與夥伴手勾著手，站在遊戲區域內任何一個地方，組成「老鼠窩」。
2. 另外選一個孩子當貓，一個孩子當老鼠。遊戲開始時貓說：

　「老鼠啊，老鼠，快跑進你的窩吧！不然我就會來把你吃掉！」

3. 老鼠回答：「你可以試試看！」接著便開始逃跑。
4. 如果貓抓到老鼠，角色對調：老鼠就變成貓，貓變成老鼠。
5. 老鼠可以將手，與扮演老鼠窩孩子的手勾住，躲進老鼠窩避難。
6. 但是這個窩太小，容不下三個人，所以窩另一頭的孩子就會變成貓，原本當貓的孩子，就會立即變成老鼠，得盡速逃離新的貓。

【小提醒】

1. 這個年紀的孩子，要他們男生女生一組，手勾著手站著，可能會抗議。這時，可以讓他們僅用一隻腳與夥伴另一隻腳接觸即可。
2. 可能會遇到的另一個問題是：有些孩子一直沒有機會當貓，因此在遊戲進行到一半時，可以請還沒有當過貓的孩子舉手，而老鼠只能選擇這些房子躲藏。
3. 老鼠選擇躲避的窩時，可能不會選擇異性孩子組成的老鼠窩，你可以規定：逃命時，男生老鼠必須選擇女生老鼠窩來躲避。

遊戲變化

這次不是站著，一組一組的老鼠窩都是躺在地上。這讓新的老鼠可以有更多的時間可以逃跑，因為當老鼠躺下後，從老鼠窩被擠出的新貓，得要先站起來，才能去追新的老鼠。

二、闖關遊戲

這些遊戲都代表著孩子正經歷 9 歲關卡，離開夢幻般的童年，踏上中年級的途徑上。當然，這個關卡通常需要一些時間消化，大約是兩年，所以，孩子也可能是到了 9 歲以後，才開始出現這些現象。但是，所有的孩子都必定會經歷這段變化。從外人的角度來看（父母、老師或朋友），可能會注意到孩子外在表現出來的獨立性，例如：如果大人做錯了一些事情，孩子可能會立刻注意到，並且喜歡嘲弄他。或者，也可能是一些比較屬於內在的變化，例如：可能會希望能獨立完成一些事情。

跨越關卡，成為一個更加獨立自主的個體，往往是一個痛苦的過程。如果孩子所處的危機狀況能夠被敏銳察覺，並得到理解，對他的成長有許多幫助。9 歲孩子需要透過克服困難，來測試並強化新發展出來的自我意識。但是，如果大人將孩子表現獨立的行為視為對權威的挑戰，因而以自我保護的方式來回應孩子，不但會抑制孩子的發展，也會扭曲他們的個性。

9 歲需要的是一個願意鼓勵孩子自我發展、和藹可親的引導者，而不是處處阻擋的權威獨裁者。這也是大人在處理青少年時需扮演的角色「預習」，例如：在孩子 12 歲的時候，如果發展獨立個體的路被阻斷，可能會導致青少年後期扭曲的獨立性，也就是根本沒有發展出真正的獨立性，而需要依賴同儕群體的支持（例如：幫派）。然而，到了青春期，孩子的測試更針對大人有條件或無條件的愛。無條件的愛是與青少年孩子建立關係的重要基礎，當大人將愛當作表現良好的獎勵，就會讓他們非常沒有安全感。

9 歲時，孩子「透過模仿學習」不再像過去那麼重要，他們開始透過觀察來做更多的學習。9 歲孩子開始以新的方式自我覺醒，因此，在接下來一年，就會用新的自我意識，來做各種測試和嘗試，並且開始抗衡各種「孩子與物質世界連結的力量」。

遊戲 123 幽靈列車

遊戲故事

村裡所有的孩子們都睡著了。鬼王來到村子裡偷抓孩子，並把抓到的孩子囚禁在「幽靈列車」上。

遊戲步驟

1. 所有孩子圍成一圈、閉上眼睛跪著。
2. 選一個孩子當鬼王（或鬼后），鬼王安靜的在外圈繞著「沉睡中的孩子」行走，並唸下面這段韻文：

鬼王靜靜地走著，沒人能聽見

午夜鐘聲響起，起來吧！起來吧！不快，不慢

小心不要成了最後一個人

3. 接著，鬼王（鬼后）輕碰一個孩子的肩膀，這個孩子便安安靜靜地站起來，加入這輛幽靈列車，牽起鬼王（鬼后）的手。
4. 鬼王（鬼后）不斷重複唸這段韻文，每個加入幽靈列車的孩子都要一起唸。當列車安靜的在外圍行走的時候，隊伍最後一個孩子要喚醒下一個孩子。
5. 就這樣，反覆的唸韻文，直到只剩下最後一個孩子還在沉睡中。
6. 最後一個沉睡的孩子，如果在幽靈列車繞行 2 圈以前「醒來」（張開雙眼），就可以打開「鬼門」（大約離村莊 10 步遠），所有孩子都會被釋放出來。
7. 然而，如果最後一個孩子無法及時醒來，鬼王（鬼后）便可以滯留所有孩子，而最後一個孩子也必須加入幽靈列車，鬼王（鬼后）贏得這場遊戲。
8. 如果沉睡中的孩子覺得自己可能是最後一個人，便將眼睛張開，卻發現自己並不是最後一個（也就是仍然有其他孩子在沉睡中），他也會被鬼王（鬼后）抓到，立刻加入幽靈列車。

遊戲 124 盒子裡的傑克

這個遊戲非常適合在學校體育課時進行，孩子必須站在長凳上拋接球，因此需要有一定程度的專注力（注意是否輪到自己）、手眼協調能力（看見球拋出時，雙手也要在適當時機接住球）。

遊戲設備 兩顆球、四張長凳（先用三張長凳排成 T 字形）。

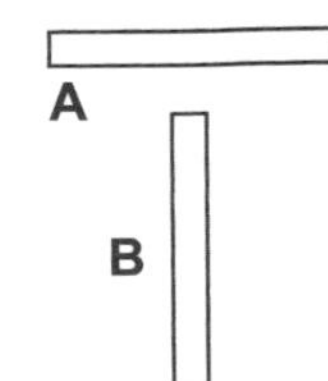

遊戲步驟

1. 一個孩子（甲）站在 A 長凳上，手拿著球；其他孩子站在 B 長凳上，所有人都面向甲。
2. 甲先將球拋給 B 長凳上的第一位孩子，這位孩子再把球扔回給甲。
3. 第一位孩子蹲下。甲再將球拋給 B 長凳上的第二位孩子，球會從第一位孩子的頭上飛過，由第二位孩子接住、將球拋回，然後蹲下。
4. 就這樣一直進行到最後一位孩子（比如說第十四位孩子）將球接住，然後再拋回去。
5. 最後，改由第一位孩子站到 A 長凳上，甲則排到 B 長凳最後面。

【小提醒】若人數太多，可以將孩子分成兩隊。用長凳排出兩個「T 字形」。每隊都有一顆球，其餘的就按照原本的遊戲方式進行。

遊戲 125 大峽谷

這款遊戲運用簡單、有條理的方法，讓孩子練習準確的投球與接球技巧（即使文字解釋看起來很複雜）。這款遊戲是「【遊戲 124】盒子裡的傑克」的變形，兩個長凳間的距離會逐漸拉遠，因此站在 A 長凳上的孩子，有機會練習將球越拋越遠。因此，拋球的時候，孩子都必須重新估算距離，加上孩子站在長凳上拋球，因此在距離估算上不能有太大的出入，如果球拋得太偏左或右，另一個都會無法接住。

遊戲設備 兩顆球、四張長凳（長凳平行放置）。

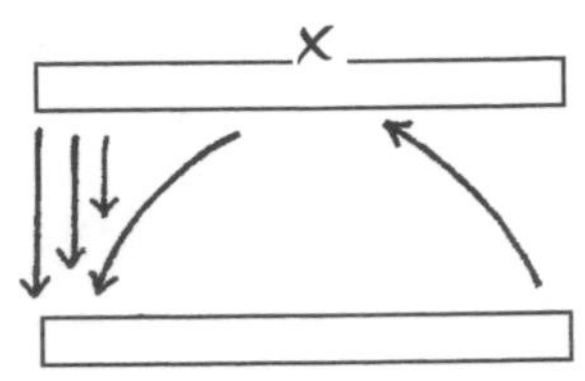

遊戲步驟

1. 遊戲過程同「【遊戲 124】盒子裡的傑克」，站在 A 長凳上的甲，按順序向每位孩子拋球。
2. 當最後一位孩子將球接住並拋回時，所有的孩子都從 B 長凳上下來，將長凳搬到離 A 長凳更遠一點（30 公分）的距離。
3. 換原本 B 長凳上，第一位孩子站到 A 長凳上丟球，而原本站在 A 長凳上的甲，則排 B 長凳上隊伍的最後一位。

遊戲 126 海盜

這個遊戲主要以圖像運作。這個時期的孩子，正帶著新的意識覺醒，因此會有分離的感受。這種被分離的新經驗，讓孩子呈現一種開放的狀態，不論開放正面或負面的力量進入。

過去，從未有過的負面力量，似乎正威脅著孩子，帶給他們恐懼的方式也有所不同。這樣的外在力量不容易被克服，因此孩子可以感受到自身有著強烈的對抗力量。在「【遊戲 126】海盜」中，便將孩子的這種經歷，轉化為可見的圖像。河流本身就有著豐富的圖像，象徵著心理以及故事的變化，同時反映出孩子正在改變的事實；而乘著船的海盜，代表著負面力量，追逐著正在度過改變階段的孩子。但是，因為有阻礙，所以這些黑暗力量的行動相當緩慢，給孩子能夠快速渡過、到達安全地的機會。

如果孩子在接受挑戰時猶豫不決，比如說：在試圖過河時，猶豫太久，黑暗力量就能夠獲得將他吞沒的機會。這樣的比擬可以讓孩子意識到：我們無法避免危險的生命之旅，這樣的危機並不會因為拖延而得以避免，但是，若我們衝動行事，反而會增加被抓的機會。

遊戲區域 需要約 15×10 步大小的遊戲區域，並在當中畫出一條寬約 3、4 步的河流，將遊戲區分為兩半。

遊戲故事

從前從前，一個男人生活在遙遠國度。有一天，他決定去找尋財富，便加入一群朝東方行走的旅人。最後，他們來到了一條混濁、水流湍急的河流。此時，有人告訴他，這條河上，一些船屬於老實的擺渡人；一些則是海盜所有。已經有好多旅人被海盜給抓住，迫使這些老實的旅人去搶劫其他的旅人。

據說，渡河的最佳時間是清晨、海盜睡醒之前。如果拖太久，等到豔陽高照時，河的水位上升，海盜就會藉機上岸，抓旅人來當奴隸。

遊戲步驟

1. 選一個孩子當船，另一位個頭較小的孩子當海盜，爬上船的背。
2. 其他的孩子是旅人，他們得試圖過河，且不被海盜與海盜船碰觸。
3. 只有當海盜說：「來吧！有膽就放馬過來吧！」時，旅人才能過河，一旦出發了就不能回頭。
4. 被海盜或其船隻抓到的人，就會變成海盜船或另一個海盜（視孩子的身材大小而定）。
5. 被抓到的孩子要先到遊戲區一邊等待，等待合作夥伴（一艘船需配一個大盜）。
6. 海盜和海盜船不能越過河岸。但是，當一邊河岸只剩下最後一位旅人時，河流的水位上升、河水潰堤，海盜便能乘著船，到岸上去抓最後一位旅人。
7. 當最後這一名旅人被抓到，或是成功地到達對岸時，河水便消退，海盜必須隨著河水返回河中。

8. 接著，重複上段的遊戲過程，海盜再次挑戰這群旅人。
9. 當第二次挑戰只剩下 2、3 名旅人時，遊戲結束。

遊戲 127 稻草人

這是一款傳統遊戲，可以用圖像的方式，跟孩子說明遊戲規則。然而，會用這樣的描述方式並不是因為比較酷，而是，在兒童發展中，展現了開創孩子想像力的重要教學精神。

孩子透過想像力，以具有創造性的方式發展思考／思維能力，而非用枯燥呆板的方式。我們必須透過發展「具想像力的思考」，才能滋養孩子解決問題的能力。

遊戲步驟

1. 挑選一個孩子擔任農夫，他努力地種植玉米，但是卻有一大群的烏鴉（其餘的孩子）一直來偷吃，所以農夫開始追趕並試著抓到烏鴉。
2. 被抓到的烏鴉，就會神奇地變成稻草人，雙腿雙臂張開站著。
3. 任何一隻烏鴉只要從稻草人的胯下爬過，就可以救稻草人。
4. 當烏鴉躲在稻草人的胯下時，農夫就不可以抓到他們。
5. 一旦烏鴉離開稻草人胯下的安全區域，就有被抓到的危險（可以視孩子的能力，增加農夫數量）。

遊戲 128 避難所、水、食物

遊戲區域 約 25×18 步的空間。

遊戲步驟

1. 將孩子分為兩隊。一隊是「自然」，另一隊是「動物」。
2. 兩隊各站在遊戲場兩端。「動物」隊要背對著「自然」隊，所以他們看不到「自然」隊；「自然」隊則是要面對「動物」隊。
3. 現在，兩隊隊員必須從下面三種動作中，選一種來做。

避難所
（雙手手指在頭頂上相互觸碰，做出類似斜屋頂的形狀。）

水
（雙手在自己面前做出一個掬水的樣子。）

食物
（用雙手抱住肚子來表示。）

4. 遊戲領導者宣布遊戲開始時，「動物」隊的所有成員就一起轉過身來，抓到和自己做出相同動作的「自然」隊成員。
5. 每一位「自然」隊成員，只能被一位「動物」隊的成員抓到。當「自然」隊的隊員被抓到，就會被抓他的人帶回動物隊，變成「動物」隊的成員；反之，若「動物」隊的成員無法抓到「自然」隊成員時，就必須加入「自然」隊。
6. 重複相同的程序，直到其中一隊完全沒有隊員，或者事先設定遊戲結束時間，最後計算每隊所剩人數，剩餘人數最多的隊伍獲勝。

chapter 8 10～11歲 孩子的遊戲

學會勇敢、團隊合作

10～11 歲的孩子開始面臨到更多生活上的困難，可能是在學校遇見其他孩子被欺負，或是需要更有勇氣自己去面對不論是生活、人際、學習上的困難。以下的遊戲，可以讓 10～11 歲的孩子在遊戲中抒發自己面對困難的狀況，並且培養孩子勇敢、團隊合作與身體敏捷度。

一、對抗遊戲

對抗遊戲需要非常完善的溝通、合作、組織能力才能順利完成。過程中，也會因為孩子不同的特質而呈現出不同的遊戲結果。

遊戲 129 狗與骨頭

遊戲設備 一根短棒或一顆球，兩張長凳。

遊戲步驟

1. 每個孩子都是飢餓的狗，大家都想要拿到「骨頭」（短棒或球）。
2. 把孩子分成兩隊，分別坐在兩邊的長凳上，「骨頭」放在兩隊中間。
3. 將每隊的孩子依順序編號。
4. 遊戲開始，遊戲領導者先叫一個號碼，比如：「5！」兩隊編號 5 的孩子就要同時跑到場中央去搶這根骨頭。
5. 先搶到的孩子，要拿著骨頭去抓另一隊同樣編號的孩子。
6. 如果這位孩子被抓到了，便要加入另一隊。
7. 遊戲結束時，成員最多的團隊獲勝。

遊戲 130 鯊魚的嘴巴

這是一場需要膽量與勇氣的遊戲。10 歲的孩子喜歡挑戰和危險，因此在這款遊戲中，鯊魚嘴巴（木棍）提供了孩子對冒險的渴望！比起體能，動作敏捷才是成功進行這款遊戲的關鍵。

遊戲設備 最多可準備到 18 根木棍。

遊戲過程

1. 兩名孩子，面對面跪在地上。
2. 兩人之間有兩根木棍，他們必須將兩根木棍拿起，但要注意「不要讓兩根木棍併在一起」，以免夾到手指。
3. 木棍是鯊魚嘴巴，開開合合（兩個孩子跪在地上，控制木棍開合）。

4. 其餘的孩子必須挑戰鯊魚的嘴巴，在一端排隊，輪流踏進、踏出鯊魚的嘴巴（木棍）而不被「吃掉」。
5. 孩子熟悉後，可以在離第一組一小步遠的距離，加入第二組鯊魚嘴巴，之後陸續增加更多組鯊魚嘴巴。

遊戲變化

兩對四人之間，相互面對面坐著，木棍在他們之間交叉，形成「井」字形狀。由這四個孩子控制木棍開合，其他孩子輪流從一邊角落踏進鯊魚嘴巴，然後從對角離開。同時唸著下面的童謠：

東、南、西、北，趕快踏進來

被鯊魚咬到，你會尖叫一整晚！

遊戲 131 冰與火

這個遊戲著重在團體（來自不同國度的人）和個人（巨人）之間的動態。玩這個遊戲時，會反映出許多社交狀況：一個單獨的個體在對抗團體，也顯現出「合作與社交互動」的好處。

遊戲中的巨人，代表非常自私的人，他們的世界只有自己，不願意讓其他人與自己一起生活在這個環境中；火和冰這兩隊則代表友誼。藉由這個機會，可以觀察哪些孩子會試著互相幫助，哪些孩子會像巨人一樣，即使現在應該要和夥伴合作，也只能看見自己！

在團體中，有會欺負他人的孩子時，可以讓會欺負人的孩子扮演孤獨巨人，當來自四方的人一起合作來反抗你，可不是那麼容易忍受的！

遊戲區域 約 25×15 步的空間。

遊戲故事

在遙遠遙遠的地方，住著兩個不同族群，一邊是火，一邊是冰。他們非常希望與對方見面，分享彼此的火和冰。但是，在兩個國度之間，住著一位大巨人，巨人並不想讓兩邊的族群合作，因此，當他看到兩個族群的人，想要往對方那邊去時，巨人就會站在他們之間，試著追趕或抓住他們。

然而，一旦這兩邊的人能夠成功與對方碰面、接觸後，便會擁有比巨人更強大的魔法、獲得自由。之後，冰國居民就能夠進到火的國度，火國居民便能進入冰的國度。

遊戲步驟

1. 將孩子分成兩隊：一隊代表火，另一隊是冰。
2. 火隊排成一排，站在場地的一側；冰隊則站在場地的另一側。
3. 另外選一位孩子當巨人，站在中間大聲喊出：

冰和火，來找我！

冰和火，接觸就還你自由！

4. 火隊的孩子和冰隊的孩子要試著與對方擊掌，且不被巨人抓到。
5. 每當有一組隊員成功與對方擊掌時，冰孩子就得到火隊的領地；火孩子就到冰隊的領地。
6. 如果被巨人抓到（例如：被抓到的孩子是冰隊的成員），被抓到的孩子就成了新的巨人，其餘的孩子回到自己的隊伍去，而原本的巨人加入冰隊。

7. 如果巨人連三局都抓不到人，就得選出另一個孩子當新的巨人。

遊戲變化

可以加入「地」和「風」兩個國度。現在，會有來自四個方向的四個隊。他們得試著與另一個國度的孩子擊掌，且當巨人追擊時，可以分開逃跑，才能逃得更快。

遊戲 132 麥克福森

這個遊戲需要孩子專注傾聽，並集中注意力，無論手邊在做什麼。

遊戲設備

在地上放置四個墊子，或者在地面上畫出四個單人床大小的長方區域，用來代表房子，中央放置另一個墊子代表巨人的鍋子。

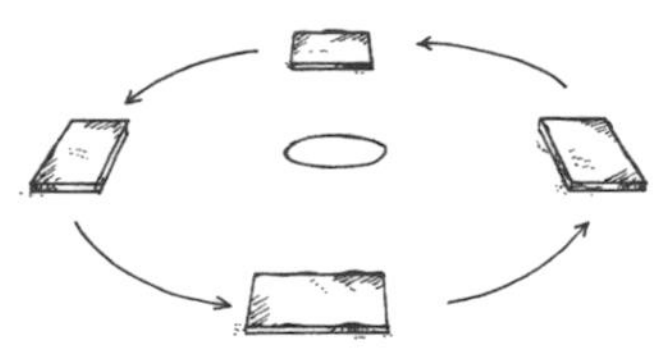

遊戲故事

在附近的一個小村莊裡，住著一位名叫麥克福森的兇猛巨人。他非常喜歡抓在村莊街頭上玩耍的孩子，所以村民便在村子口，建造了一座木塔，僱用了一名守望員瞭望，當巨人接近村子時，守望員就會警告孩子。但是，無論孩子多努力地跑回安全的家裡躲避，巨人總能抓到跑在最後、最小的孩子。當巨人抓到孩子後，就會將這個孩子放在他的鍋子裡，做成晚餐。所以，守望員為了測試孩子是否認真地聽他的話，有時候，他會喊：「賣……通心麵」或「麥……當勞」，這時，村裡的孩子就會笑他，然後繼續在街上玩耍。

遊戲步驟

1. 所有孩子在村子裡的街道上跑來跑去，遊戲領導人擔任守望員。
2. 守望員看到巨人時，就會喊出：「麥克福森！」這時，所有孩子都要跑到安全的房子裡（四周的墊子）。
3. 最後一個跑進房子的孩子出局，得被關在村子中央的「鍋子」裡。
4. 有時，守望員會測試孩子是否有仔細聽他的警告，喊出與「麥克福森」類似的名字，比如：「賣……通心麵！」或「麥克……阿瑟！」聽到這些測試卻跑進房子的孩子，也得出局，關進巨人的鍋子裡。
5. 遊戲過程中，孩子不能轉身往回跑，只能跑進在他們前面的房子。
6. 剩下少數孩子的時候，巨人會越來越興奮，敲壞一些房子（這時，我會把 1～2 個墊子改放尺寸較小的跳板，或是把墊子對摺，能夠避難的房子更少了）。
7. 鍋子裡的孩子要幫忙注意看：「誰最後跑進屋子？」

【小提醒】在遊戲區域中設置一些「安全」區域，是由一些很常見的跑步追逐遊戲變化而來的，例如音樂椅。但是在這個追逐遊戲中，追逐者其實是隱形的，孩子被要求的是當聽到某個特定的詞被叫出時，就要盡快地移動。因此為了要能夠在跑（追人和被追）的同時又能聽，孩子們得要集中精神才行，就像是「貓捉老鼠」的遊戲一樣。

遊戲變化

變化 1：孩子可以藉由觸碰前方的孩子，讓他出局。但是，當守望員喊：「麥克福森！」時，就要盡快逃進房子避難。

變化 2：承接「變化 1」當守望員喊「變！」時，所有的孩子都要改變前進的方向，這樣就可以讓孩子有機會抓到他身後的孩子。

遊戲 133 巷貓

這遊戲是創意遊戲很好的例子，同樣的主題與概念（例如：貓捉老鼠），可以發展出不同的遊戲變化，以滿足這些不斷改變、成長的孩子。

這款遊戲裡，孩子不再圍成一個圓圈，而是排成直線，僅與旁邊的人指尖相觸，意味著他們已經不再依靠著群體（自己是圓圈的一部分），必須對自己扮演的位置，承擔起個人責任。我們如果能鼓勵孩子自己調整、搭建遊戲中的牆壁或小巷最好，孩子才能感覺到「決定權在自己身上」；如果改讓孩子手搭在隔壁孩子的肩膀上，而不是僅以指尖相碰，這樣的遊戲性質又會改變，再次成為群體活動。

觀察 10 歲左右以前的孩子很有趣，有意識地將手臂水平舉起，對孩子來說是很困難的。要一個 8、9 歲的孩子以這樣的水平姿勢在空間中移動，又更困難了（例如要他平舉雙手，90 度轉身）。這款遊戲中帶有幾何元素：之後，在「【遊戲 152】槍林彈雨」和「【遊戲 215】半路攔截」中，又會再次利用這些元素。

遊戲步驟

1. 其中一名孩子當貓，另一名孩子當老鼠。
2. 其他孩子 3 個人組成一排，排成約 4 排左右的隊伍，也就是遊戲中的小巷、牆壁或是柱子。

3. 擔任小巷、牆壁或是柱子的孩子雙手平舉時，能夠與前後左右的孩子指尖相互觸碰，並要確認「牆壁」成直線對齊。

4. 遊戲開始時，老鼠先進入巷子裡，其他孩子張開雙臂、保持水平，形成小巷子。開始以下對話：

貓：「老鼠老鼠，你出來，我會給你一些起司。」

老鼠：「我不要。」

貓：「老鼠老鼠，你出來，我會給你一些培根。」

老鼠：「我不要。」

貓：「老鼠老鼠，你出來，不然我會挖你的眼睛。」

老鼠：「你敢！」

5. 接著，貓沿著小巷捉老鼠（注意：貓和老鼠都不能從手臂下面鑽過）。

6. 當遊戲領導者喊出：「牆壁！」時，大家就要 90 度轉身、平舉雙手，形成牆壁。現在，貓和老鼠就得順著新的方向奔跑。

7. 老師也可以叫：「柱子！」所有孩子將雙臂放下，貼緊身體兩側變成柱子，這樣子，貓就更容易抓到老鼠。

8. 為了給貓更多機會抓到老鼠，也可以喊：「樹樁！」這時，大家就得蹲下來，貓可以從蹲著孩子的上方，伸手到對面抓老鼠。

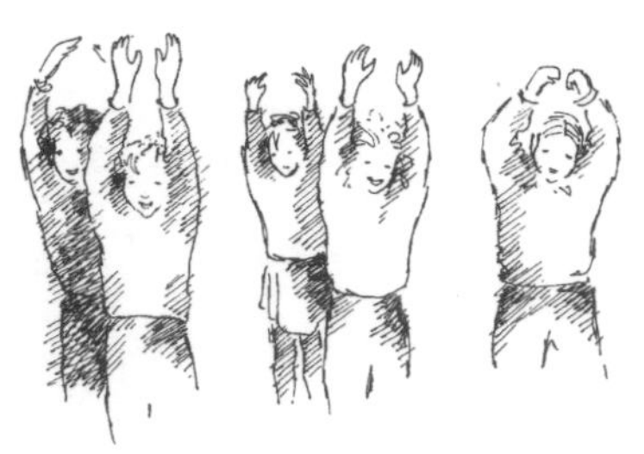

9. 「燈塔」也是個很好的動作，讓孩子將雙臂直直舉起。
10. 當老鼠被抓到（或者貓需要休息時），就選一隻新的貓和老鼠，遊戲再次開始。

遊戲 134 七顆星星

這個遊戲是我在越南一個塵土飛揚的鄉村發現，是一個非常好、簡單，卻又能讓孩子玩得很興奮的遊戲。

這個時期的孩子，必須努力平衡自己的內在經驗與外在環境。例如，在這個遊戲中，孩子可能會沉溺在自己的世界中、專注於重建鋁罐塔，卻忘了要躲避敵方的球，便一次又一次的被球砸到。這個遊戲也展現了創造和破壞的意念，孩子會發現：破壞鋁罐塔很容易，但要重建，必須要有勇氣、毅力、維持內心平靜和自我控制才能面對逆境。

遊戲設備 7 個大鋁罐、1 顆海綿球（必要時，可以使用網球，參見 P51 中「遊戲設備」的說明）。

遊戲區域 畫一個直徑約 4~5 步的圓。從圓圈的框開始，向外走約 7 步的距離畫一條直線。

遊戲步驟

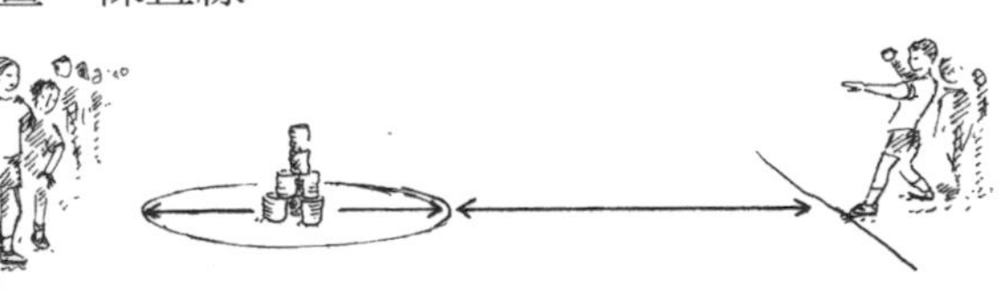

1. 將孩子分成兩隊。
2. A 隊孩子先站在圓圈中央、B 隊站在圓圈外的直線後方。
3. A 隊用 7 個大鋁罐搭起一個塔（他們可以決定塔的形狀或設計，但是目標是不讓 B 隊輕易複製塔的設計）。

4. B 隊必須仔細看，並試著記住 A 隊搭出的樣子。
5. 塔完成後，B 隊先站在直線後方，輪流用球將塔給擊倒。
6. 如果 B 隊成員都已經試著擊倒過塔一次，卻沒能成功將塔給擊倒，就要換 A 隊上場，站在線後方用球試著將塔給擊倒。
7. 超過 3 個罐子被擊倒時，B 隊就要趕緊向前衝，開始重建塔。
8. 這時候，A 隊就可以透過丟球，阻止 B 隊重建。
9. A 隊隊員可以相互傳球，但是不允許帶球跑。
10. 若 B 隊隊員被球砸到，就必須出局、等到遊戲結束。
11. A 隊隊員向 B 隊隊員丟球時，不能打到鋁罐塔；一旦打到了鋁罐塔，B 隊就獲勝。
12. 如果 B 隊能夠將塔重建，B 隊獲勝；但是如果在重建完成之前，B 隊隊員都出局了，就是 A 隊勝出。
13. 接著兩隊互換，遊戲再次開始。

【小提醒】可以選擇規定孩子：遊戲中，只能用球攻擊敵方隊員腰部以下的部位。

遊戲 135 沉船

孩子很喜歡玩這個遊戲。有些孩子絕不會離開「漂浮物」（安全的地方）；這通常會是比較憂鬱、焦慮的孩子，他們很少會被抓到，因為他會等待著、看著，直到確認最安全的時機，才會跑到另一個漂浮物上。對於這樣的孩子來說，這個遊戲可能會有點無聊，但是這個遊戲反而會讓他更勇敢一些。如果我們強迫這樣的孩子去嘗試更多冒險，他反而會更加謹慎、膽小，因為這種動力是來自外部強加給他的。但是，若是孩子因為想要參與遊戲，發自內心去調整自己的行為，效果會比靠外界壓迫要好很多。

遊戲設備

1. 6 件可以讓孩子做體操的器材（想想看沉船後，會漂浮在海面的物品，例如：箱子、墊子、跳板、跳箱；也可以用家具代替，如：長凳、桌子、床、床墊；如果在戶外玩，則可以使用木塊、石頭、樹枝等等）。
2. 最多可以有 3 種不同顏色的背心或肩帶，以辨別不同的「鯊魚」。
3. 1 個呼拉圈。

遊戲步驟

1. 其中一個孩子當鯊魚（可以隨需要，增加鯊魚的數量）。
2. 一艘船在海上被炸毀，只留下一些殘骸（也就是「設備 1」）在海面上漂著，船員僅趴著這些殘骸，也在海上漂著，但是有一隻鯊魚想要抓他們。
3. 船員站在漂浮物上時，是安全的，一旦身體的任何部位離開這些漂浮物（例如：腳），鯊魚就能夠抓到這些船員。
4. 被鯊魚抓到的孩子，就得當新的鯊魚。

遊戲變化

變化 1：每個漂浮物上只能站 2 個船員，否則就會沉下去。當有第三名船員站上漂浮物時，原本站在漂浮物上的一名船員，就必須回到海中、騰出空間來。如果一塊漂浮物上有 2 名以上的船員，鯊魚就可以抓他們。

變化 2：當遊戲中有多隻鯊魚時，被鯊魚抓到的船員就會被囚禁在鯊魚的巢穴（我用呼拉圈當作鯊魚的巢穴，被囚禁的船員至少有一隻腳站在呼拉圈內，直到被釋放為止）。

變化 3：其他船員可以拯救被囚禁的船員，牽著被囚禁的船員的手，將他安全地帶到漂浮物上後，就可以釋放該名船員；但是，拯救過程中，救人的船員得小心別被鯊魚抓到。一旦在拯救其他船員的過程中不小心被抓了，就會被鯊魚囚禁。

變化 4：一次只能救一名囚犯。想救另一名囚犯時，必須先回到一塊漂浮物後再出發。若遊戲中有兩隻鯊魚，一隻鯊魚在海中抓船員，另一隻鯊魚最好在巢穴附近看守，以免被劫獄。

變化 5：如果想控制船員被釋放的機率，並減慢遊戲速度，可以規定：必須將被囚禁的船員背在背上，安全地帶到漂浮物上。

遊戲 136 獵人與野兔（1）

遊戲設備 一顆軟球。

遊戲步驟

1. 將球（獵槍）交給當獵人的孩子，其他孩子則是野兔，得離獵人和他的「獵槍」越遠越好。
2. 獵人要對著野兔射擊（丟球），但是因為獵槍太重了，無法帶著跑，必須從站的位置「射擊」。被子彈擊中的野兔就原地盤腿坐下。
3. 坐下來的野兔可以協助獵人，接球後將球回傳給獵人（獵人現在能夠更自由地接近正在追逐的野兔）。
4. 最後只剩下兩隻野兔時，遊戲就結束了。

遊戲 137 獵人與野兔（2）

遊戲設備 一顆軟球。

遊戲步驟

1. 將球（獵槍）交給當獵人的孩子，其他孩子則是野兔，得離獵人和他的「獵槍」越遠越好。
2. 獵人要對著野兔射擊（丟球），但不能帶著「獵槍」到處跑。不過他可以將球拋向自己要去的方向，然後在球落地前接到即可，每次拋球時，必須拋超過頭至少 10 英尺（3 公尺）高。
3. 被「獵槍」（球）擊中的野兔，必須原地盤腿坐下。
4. 沒坐下的野兔可以被拯救，方法如下：如果沒被獵到的野兔將獵人拋出的球接住時，或是將球從地上撿起來以後，用球打到獵人後，就能夠選擇救一位被抓到而坐下的野兔。
5. 若獵人太累或是已經獵到大部分的野兔時，遊戲結束。

遊戲 138 獵人與野兔（3）

遊戲設備 一顆軟球。

遊戲步驟

1. 一個孩子當獵人，必須用「獵槍」（球）擊中野兔（不能帶球跑）。
2. 其他孩子則是野兔，得離獵人和他的「獵槍」（球）越遠越好，被獵槍擊中的野兔必須原地盤腿坐下。
3. 任何人都可以試著接球，若接到球，就會變成新的獵人，舊的獵人就會變成野兔（接球時必須乾淨俐落，不能漏接或是讓球掉在地上，否則就不會變成新的獵人）。
4. 被擊中而坐下的野兔可以自救，只要伸出手來、碰處正在逃跑的野兔，被碰到的野兔就必須坐下，代替被擊中的野兔；原本坐下的野兔就自由了。

遊戲變化

變化 1： 獵人可以將球故意傳給坐著的野兔，這隻野兔必須將球傳回給獵人。如果獵人在接到傳回的球以後丟出的球有擊中其他野兔，被擊中的野兔必須坐下，將球傳給獵人的野兔就自由了。

變化 2： 被擊中而坐下的野兔，可以試著接其他野兔丟的球，若接到了，原本被擊中而坐下的野兔就會被釋放，丟球的野兔就必須代替這隻野兔坐下。

變化 3： 被擊中而坐下的野兔，也可以試著接住獵人丟的球，或是地上的球，並且丟向獵人，若獵人被球打到，這隻野兔就會被釋放。坐下的野兔間，可以互相傳球。

遊戲 139 強盜

遊戲設備 4～5 張體操地墊、2 張安全防撞墊、3 個跳箱上半部或類似的東西（如果沒有這些東西，也可以用其他相似的東西代替，甚至是在地上用粉筆畫出區塊即可）、2～3 件有顏色的背心。

遊戲區域 若有 25 人參與，則需 25×25 步左右的空間。

遊戲步驟

1. 在遊戲區兩邊，各放一張防撞墊，或是在地上畫出約 9×4 碼（8×3.5 公尺）左右的區域，分別代表是「強盜」的監獄和「村莊」。
2. 另外將 4～5 張體操墊，橫放在場地中央、跨越整個場地，或是畫出

2～3 步寬、橫跨場地的區域，代表河流。

3. 在河流中平均放置三個跳箱上半部，或是平均畫三個橋。
4. 2～3 位孩子穿上彩色背心當強盜。開始前，強盜站在村莊附近，其餘扮演「村民」的孩子都要站在強盜的監獄裡。
5. 遊戲目標是：強盜必須抓到所有村民。遊戲領導者先將所有村民從牢裡釋放出來，遊戲就開始了。
6. 所有村民要利用橋梁穿越河流，回到安全的村莊裡。強盜則會竭盡所能抓到所有村民、阻止他們回村莊。
7. 被抓到的村民必須將手放在頭上，直接回到監獄。其他村民可以利用橋梁，牽著這些被囚禁的村民的手，將他安全地帶回橋上。
8. 如果在營救過程中，任何一個人被強盜抓到了，不論是被囚禁者或是拯救者，都會變成囚犯。
9. 一旦上了橋，2 人就可以放手分別逃回村莊去。
10. 一次只能解救 1 個囚犯，且遊戲過程中不能利用橋梁以外的地方穿越河，唯一的過河方式，就是要利用橋梁。
11. 當所有村民都被抓到，或是遊戲時間到了，遊戲就結束。
12. 如果被抓到的村民比沒被抓的多，強盜獲勝，反之則村民獲勝。

遊戲 140 龍之火

這是「【遊戲 170】清醒與熟睡」的另一版本，一個關於勇氣與膽量的遊戲。這個時期的孩子，喜歡需要「通過考驗」的遊戲。加上孩子間開始有小團體出現（孩子正在重新評估朋友的友誼和忠誠度），因此這個遊戲可以同時因應個人和團體的需求。

我們會在之後看到另一個版本，這兩款遊戲的遊戲領導者都必須非常有自信，因為，當這個遊戲進行時，你必須眼觀八方。孩子玩這個遊戲時，可能會展現很強的團隊戰略，但是，若遊戲領導者無法全神貫注或前一晚沒睡好時，也可能會變成一團混亂！

遊戲設備 兩張地墊（或在地上畫出兩個約 3×5 步的區域），代表龍的洞穴、4～6 顆球（或沙包），代表火。

遊戲故事

很久很久以前，有一隻生活在洞穴裡的龍，因為牠的鱗片是紅色的，所以大家都叫牠紅龍。牠必須吃足夠的火才能維持生命，但牠很懶，所以總是要牠的小龍孩子去照料洞外的兩座火。有時候，火會變得又小又弱，紅龍就會派牠的孩子到隔壁山頭的黑龍哥哥那兒去偷火。不過黑龍哥哥也需要火啊，於是牠也會派自己的小龍到紅龍那，大聲咆哮著：「龍之火！」就能偷走紅龍的火！

由於龍的孩子也需要火給牠們力量，因此不能離開洞穴太久，離開洞穴越久，就會越虛弱。

遊戲步驟

1. 將孩子分成兩隊。
2. 基本規則是：只要是後進場的人，都會比先進場的對手擁有更強大的火力，用來抓比他弱小的人。無論何時，場上只能有 2 個孩子。
3. 遊戲開始，當遊戲領導者叫：「龍之火！」時，A 隊的一個成員先離開洞穴，往 B 隊的火（用球，或者是沙包代表）跑去。他可以選擇去偷 B 隊的火，也可以選擇把自己當作誘餌，引誘 B 隊成員來追他，因為 B 隊成員比 A 隊成員晚離開洞穴，因此火力比 A 隊強大。
4. A 隊成員可以適時跑回洞穴，輕拍下一個隊友，換他進入場地。
5. 現在，新的 A 隊成員比 B 隊成員的火力又更強大，所以 B 隊員必須趕緊逃跑。

6. 如果被對方抓到了，就要回到自己的洞穴，排到隊伍最後面去。若他被抓到時，手上拿著偷來的「火」，就必須將火先放回原位（若是因為被抓而換人的隊伍，其火力並不會增加，下一個上場的成員只能繼續逃跑）。
7. 當其中一隊成功偷走另一隊的火時，就贏得這場遊戲。

遊戲變化

變化 1：被抓到的人不回到自己的洞穴，而是進監獄。若所有成員都被囚禁，另一隊獲勝。

變化 2：當孩子成功抓到敵隊孩子時，可以返回自己的洞穴，接著立刻返回場上偷火（但最多只能連續上場三次）。

【小提醒】

1. 對於不想回到洞穴換下一個孩子上場，但又一直沒被抓到的孩子，可以運用這個規則：數到 10 或 20，還沒有換下一個孩子上場，該隊的火力就會燃燒殆盡。
2. 為了讓場上輪流的速度加快，而不強調追逐，請告訴火力較強的孩子：「當敵方隊員（火力較小）一離開洞穴後，你（火力較大）也要盡快離開洞穴。」
3. 遊戲領導者必須站在遊戲區的一端，以便觀看場上所有狀況。
4. 如果遊戲陷入僵局，雙方都無法偷到對方的火時，則可以將火（球或沙包）逐漸放到離該隊較遠的位置，也就是更容易被偷的地方。

遊戲 141 巨人、武士與農夫

遊戲靈感：魯道夫・基施尼克（Rudolf Kischnick）

接下來介紹的遊戲比較適合 11 歲孩子玩，但是，也很適合 7～16 歲混齡的孩子一起玩。我曾經在米迦勒節（Michaelmas，天使長聖米迦勒的慶日，根據西方基督教的教會年曆，這個節日為每年 9 月 29 日）時，成功和約 150 個孩子一起玩這個遊戲，並由老師擔任「裁判」。

在米迦勒節時，我會特別強調勇氣、共同合作打退敵人，以及秋收這幾個部分。

這個年紀的孩子正在覺醒中，開始有了新的社會權力意識，並察覺到個人與團體的力量。他們開始意識到反社會的力量（巨人），也就是想要阻止正義的力量，而若孩子要成為社會的力量（提供糧食給武士），需要勇氣去面對可能付出的高風險（被巨人的棒子打到）。例如：一些扮演農夫的孩子會緊靠著武士，他們不會冒沒必要的風險，但是，這樣做也會侷限孩子自己的力量。這些孩子把個人安全放在社會任務之上，可能會為了不要被抓到，而做任何事，但是，這樣的戰略永遠無法贏得遊戲。

另一方面，一些扮演農夫的孩子，會願意為了社會任務而犧牲自己（試圖分散巨人對糧食的注意力，因此裝糧食的袋子完全不會被動到）；武士中也可以看到類似的模式：有些勇敢的武士會跑出去抓巨人，但卻忘記保護糧食（還有可憐的農民）。有時，也會有一大群武士圍繞著糧食，讓巨人完全沒有機會奪取，遊戲就會僵在那裡（在這種情況下，可以適用一個規則：只有一個騎士可以站在糧食旁邊、保護它）。

遊戲設備 一個裝滿重物的小袋子（石頭或沙子），重量是孩子無法輕易拿起，卻能夠拖著行走（農夫的糧食）；用圍巾或絲巾隨意打幾個結，做成「木棒」，每個巨人要有一個（巨人的木棒）。

遊戲區域 若有 25 人參與，至少要有 30×25 步的空間，遊戲中可能會跌倒，因此在體育場或草地上玩最好。

遊戲故事

在遙遠的國度裡，正是秋收的時期。農夫辛勤一整年，就是為了那些剛剛收成的金黃色穀物。不遠處，有一群生活在城堡裡的武士，儘管他們勇敢也具有膽量，卻對於糧食種植一無所知。所以，武士便與農夫達成協議（這個時期的孩子都喜歡交易！）：如果農夫提供武士糧食，武士就會保護他們的土地，讓他們不再受到巨人侵害。

農夫開始將一堆一堆的糧食運到城堡去。然而，巨人的領土就位在村莊和城堡之間。巨人很怕騎著駿馬的武士，但是他們知道：如果無法從農夫那裡取得糧食，武士就會餓死，巨人就能統治這整片土地。因此，巨人想盡辦法要抓到農夫、阻止武士得到糧食。農夫一旦被巨人抓到，就會被棍棒毒打一頓。巨人必須快速地用棍子連續「打」農夫 2 次。若農夫被棍子打到，就必須走到巨人領土的邊緣。

武士要保護農夫免受巨人的威脅，他們可以追捕巨人，並將巨人的帽子拉下、剝奪他的力量，被剝奪力量的巨人，就會被帶回城堡拘禁。

遊戲步驟

1. 將孩子分為巨人、農夫、武士和武士的馬。若有 25 個孩子，可以有 5 個巨人、8 個農民、6 個武士，以及 6 匹馬。
2. 武士要選擇身材較嬌小的孩子，馬則是較高大的孩子（如果是混齡的孩子一起玩，巨人可以選 13～14 歲的孩子、農夫是 11～12 歲的孩子、武士則是 9～10 歲的孩子）。
3. 巨人可以戴著針織帽（手工課做的），這就是他們儲存力量的地方。如果馬累了，就必須回到城堡休息（那也是武士的安全區域）。

4. 遊戲時，當大家都大笑出來，或是糧食成功送達城堡時（這當然是更好的情況），遊戲就結束！或者，也可以是：當一半的農夫或一半的巨人被殺或被抓了時，遊戲結束。當參與人數非常龐大時，這樣的規則特別好用。

二、排球準備遊戲

接下來的三款遊戲，都是為未來排球運動所做的準備遊戲，其中，「【遊戲 143】紐康姆球」與「【遊戲 144】毯子球」是特別為 11 歲以上孩童設計。利用這些遊戲，孩子可以開始學習控制排球這類彈力較強的球類。除此之外，如同前面提到的許多遊戲，透過團隊合作與遊戲中對抗、等待的過程，都是培養孩子社交與未來人格的好方法。

遊戲 142 醫護站

遊戲來源：羅伯・森（Rob Sim）

遊戲設備 5～6 張地墊或毯子、1～2 件有顏色的背心、1 個鼓或鐘。

遊戲區域 若有 25 位孩子參與，需要約 25×20 步的空間。

參與人數 10 人以上。

遊戲故事

戰場上許多戰士受傷，敵人是個強大的酋長。這些受傷的戰士無法走路，戰友看到了這個狀況，想去救這些受傷的戰士。他們把傷兵先帶回醫藥站治療，等復原後再回到戰場上繼續挑戰武力強大的酋長。然而，武力強大的酋長則會想盡辦法將任何前來救援的人給趕走，讓受傷的戰士無法回到軍營。如果他抓到任何一個前來救援的幫手，也會讓他們受傷倒地，只能等待救援。

遊戲步驟

1. 由 1～2 個孩子穿上背心，扮演武力強大的酋長。
2. 將地墊或毯子四處散放在遊戲場內，或是在地上隨意畫上小塊區域，這些就是醫藥站。
3. 遊戲一開始，所有戰士都躺在地上睡覺。遊戲領導者會敲響響鈴或鼓，發出警報聲，所有戰士聽到警報，便會醒來。這警報聲代表武力強大的酋長已經進入他們的領土，但他們無力與酋長對抗，必須快點醒來並逃離這裡，避免被酋長抓到。
3. 被酋長抓到的人，就會當場受傷、倒在地上等待救援。其他戰士可以將受傷的戰士背到醫療站（地墊或毯子上）去休息。
4. 救援過程中（將受傷戰士背到墊子上的途中），若兩人之中的任何一人被酋長抓到，這兩個人都會受傷；如果他們能夠成功到達醫療站（地墊或毯子上），受傷的戰士就可以重新加入戰場。

【小提醒】若有下列狀況，則遊戲結束：

1. 酋長抓到所有戰士，所有的戰士都受傷了，沒人能提供救援。
2. 預先約定，若酋長捉到某數量的戰士（也許 12 個），遊戲就會結束。
3. 每個戰士只能被治療一次，如果受傷第二次，就必須離開遊戲區域去等待，直到下一場遊戲開始。如果採用這種玩法，遊戲會持續下去，直到戰場上只剩下一位戰士。下一場遊戲可以由他擔當武力強大的酋長，或是下一次玩的時候，他可以比別人多一次被治癒的機會，又或是下一次玩這個遊戲時，可以給這個孩子額外的生命。

遊戲 143 紐康姆球

遊戲設備 稍微放過氣的排球。

遊戲區域 排球場，並將球網架低（也可以用羽毛球場和球網代替）。

遊戲步驟

1. 將孩子分成兩隊，分別站在球網的兩邊。
2. A 隊先將球丟過網，B 隊要將球接住，然後再將球丟回給 A 隊。
3. 球可以觸網，只要最後是落在對方一邊的球場。但是，如果球被扔出界、觸網沒過，或未接到就落地，對方就能得到一分，並且改由對方「發」球（丟球），接著重新開始遊戲，不論是否為發球方，都能得分（計分不像真正的排球比賽）。
4. 先得到 10 分的隊伍獲勝。

遊戲 144 毯子球

遊戲設備 一顆排球、一條雙人羊毛毯。

參與人數 10 ～15 人。

遊戲步驟

1. 每個孩子抓住毯子邊緣，並將毯子拉緊。
2. 排球放在毯子中間，讓孩子透過毯子放鬆及拉緊的張力，加上把手向上舉的動作，一起將球拋向空中。
3. 試試看最多能將球拋上接住幾次而不讓球落地。

遊戲變化

變化 1：將孩子分成兩隊，各隊給一張毯子。三分鐘後，看看各隊能拋接多少次。

變化 2：將孩子分成兩隊，但是只有一顆排球。兩隊要盡可能在兩張毯子之間拋接這顆球，看看能夠拋接幾次。

變化 3：兩隊分別站在排球網的兩側，看看他們是否能夠用毯子把球拋到另一邊，由另一個隊用毯子接住。

三、圍繞球遊戲

介紹圍繞球運動給 10～11 歲孩子時，最好的方法是用主題與圖像，喚出孩子的想像力。我利用火車與車站的圖像，規劃了圍繞球運動的準備遊戲。我發現，如果不用圖像的方式來引導，孩子在進行這項運動時，遊戲中常常會過於激烈、引發爭執，有時更會有許多不愉快的情況出現。然而，透過圖像，可以讓不同能力的孩子深入體驗圍繞球遊戲的精神：這是個需要勇氣、能抓準時機點，並且快速思考的遊戲。

遊戲 145 時鐘

遊戲設備 一顆壘球。

遊戲步驟

1. 將孩子分成兩隊。A 隊圍成一個圓圈站著，形成一個時鐘；B 隊在時鐘旁邊排成一排站著。
2. B 隊的孩子輪流以最快速度在時鐘外圍跑，跑完一圈回來的孩子輕拍下一個孩子的肩膀，就輪到下一個孩子跑。
3. A 隊拿著球，以最快的速度將球順時針的一個一個傳下去。遊戲領導者則會計算時鐘走動的次數，每當球傳給一人，就代表時鐘「滴答」走了一次，直到 B 隊最後一名孩子抵達終點為止。
4. 接著兩隊互換。時鐘走動次數最少，就跑完的隊伍獲勝。

遊戲 146 火車進站

遊戲設備

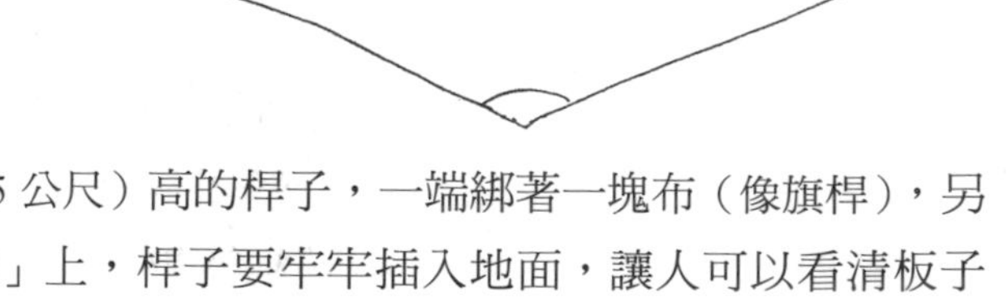

1. 1 個稍微放些氣的球（約一個較大的葡萄柚大小）。
2. 1 個呼拉圈。
3. 4 塊板子或袋子。
4. 4 根 8 英尺（約 2.5 公尺）高的桿子，一端綁著一塊布（像旗桿），另一端綁在「設備 3」上，桿子要牢牢插入地面，讓人可以看清板子的位置。
5. 有顏色的背心或肩帶，以便識別不同的團隊。

遊戲區域 4 塊板子（或在地上畫出 4 個區塊代替）放置成菱形狀，每個板子相距約 12～20 步。

遊戲步驟

1. 板子代表著 4 個車站，由 4 位「站長」守著。
2. 一位「鐵道工人」（接球者）要協助站長。
3. 「總站長」（遊戲領導者）負責指揮火車運行，也要協助站長以及鐵道工人。
4. 剩餘的孩子擔任「火車」（投球者），從「站前機廠」出發，然後在幾個車站之間運行。
5. 遊戲開始前，先將孩子分成兩隊，各給一套同色背心。
6. 擔任「火車」的孩子在站前機廠集合，排成一排，遊戲開始後會輪流出發。

7. 「鐵道工人」則分散站在菱形以外的地方。
8. 「站長」各自站上自己的車站（板子）。
9. 將球給第一位「火車」，他必須將球丟往第一站與第三站之間的區域，當球丟出去後，第一位「火車」就要快步跑到第一站。如果還有時間，可以前進到第二站、第三站，甚至是第四站。
10. 一旦有「火車」在某個車站停下來，那麼這位「火車」就得等到下一位「火車」將球投出、開始前進後，才能行駛到下一站。
11. 如果球被任何一位「鐵道工人」或「站長」成功接住，那麼投球的「火車」就是「出軌」（出局）了。一旦「火車」出軌，就必須回到站前機廠，排到隊伍最後一位。
12. 「鐵道工人」和「站長」都不能帶球跑（一開始，可以讓「鐵道工人」先帶球跑，而不是用傳球的方式。允許帶球跑對「鐵道工人」來說，比較有優勢，特別是如果孩子的年紀還不夠大，無法精準丟球時）。他們必須盡快將球傳出去。
13. 為了盡快把球丟出去，「鐵道工人」可以把球傳給站長，然後站長在火車到達車站前，用球在板子上碰一下。例如：阿強是「火車」，他將球投出去後，往第一站跑。「鐵道工人」小莉拿到球後，將球傳給站長，站長再把接到的球在板子上碰一下。這樣一來，不但可以阻止「火車」繼續前進，也可以將球盡快傳出去。
14. 也可以將球傳給站在中央車站（呼拉圈中）的「總站長」，由他來檢查軌道上是否還有列車正在行駛當中。這時，如果有任何一位「火車」還沒到站，正在行駛中，這列火車就算出軌了（你可以只讓最前面的那位「火車」出軌，例如：正跑到三壘的列車）。
15. 如果「鐵道工人」能夠做到前述的動作，火車就得離開車站，回到站前機廠。
16. 「火車」沒有倒車檔，無法返回已經離開的車站。當「火車」在沒有出軌的狀況下回到站前機廠時，火車隊就得到 1 分。

17. 最後一班是「特快火車」，必須經過所有車站，並且在回到站前機廠前都沒有出軌（或者是，當最後一班列車已經跑到最遠的一站而沒有出軌，「總站長」可以投一次球，讓最後一班列車有機會跑回最後一個車站。但是，「總站長」投完球後，不能離開車站）。
18. 每一位「火車」都投過球後，將分數總計，然後兩隊互換。

遊戲變化

剛開始玩這款遊戲時，也許先不要限制一個車站允許停靠的火車數量會比較好。接著，將數量限制為三個、兩個，最後限制每個車站只允許停靠一位「火車」。所以說，當 1 號站的火車開始跑到 2 號站時，原本停靠在 2 號站的列車就必須前進到 3 號站，「火車」會被「轉換軌道」到下一站去。

遊戲 147 車廂

遊戲步驟

1. 不同於「【遊戲 146】火車進站」，這款遊戲中沒有站長，場上只有「鐵道工人」。
2. 同樣地，大家都不能帶球跑。當球被投出時，所有的「鐵道工人」要在球被接住的地方，面向同一個方向排成一排。
3. 這時，「鐵道工人」要將雙腿分開、站著，形成一個「雙腿隧道」。球要快速通過這個隧道。
4. 球通過每位「鐵道工人」後，最後一位「鐵道工人」要將球舉起。
5. 拋出球的火車，必須在球被「鐵道工人」高高舉起之前抵達車站。

遊戲 148 特快列車

遊戲步驟

1. 這款遊戲的玩法與「【遊戲 147】車廂」大致相同，除了在球被高高舉起之前，投球的「火車」要盡可能穿過越多車站越好，接著回到站前機廠。
2. 在球通過「雙腿隧道」之前，「火車」可以通過幾個車站，就能夠得到多少分。

遊戲 149 籃子列車

遊戲設備 一個籃子（最好是個沒有手柄的籃子，才不會阻礙到球的運行，也可以用紙箱代替），並將籃子放在菱形區域的中央，作為中央車站。

遊戲步驟

1. 當「鐵道工人」站在由板子所連出的菱形區域以外，就可以帶球跑。
2. 這個遊戲中，沒有「總站長」，球必須投入中央車站的籃子中（不能彈出籃子外）。
3. 當球投到籃子中，而火車卻還沒進站，代表這列火車出軌了。或是，站在菱形區域外的「鐵道工人」可以帶著球跑進車站，如果他比正在前往車站的火車先抵達，這列火車也出軌了，必須返回站前機廠（也可以在每個車站以及中央車站都放一個籃子）。

遊戲 150 出軌球

遊戲設備 一顆球、一個棒球打擊練習器（可在運動用品店購買，也可以自己製作簡單版：將一根花園用的地樁用力打進土裡，讓頂部剛好在打擊手的腰部位置）。

遊戲步驟

1. 剛開始玩的時候，先用拳頭將球從打擊練習器上面擊出去（如果孩子喜歡，也可以改用投出的方式開球）。這個遊戲的另一個版本，則是站長將球慢慢滾向「火車」孩子，讓他們將球踢出去。
2. 「鐵道工人」必須在火車到站之前，用球擊中或觸碰到「火車」，才能讓火車出軌。
3. 「鐵道工人」不能在場內帶球跑，除非是在場外撿球時。
4. 「火車」也可以試著躲避被球觸碰或擊中，但不能因此離開（遠離軌道一步以上的距離）。
5. 如果「火車」從練習器上擊球出去，卻被「鐵道工人」成功地接到，火車就必須離開場上，回到站前機廠。
6. 如果其他車站還有其他火車，後面的「火車」就必須留在（或返回）球被擊出時所在的車站。

【小提醒】

1. 當孩子越來越熟悉遊戲後，總站長的角色就可以慢慢淡出，但是，這個角色可以在一開始，幫助一些膽子比較小的孩子參與遊戲（他們在場上時，喜歡待在離老師較近的地方）。

2. 當「火車」抵達，並決定要留在那個車站時，可以要求這列火車舉起一隻手，就可以更容易判斷火車是否有安全抵達車站。
3. 「圍繞球遊戲」需要公平，並能接受領導者判斷的遊戲。對一些孩子來說，這會是很大的挑戰。為了鼓勵孩子能夠公平地遊戲，並接受領導者的判斷，可以嘗試以下各種方法：
   a) 在比賽結束時，對於有相互鼓勵、共同合作的球隊，給予額外的「全壘打」分（能夠一次成功穿過四個車站，就能額外獲得的積分）。
   b) 若有人對其他球員有負面批評，或是對領導者的決定有不當質疑時，可以要求這輛列車開始的順序往後延一位。或是，如果情況更嚴重的時候，就會被要求排到隊伍最後一位。如果「鐵道工人」有這樣的行為時，可以讓「火車」無條件前進到下一站。
4. 這樣的方式，可以讓孩子了解必須自己承擔責任，並創造一個正向的同儕壓力。然而，在比賽開始之前，就要將所有正確與錯誤行為與後果，明確的向所有孩子說明，這一點非常重要。

   一般來說，圍繞球遊戲很容易會由幾個體能較好的孩子主導。對有能力的孩子，可以鼓勵他們當然很重要，但也可能會因此讓體能較弱的孩子覺得自己被排斥，而不想參與。「【遊戲 148】特快列車」是圍繞球遊戲中，內外野手必須全程一同參與的遊戲，而對於打擊手或投球手來說，即使是看著遊戲的進行，都是非常興奮刺激，因此可以避免掉孩子缺乏參與感的問題。
5. 這些遊戲都可以進一步發展成以棒球球棒和棒球來進行遊戲。所有的遊戲規則仍然相同，唯一不同的是：「火車」改用球棒將球擊出，而不是用手投出。
6. 讓孩子開始用球棒最好的方式，就是先將球放在棒球打擊練習器上讓孩子打擊（棒球打擊練習器可以在運動用品店購買，或是用之前描述的方式自行製作）。可能的話，一開始最好讓孩子使用大葡萄柚大小的球，和一個標準的球棒。隨著孩子打擊技巧的發展，可以漸漸讓孩子使用更小更硬的球。如果一開始就讓孩子用球棒，可能就會因為無法將球打得遠而感到挫折。對於擔任「鐵道工人」的孩子來說，也會因為幾乎沒事可做而感到無聊。使用網球拍和網球來代替也是一個方法。網球打擊更容易，球也能夠飛得更遠，這讓擔任「鐵道工人」的孩子有機會奔跑。

chapter 9 11～12歲 孩子的遊戲

從遊戲中排解成長焦慮

一般來說，孩子在 11～12 歲左右，開始進入短暫的黃金時期，無論是自己的內在或與周遭人的相處，都呈現較為平衡、和諧的狀態。隨著童年漸漸離開，青春期第一道曙光在地平線升起，但是距離青春期正式到來，還有一段時間，因此這段期間，剛好處於童年與青春期的平衡狀態。

我們可以注意到「這個年紀的孩子開始發展出民主、公平正義的意識」。在過去，成人需要調停孩子間的各種紛爭，現在，孩子已經有能力自己解決了。同學間開始發展出手足之情，且這個時間點所形成的連結和友誼，往往會在未來好幾年產生重要影響，這時個人情感萌芽，但仍處於強烈的群體意識中。

這時期，孩子將完全進入自己的身體，然而重力對他們的影響還不似青春期般強烈。孩子正以和諧、完整的方式進入身體，是值得細細品嘗的時期。「長大」的壓力是很強大的，如果父母和老師能夠鼓勵孩子在童年多逗留一會，就能夠幫這個年紀的孩子放輕鬆。這些年來，我設計了許多回應 11～12 歲孩子需求的遊戲，在世界各地都很受歡迎。特別是已經接受過正規運動訓練的孩子，我們可以明顯感受到「他們特別放鬆地享受遊戲」。

一、球類遊戲

我會幫這個年齡層的孩子分組，以避免排擠和偏袒的狀況。「【遊戲153】太空球」對 12 歲左右的孩子很有幫助，因為他們不想再玩幼小的遊戲，但是玩正規運動又不夠成熟。此時，競賽性的運動還為時過早，12 歲左右的孩子沒有發展出足夠的能力來處理競爭與壓力。於是，以下幾款遊戲就成了最好的過渡期團隊遊戲，能引出並發展兒童現有的體能和空間意識，且由「【遊戲 153】太空球」所變化的遊戲，正是為其他運動所做的準備。

年復一年，孩子優美的體態總讓我驚訝。青春期的沉重和自覺意識大部分都還沒有來到，但孩子在這時候卻已經有足夠的力量，可以跑、跳、扔。同時，男孩和女孩仍能夠公平競爭。

在這個時期，最重要的是灌輸孩子：精神和體態上的美感同樣重要。當然，他們會希望測試他們的體能，但我們仍能鼓勵孩子，讓他們了解並欣賞內在特質的重要性。這就是為什麼，我會在這個時期鼓勵學校舉辦以古希臘運動會為範本的「華德福奧林匹克運動會」（請參考〈【Chapter 10】華德福奧林匹克運動會〉），並邀請鄰近學校與其他團體一起來參加。

遊戲 151 鴿子與獵人

遊戲設備 一顆練習用排球，或是打了孔的網球。

遊戲區域 這個遊戲需要牆壁，才能讓球彈回來。在距離牆壁大約 8～10 步的地面上，畫一條線。

遊戲步驟

1. 將孩子分成兩隊：一隊是「獵人」、一隊是「鴿子」。
2. 由「獵人」持球，站在線後面，他們要試著用球打中「鴿子」。
3. 「鴿子」沿著牆壁跑到底再返回，一隻鴿子回來後才輪下一隻。
4. 「鴿子」必須一邊跑，一邊躲避獵人的球，且只能不斷地向前跑，不能停下來。
5. 每當獵人打中一隻鴿子，就得到 1 分。當所有的鴿子都跑過一次後，就要互換角色（「獵人」變成「鴿子」，「鴿子」變成「獵人」），得分最高的隊伍獲勝。

遊戲 152 槍林彈雨

「【遊戲 151】鴿子與獵人」的變化玩法。

遊戲設備 一個練習用排球或海綿球（也可以用打了孔的網球）、一隻手套、沙包，或有顏色的布（鐵手套）。

遊戲區域 若有 20 人參與，大約需要長 30×寬 25 步的遊戲區域，並且在場地內兩邊各畫一條線，也可以使用封閉場地，例如：體育館、禮堂或有圍欄的網球場。

遊戲步驟

1. 將孩子分成兩隊：「A 隊」和「B 隊」（也可以幫兩隊取名，例如：「國家隊」、「軍隊」）。
2. A 隊成員分散站在兩條線之間的遊戲區域（戰場）。
3. B 隊成員沿著其中一條線排列，並將球交給手握手套的第一位 B 成員，他要將球丟在場內任何一個位置，接著起跑，穿過戰場，觸摸對面的牆再折返。
4. B 隊成員丟球、起跑時，A 隊成員就要盡快將他所丟出的球撿起，然後在 B 隊成員返回起點前，試圖用球擊中他。
5. 任何時候，跑者都不能向後跑或停止。當跑者回到起點線時，就將手套交給下一個隊友，並且排到隊伍最後面。
6. A 隊則要盡可能擊中 B 隊成員，次數越多越好。持球的人不能帶球跑，但隊員之間可以相互傳球。
7. A 隊可以多次擊中同一位跑者，但不能阻礙他跑的路線。每擊中一次，就累積 1 分，並在輪換跑者時，將分數記下來。
8. 當 B 隊所有成員都跑完以後，加總 A 隊的擊中數量，然後 B 隊和 A 隊攻守交換。
9. 總得分較高的隊伍勝出。

遊戲變化

變化 1：跑者觸碰到對面牆壁後，可以自行決定是否要立即返回，或選擇等待。如果選擇等待，就必須等到下一個 B 隊隊員將球投出以後，才能跑回（這與上述只有第一位球員丟球的遊戲規則稍有不同，每位成員都有一顆球，當前面的跑者已經碰觸到對面牆壁，就可以選擇是否出發），甚至可以等到下下一個成員，或者下下下一個成員投球時，才跑回（最後一名成員投球時，尚未跑回的成員就必須往回跑）。

但是，依照這樣的規則，如果跑者到對面時選擇等待，之後回到起跑線而沒有被球擊中的話，就可以得 1 分；如果跑到對面，選擇不等待立刻跑回起跑線，就得 2 分。若過程中一旦被球擊中，就必須立刻返回起跑線，且無法得分。

變化 2： 也可以讓跑者帶著「劍」跑（可以用泡沫管或用布鬆散地綁成長條狀，長度約 60 公分）。跑者可以用「劍」擊中 A 隊成員，但是不能向後跑。被劍擊中的人就出局、離開戰場，直到兩隊攻守交換時才能重新加入。

12 歲左右的孩子，大多會開始要求自己和他人的「精確度」。在這款遊戲中，孩子可以意識到自己必須將球丟在跑者的前方，才能準確地擊中移動中的目標！當孩子年紀小時，還無法掌握這樣的原則，但是到了這個年紀，孩子的幾何能力逐漸增加，要做到這一點就簡單多了。就如同在「【遊戲 215】半路攔截」中會用到幾何概念做線性交叉。這款遊戲有著以小搏大的性質：個人（小而孤獨），要面對令人畏懼又強大的對手，是需要勇氣的。若團隊中有喜歡欺負人的孩子時，這是一個很好的遊戲，透過手無寸鐵地跑過一群正在攻擊你的人，讓喜歡欺負人的孩子能夠藉此感受到「被欺負」的心情。這是我玩過所有 11～12 歲孩子的遊戲中，最受歡迎的遊戲。儘管遊戲表面看起來很嗜血，但是卻可以幫孩子釋放出許多社會衝動。

遊戲 153 太空球

遊戲設計：傑門・麥克米蘭（Jaimen McMillan）

這是另一個我常用，也很受歡迎的遊戲。雖然遊戲規則看似複雜，但是這款遊戲運用了許多現代球賽規則，所以，堅持玩這款遊戲，你就會看見相當好的遊戲效果！但要注意的是：身為裁判，你必須全神關注，因為這款遊戲的移動速度非常快，容易出現糾紛。

遊戲設備 一個排球。

遊戲步驟

1. 將孩子分成兩隊，目標是：球必須在隊員間不間斷傳球 10 次。
2. 裁判必須計算傳球次數，每當傳球中斷時，就得重新從 1 數起。
3. 每當傳球中斷時，就得將球交給另外一隊進行傳球。

【小提醒】遊戲過程中，必須遵守以下規則：

1. 不能帶球跑。
2. 持球的人，可以以一腳為軸心轉動身體的方向。
3. 空間規則：不能與他人有肢體接觸。彼此之間必須保持一隻手臂或兩隻手臂寬的距離（必須在遊戲開始前就決定好與他人的距離規則）。參與者可以透過下面的方式，來證明某人確實侵入了「他的空間」：如果 A 隊的小珍兩手持球，在不移動雙腳的情形下，仍然可以碰到 B 隊的小安，表示小安確實在小珍的空間內，一旦如此，A 隊就會額外獲得 1 分。
4. 如果發生任何身體接觸，就可以額外獲得 1 分。
5. 可以將球彈地傳球給他人。
6. 所有傳球都必須超過兩個手臂長的距離。
7. 回傳規則：不能將球回傳給傳給他的人。
8. 如果球丟歪了，只要在球沒落地前接住，就可以繼續進行（參考「可選擇適用的規則」如下）。
9. 如果另一隊隊員，利用侵犯持球者的空間（兩臂長度）來阻撓傳球，代表他觸犯「空間規則」，持球者就可額外得 1 分。
10. 在下列情況發生時，球必須交出給另外一個隊伍：球掉到地上、球被敵隊拍打到地上、球被另一隊隊員接住。

另外，以下是可選擇適用的規則：

1. 男生只能傳給女生，女生只能傳給男生。

2. 「【遊戲 102】燙手山芋」規則：球在每個人手上只能停留 3 秒鐘。
3. 如果防守隊接到對手丟歪了的球，防守隊就直接承接另一支隊伍的成績，也就是所謂的「搶分」。例如：A 隊有 6 分，但是在第七次傳球時，球丟歪了，被 B 隊的約翰接住，約翰可以把球傳給 B 隊的另一個人，且 B 隊承接 A 隊的分數，也就是 7 分。而 A 隊就必須重新從 1 開始計分，除非能夠再次搶到 B 隊丟歪了的球。

你會發現，孩子在玩太空球時，往往會擠在一起而不是向外分散。若要避免這樣的狀況，可以將長傳的分數增加為兩倍或三倍，也可以畫分出幾個區域，指定某隊的哪幾位球員必須站在哪幾個指定區域內。

遊戲設備 四個呼拉圈。

遊戲步驟

1. 每隊給予 2 個指定的呼拉圈。A 隊和 B 隊各選出兩名隊員，這四名隊員都必須站在各自的呼拉圈裡。
2. 其他人按照「【遊戲 153】太空球」的規則，但是在這個遊戲裡，必須要得到 10 分，且該隊站在呼拉圈裡的兩名隊員，必須在 10 次中至少有 2 次傳球成功。
3. 兩隊的成員如果願意，可以傳球給敵隊的球員。

遊戲變化

呼拉圈中的四名球員是「中立的」，但是如果要贏得比賽，每個球員都必須接到球，且該隊必須得到 10 分。

遊戲 155 板凳球

遊戲設備 兩個板凳和一個球。

遊戲區域 體育場或遊戲場的兩端，各放置一張板凳。

遊戲步驟

1. 每一隊指定一個板凳，並且選出一名球員站在板凳上。
2. 其他隊員必須試著把球傳給站在板凳上的隊友，如果板凳上的隊友成功將球接住，這一隊就得到 1 分。
3. 每隊都要相互阻止對方將球傳給板凳上的球員。
4. 如果板凳上的隊員從板凳上跌下來，就無法得到這 1 分。當其中一隊得分時，球就要給另一隊。
5. 得分最多的一隊獲勝。

【小提醒】也可以自由選擇將「【遊戲 153】太空球」的規則，運用在這個遊戲中，例如：不能有肢體接觸、傳球中，如果球掉下來，就必須將球交給另一隊等等。

這是一款準備遊戲，特別為未來的籃球運動所設計。不同的是，在這個遊戲中，球並不是投進籃框，而是傳給板凳上的隊員。當球員想要將球傳給板凳上的隊員時，如果板凳的前方站著一個敵隊防守員，唯一的傳球方式就是將球拋起，形成拋物線，才能防止防守員跳起來將球攔截（因為站在板凳上的球員比大家高了許多）。

當孩子開始習慣玩這個遊戲時，你會發現：他們會選擇讓比較高的人站在板凳上，也會自然地讓比較高的人在對方板凳前防守，這意味著個子較矮小的球員會有更多的持球、傳球機會。但是，如果你直接讓孩子進行正規籃球遊戲時，就永遠不會有這種情況，身材較高大的球員總是能夠控制整場遊戲。我會盡可能地，讓孩子自己發現贏球的策略（例如：讓個子較高隊員站在板凳上），這樣就能夠讓他們滿足於自己的能力、增加信心。

遊戲 156 墊上球

遊戲設備 兩張安全墊（放在遊戲區域的兩端）。

遊戲步驟

1. 按照「【遊戲 155】板凳球」的規則和位置配置。
2. 唯一不同的規則是：代表「籃框」的球員，現在站在安全墊上而不是板凳上。

遊戲 157 發熱球

作者：羅伯・森（Rob Sim）

遊戲設備 四張安全墊、毯子或標記方形的區域（約長 3 步×寬 6 步）、一顆可以在墊子上彈起的球（例如：排球）。

遊戲步驟

1. 按照「【遊戲 153】太空球」

的規則。然而，若要得分，球必須是「熱」的——雙手握住球，然後一隻腳底靠在牆上，球員就可以幫球「加熱」。

2. 一旦球被加熱後，就可以開始傳球，並嘗試得分，但是任何人都不能碰到墊子。要在這個比賽中得分，「發熱球」必須先被彈到安全墊上，然後由同隊的隊友接住；一旦「發熱球」被對方攔截、接住，或觸碰後，將會「冷卻」，必須重新「加熱」。
3. 一旦有某隊得分，球就要交給另一支隊伍，而這支隊伍在開始傳球前，必須先將球「加熱」。

【小提醒】遊戲進行時，通常很難避免孩子簇擁在球的周圍。「發熱球」是「【遊戲 153】太空球」的另一個版本，也需要鼓勵孩子盡量向外分散在整個遊戲場上。

遊戲 158 牆壁球

遊戲步驟

1. 這款遊戲由「持球觸牆」的隊伍得分，同樣也適用「【遊戲 153】太空球」的基本規則。

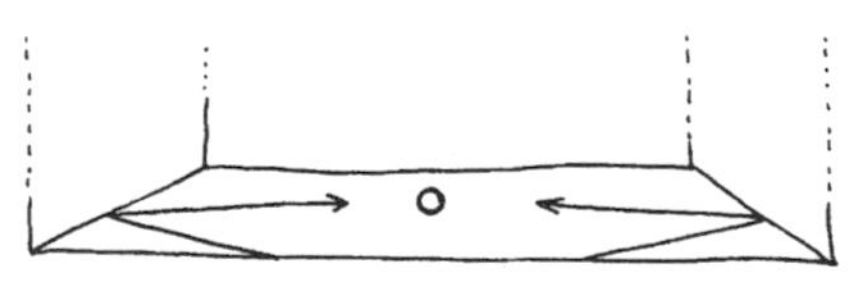

2. 一開始，兩隊隊員站在遊戲區邊邊，並將每隊的孩子編號（以下的例子，我們假設每個隊伍有 8 個孩子）。

3. 將球放在遊戲場中心地板上，選出 4 個號碼，例如：1、3、5、7！於是，兩隊中編號 1、3、5、7 的球員出列，先跑向他們的牆，觸摸牆以後再回頭朝球的方向跑去。
4. 我會先將球滾向一邊，然後再把球滾向另外一邊，讓球員不要為了第一個到達而產生碰撞。
5. 從這裡，就開始沿用「【遊戲 153】太空球」的規則，隊員必須互相傳球，跑到牆邊。最後，由一名球員雙腳站立、雙手持球，並將球觸碰到牆壁才能得分。
6. 每當其中一隊得分時，雙方球員必須回到他們的隊伍中，老師將球放回場中央，另外再喊 4 個編號。

【小提醒】喊出球員編號只是限制每次上場的人數，對於剛學會這款遊戲的孩子很有幫助，特別是能讓較弱小的隊員參與。不過，也可以自己發明其他的方式！

遊戲 159 標靶球

這款遊戲也是另一個版本的「【遊戲 153】太空球」，同樣也是籃球的準備遊戲。它鼓勵孩子嘗試投籃，還可以介紹「如何運球」。為了鼓勵球員讓較弱小的孩子加入，我有一個規則，例如：A 隊的阿強與 B 隊的小潔較弱小，他們就是「雙倍人」，得分都會是雙倍增加，且只有「雙倍人」能夠防守「雙倍人」(否則可憐的阿強會被一群高大又敏捷的對手給包圍)。

遊戲設備 練習用排球（當孩子更強了以後，可以使用真正的籃球）。

遊戲區域 籃球場，或者任何有兩個籃框和背板的場地。

遊戲步驟

1. 同樣適用「【遊戲 153】太空球」的規則，但是丟球和接球都不算分數，而是以團隊投籃精準度來計算：

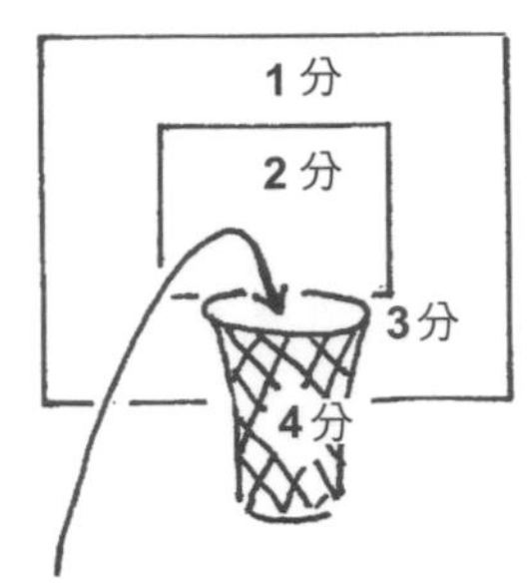

遊戲變化

允許球員可以在地上將球連續反彈三次（運球），只要球還在自己的空間內，其他人都不能攔截。

二、組織遊戲

當孩子從 11 歲要進入 12 歲時，他們已準備好進行兩軍對峙的遊戲了。孩子已經能夠堅強面對敵人，並享受這種新的玩法。這個時期很適合引進更多「有組織」的遊戲。

遊戲 160 攻陷城堡

遊戲設備 兩個呼拉圈、兩個「旗幟」(以不同的顏色區分不同國家)、背心或肩帶來區分不同的隊伍。

遊戲區域 若有 30～35 人參與，需要一個小足球場大小的遊戲區域。這款遊戲最好在很大的場地上進行，可以用繩子標記出不同的遊戲區塊。

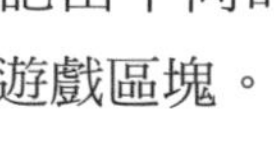

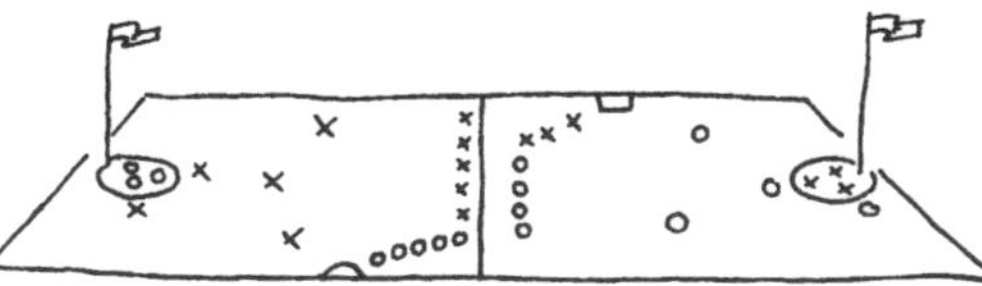

遊戲故事

從前從前，有兩個鄰近的王國，中間只隔了一條水流湍急的河。這兩個王國都有個強大又富有的統治者，統治著他們的人民，而這兩個統治者各自住在各自的城堡中。多年來，這兩個王國處於長期敵對狀態，因為這兩個貪心的國王，都希望自己能將對方併吞。

日復一日，兩兵在湍急的河流上交戰，偶爾，會有勇敢的士兵英勇地冒險進入敵方領土，試圖攻陷對方的城堡、奪取敵人的旗幟。有時候，他們會被發現、俘虜而成了階下囚；但有時候，他們能突破敵方陣營，並在夥伴協助下，分散敵軍注意力、攻陷城堡、奪取對方旗幟。唉，但是，在回到自己領土的路途上，很少有人能夠逃脫敵人的追捕，一旦被捕，旗幟便會被奪回，勇敢的士兵還會被判處監禁。不過，偶爾也有十分勇敢又身手矯捷的士兵能夠躲過敵人的追捕，成功帶著敵國旗幟回到自己的土地上，一旦如此，對方就會被征服！

遊戲步驟

1. 將所有孩子分成兩隊，比如說：藍軍和橘軍。
2. 每隊有 1～2 名守衛兵，各自站在自己的城堡前面、保護旗幟避免被奪取（守衛兵不得超過 2 位）。
3. 其餘士兵要在河邊（中線）排成一排，面對敵人。
4. 任何士兵都可以冒險過河，敵人也可以試圖將對方士兵拉過河，只要向對方下戰帖，便能與對方手握手進行人體拔河。
5. 如果成功將士兵拉過河，就可以把這個士兵送進監獄。
6. 被拉過河或被抓到的士兵，就必須立刻將雙手放在頭上，才能辨識出他們已經被抓了。
7. 如果有多名士兵被囚禁，要在敵隊的監牢處，往自己領土方向排成一排，第一個被抓的士兵排在最接近家鄉的位置，最後被抓的則是離監牢最近。

8. 當隊友成功穿越河流、進入敵方領土而未被抓，就能牽著第一個被囚禁士兵的手，試圖穿越敵方陣營回到了自己領土。若成功穿越，這個被囚禁的士兵才能被釋放。
9. 如果試圖營救被囚禁的士兵時，卻被敵方抓住，所有士兵都會變成敵方的囚犯，得依序排到囚犯隊伍中。
10. 每隊可任命一名監獄長，抓逃犯時，監獄長都必須從哨兵站（位在監獄 10 步遠的一個圈圈）出發，給囚犯逃跑的機會。
11. 這遊戲的目的，就是攻陷對方的城堡，並奪取旗幟，然後安全的將旗幟帶回自己王國的城堡裡，首先達陣的軍隊獲勝。

【小提醒】

1. 士兵可以隨時進入敵方領土，不論人數。
2. 一旦進入敵方的城堡，可以不限時間的待在裡面，且敵方不能在城堡裡抓人。然而，一旦士兵離開城堡，試圖跑回自己的城堡時，就不能在中途回到敵方的城堡避難。
3. 一次可以有多名士兵同時進入敵方城堡（事實上，這是很好的戰略，因為城堡的守衛兵就無法確定到底是誰會先離開城堡）。
4. 奪旗士兵不能將旗幟藏起來，必須帶著旗幟回到自己的城堡。
5. 奪旗士兵，成功將旗幟帶回自己的城堡時，躲在城堡中的對手，不能在他接近時才從城堡裡跑出來抓他，否則遊戲會沒完沒了。
6. 想要追回旗幟的士兵，可以追進敵方領土，但是只能抓「帶走旗幟的士兵」，不能抓其他的士兵。
7. 若有任何敵方士兵，因為追捕奪旗的隊友而闖入我方領土，我方士兵都能將他逮捕，以保護我方奪旗者能夠順利跑回城堡中。

遊戲 161 麻煩重重

遊戲設備 兩個練習排球或海綿球。

遊戲區域 有網子的排球場，並在場中畫約長 18 步×寬 9 步的遊戲區域（也可以用長的繩子或任何手邊有的東西來設下遊戲區域，例如：布之類的東西。如果沒有網子，也可以用兩根竿子，並在中間掛上繩索代替）。

遊戲步驟

1. 將孩子分成兩隊，由 A 隊開始發球。
2. A 隊隊員將球拋過網，如果另一隊讓這顆球落地，A 隊就贏得 1 分；接著，換 B 隊丟球，也適用上述的得分規則。
3. 過程中，球不能丟出界外，也不能觸網，如果有出界或觸網的情形，敵方隊伍就得 1 分。
4. 兩隊的任何一名隊員都可以接球和投球，但是不能將球傳給自己的隊友，也不能帶球移動腳步。

5. 遊戲持續到任何一隊先獲得 20 分為止。

遊戲變化

加入第二顆球，因此場上隨時都有兩個球要被投出或接住。這會大大加快遊戲的速度！

【小提醒】使用兩個球時，得用眼尾餘光來記錄遊戲中的得分（我通常會站在網旁邊，仔細聽球落地的聲音）。這不僅僅是給孩子練習投球和接球的趣味遊戲，同時也需要有快速的步伐。當球接近時，腳必須快速移動來反應，也是為未來的運動項目做準備（如：擦網球和籃球），但又不會過於競爭的運動。

遊戲 162 越過花園圍牆

如果能持續地，讓孩子玩到後面提到的「【遊戲 167】去抓人」，會有很好的效果。儘管這些遊戲的文字敘述看起來很複雜，但實際上是非常簡單的遊戲，也經過孩子「測試」，對他們來說，這是過關的遊戲（孩子會想要玩好幾個小時，不想停下來）。基本上，這款遊戲就是一隊的孩子要試著從一個遊戲區域，跑到另外一個遊戲區域，且不被另一隊的孩子抓到。

遊戲設備 排球網、許多的球或排球（一人至少一顆）。

遊戲區域 長 18 公尺 x 寬 9 公尺的排球場。

遊戲步驟

1. 沿用「【遊戲 161】麻煩重重」的規則，但是在這款遊戲中，每個人手上都會有一顆球。

2. 比賽開始時，每個人都要將球丟到網子另一邊去。在這款遊戲中，球是否出界並不重要，只要球過網就行了。
3. 將自己手中的球丟出去以後，可以立刻拿起另一顆球繼續丟；另一個隊伍也會做出同樣的動作，就這樣雙方持續相互丟球。
4. 每一隊都要盡量將自己這一方的球場清空，因此要盡力將球往另一隊的場地丟。每次持球不能超過 3 秒鐘（同「【遊戲 102】燙手山芋」的規則）。
5. 一段時間後（也許是兩分鐘），遊戲領導者喊：「停！」聽到這聲命令，雙方就不能再丟球。
6. 計算兩邊場地遺留的球的數量 ，數量少的一方獲勝。

遊戲 163 解救囚犯

遊戲設備 排球。

遊戲區域 使用有網子及有畫線，類似排球場的場地。在兩邊場地的中間處（取決於該組中，最弱小的孩子可以將球扔過網的距離），用粉筆畫出一個十字標記（也可以用繩子來標線），孩子必須從這裡發球。

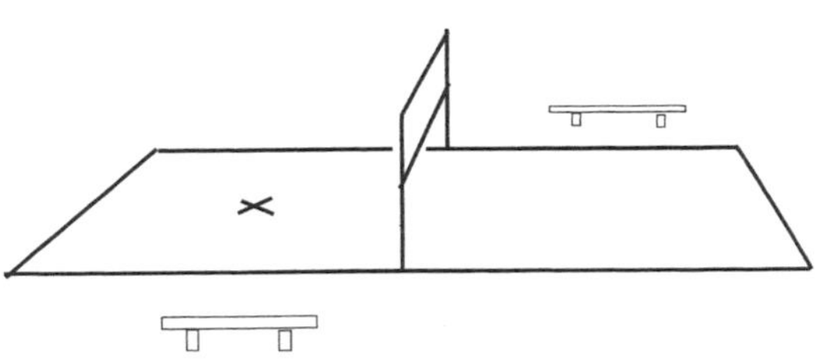

遊戲步驟

1. 將孩子分成兩隊，A 隊一名成員先從發球點將球丟出去，在球過網之前，他要大聲叫出 B 隊任何一名成員的名字。
2. 如果 A 隊丟出的球，被 B 隊任何一名成員接住，接到球的 B 隊成員就必須將球拋回去，並大叫 A 隊任何一名成員的名字。以這種方式進行，直到發生下面的情形：
   a) B 隊沒有接到球，被 A 隊成員叫到的球員出局，成為 A 隊的「囚犯」，必須站在球場外面。
   b) 球觸網、未過網或出界，A 隊丟球的成員成為囚犯，必須站到球場外。
3. 囚犯必須站（或坐）成一排，這樣才能明確知道成為囚犯的先後順序（最早成為囚犯的人應該要最先被釋放）。
4. 如果要釋放 B 隊的「囚犯 1」（即 B 隊第一名囚犯），B 隊必須在拋球過網時，大聲叫要釋放的「囚犯」的名字（而不是 A 隊成員的名字），如果球在界內而 A 隊沒接到時，B 隊這名囚犯就可以重新加入。
5. 剛被釋放而重新進入遊戲的人，在其他同隊成員尚未有人成為新的「囚犯」之前，敵隊不能叫他的名字，以防止同一個人成為囚犯的時間太長。
6. 同一隊不能連著兩次試著釋放囚犯，換句話說，孩子必須輪流喊在對方成員名字與囚犯的名字。任何一隊連兩次喊到「囚犯」的名字時，第二次喊囚犯名字的成員就出局，成為新的「囚犯」（這是很重要的規則，可以增加變化，讓遊戲更刺激）。
7. 若有一隊成員全變成囚犯，另一隊獲勝；若遊戲時間到，遊戲領導者可以計算囚犯數量，「囚犯」人數較少的那隊獲勝。

遊戲變化

變化 1：每當球被拋到一隊的內場時，允許成員可以在場內傳球兩次。

變化 2：球必須以排球的方式被擊球過網，若要用這種遊戲方式，最好讓孩子能夠在場內傳球兩次：一名成員將球高高拋在空中，讓隊友能夠將球拍過網或「托球」（雙手舉起、手指張開，當球在頭頂位置時，用手將球稍微往上推向空中）過網。

變化 3：任何人都可以「救球」（不接住球，直接將球由下往上打到空中），特別是剛接到對方拍過來的球時，例如：第一名成員「救球」，第二名成員接住，然後拋球，由第三名成員將球拍過網。

變化 4：允許球彈地後再「救球」，就能有效減少手臂造成的傷害。

變化 5：也可以「接球後托球」（稍微接住球、向上拋過頭，然後「托球」）。

變化 6：球隊中，靠近球網的一排可以做「接球後托球」，後面的一排可以做「接球後救球」（將球稍微接住、向上拋，再將球由下往上打到空中）。

變化 7：運用「【遊戲 102】燙手山芋」規則，也就是任何時候，持球不得超過 3 秒鐘。

變化 8：不喊對方隊員名字，只是記錄分數（屬於進階版本）。

變化 9：成立「復仇」條款，如果一個隊員剛成為囚犯，在離開球場前，可以在發球點上發一次球。如果成功讓對方的成員出局，他就能留下來。如果沒有人出局，就必須離場，成為囚犯。

變化 10：如果其中一隊只剩下兩名成員，只要成功接住球三次，就可以釋放一名囚犯。

變化 11：當場上的球員越來越少，可以縮小遊戲區域。

遊戲 164 鋁罐囚犯

任何與排球相關遊戲，都可以運用這個遊戲去變化，像是「【遊戲 143】紐康姆球」和「【遊戲 166】空襲警報」等等。例如說：你可以用「【遊戲 143】紐康姆球」的規則玩遊戲，但是每個人都要在地上放一個鋁罐。如果孩子面前的鋁罐被球擊中，或是被隊友踢倒，就出局了。這不僅關係到接球，還要能夠意識到自己的腳步。

我是在參訪一所城市學校後，設計出這個遊戲。這所學校只有一顆球和一根繩索（以及很多社交問題）。當我兩年後再次造訪時，10～13 歲的孩子非常熱中玩「【遊戲 163】解救囚犯」，他們會利用任何可以使用的空間來進行這遊戲。事實上，是這些孩子發明了遊戲中，變化 9「復仇」規則。儘管學校仍然沒有運動器材，但是社交問題應該已經稍稍改善了！

在大多數的遊戲中，能力較差的孩子會被排擠，或者不願意參與（我們真實的看到達爾文主義最糟的一面）。但是，對於體能很強或體能較弱的孩子來說，這樣的狀況對成長來說，並沒有幫助，也不健康，而是帶給這兩種孩子一樣的反社會經驗。與體能較弱的人同隊，並不意味著無法追求成功，因為球隊中的每個人，都應該盡力發揮自己的能力，沒有人應該被受限。

上面所介紹的幾項遊戲，技術最好的人幾乎都是最先出局的人（球常常不會朝他們的方向投來，而是遠離他們）。而技術較差、參與度較少的人，往往會花最多的時間在球場上，且要為團隊榮譽而戰！每當成功救回一名囚犯，而這個囚犯也常常是體能較強的人，他們會因而得到隊友的歡呼。如果沒失敗，遊戲就會結束，大家重新回到場上，開始新的一場遊戲。

總之，體能較差的孩子可以有許多機會練習（在其他遊戲中，比較不可能發生這樣的狀況），還能盡力保護自己的團隊。當這個遊戲結束時，我常常會聽到孩子對體能較差的孩子的讚美，這是平常不常聽到的。

遊戲 165 看不見的囚犯

這也是一個速度很快的遊戲，透過這個遊戲，孩子除了得到體能上的訓練，同時也訓練了快速思考能力。這個遊戲可以表現出孩子越來越清楚的思考和反應能力，在這個年紀也會越來越明顯。

遊戲設備 排球、防撞墊、毯子和別針。

遊戲區域

有球網的排球場，可以用防撞墊靠在球網上，或是用別針將毯子固定在網子上（雙方都看不到對方）。毯子要及地，避免孩子從下面偷看！

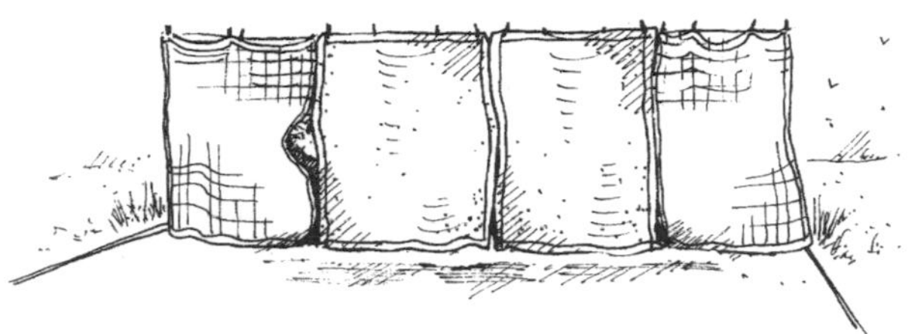

遊戲步驟

1. 把孩子分成兩隊，沿用「【遊戲 163】解救囚犯」的規則。不同之處在於：孩子現在必須記住「對方場上有哪些人留下」，因為中間有毯子阻隔視線，他們無法看到彼此。
2. 要確保場中的孩子無法看見囚犯（可以讓囚犯坐在球場正後方）。

【小提醒】可以自行決定如何運用以下這兩項規則：

1. 一旦接到球，不能傳給另一個隊友，必須直接丟回對手的場地。
2. 所有人不能試著偽裝彼此的聲音。

遊戲 166 空襲警報

遊戲來源：羅伯・森（Rob Sim）

這是「【遊戲 165】看不見的囚犯」的變化玩法，因此所使用的配備都與「【遊戲 165】看不見的囚犯」相同。然而，若能用布將球包住會更好，這樣球落地的聲音就不容易聽到。

遊戲步驟

1. 沿用「【遊戲 165】看不見的囚犯」的規則，除了丟球時，不能叫出敵隊成員的名字。
2. 等待接球的那一隊，只能靜靜等待「空襲」。我會這樣描述這遊戲規則與如何判定出局：當一個「炸彈」（球）擊中地面時，它會爆炸；離「炸彈」最近的人會陣亡（這個人就必須出局，直到遊戲結束）。
3. 沒有人能躲過這個來襲的「炸彈」，必須試著接住它。當其中一隊的所有隊員都出局時，遊戲就結束了。

以上這兩款遊戲一直都受到孩子的喜愛，他們似乎喜歡玩「看不見」的遊戲。這是「喚醒」12 歲孩子的遊戲，夢幻般的孩子在接球上，可能會有點困難，但是努力嘗試不再作夢，對他們也很有幫助。「【遊戲 166】空襲警報」的特點是「外在靜止」（孩子奔跑的情況並不多）和「內在活動」（團隊中的每個人，都必須清醒、集中注意力，否則將無法接住「炸彈」）。快速的反應也會有幫助，但只有如此通常是不夠的，孩子必須真的讓自己身在當下，並且全神貫注。我想，這個遊戲可以被形容成「有著不可預測炸彈的人體電動遊戲」，而且不只是手指反應，「【遊戲 166】空襲警報」需要更全面的意識和覺醒狀態，因為孩子必須準備好隨時移動全身去接球，內心也必須準備好隨時面對他們無法預先看到的東西，並做出反應。孩子不知道「炸彈」何時會出現，以及如何出現。在某種程度上，這個遊戲圖像畫了他們的內心感受：在 12 歲時，孩子正處於青春期的門檻。他們知道變化即將到來，但並不清楚那會是什麼模樣，或會在什麼時間到來。

遊戲 167 去抓人

作者：馬丁・貝克（Martin Baker）

遊戲區域

若有 25 位孩子參與，則需長 25 步 x 寬 20 步的空間。

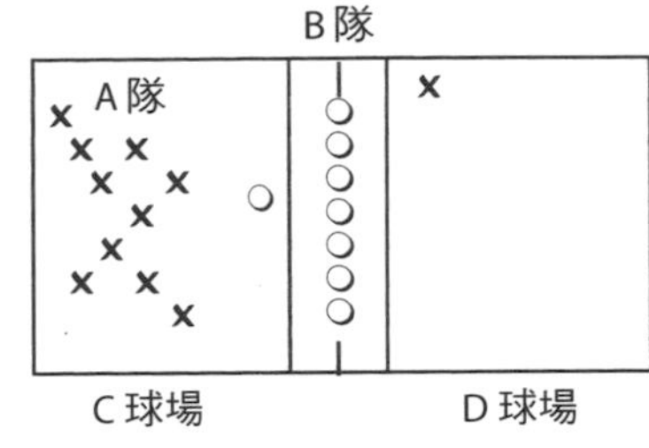

遊戲步驟

1. 在場地的中央畫出一條線，並且在中央線約 3 步距離處兩邊各畫一條線。
2. 將孩子分成兩隊：A 隊（逃離）和 B 隊（追緝）。
3. A 隊在遊戲區的邊緣排成一列，B 隊則沿著中央線排成一列，且排第一位的成員面對 A 隊、第二位成員背對 A 隊、第三位成員面對 A 隊、第四位成員背對 A 隊，以此類推。依順序，每位成員交錯面對的方向。
4. 遊戲引導者走到 B 隊的最遠處，碰一下面對 A 隊的第一位 B 隊成員，代表比賽開始。這個 B 隊成員就是第一位「追緝員」。
5. 第一位「追緝員」的責任，就是要抓到在中央線附近跑來跑去、試圖闖過到對面球場（C 球場）的 A 隊成員。
6. A 隊成員一旦進入 C 球場，就是安全的，不會被追捕。但是，若 A 隊成員到達 C 球場，就要再試著返回 D 球場且不能被抓到。

7. 「追緝員」不能越過中央線到 D 球場，所以當面向 D 球場的「追緝員」（阿梅）將 A 隊成員全部趕進 C 球場後，就要碰一下 B 隊下一位隊員的背（面對 C 球場的成員）。這名成員就要往前跑，試著在 C 球場內抓 A 隊成員。這時候，阿梅就要取代這位隊友的位置、面向 C 球場。
8. 有人被抓到時，就出局。

【小提醒】

1. 成功跑過中線到達 C 球場的人，必須跑過中線至少 5 步的距離，才能再次穿過中央線跑回 D 球場（可以在 C 球場內畫一個五步寬的線，比較容易判斷）。若沒有這樣的規定，大家就只可以在中央線兩邊跳來跳去，就能避免被抓到。
2. 還有另外一個規則，也可以防止大家在中央線兩邊來回跳，如果從這一端的中央線跑到對面時，必須從另外一端的中央線回來。當所有 A 隊成員都出局時，A、B 兩隊攻守交換（以上述例子來說，現在輪到 A 隊沿著中央線排列）。為了使遊戲更加精采，可以計時看每一隊花多長的時間抓到所有對手。

這是一個非常需要組織性的遊戲：一個團隊如果能有良好的組織，並運用思考及策略，才能成功。有時，我會讓兩隊去規劃自己的策略，他們參與戰術討論的投入程度，總能讓我驚豔。討論常常是從很簡單的對話開始，比如：「我覺得全部的人都要跑很快！」接著，就開始出現更複雜的計畫。此外，這也給了孩子一個機會，跟大家抱怨：「你們都沒有給我機會去抓人！」其他人聽到後，可能會因此給這個孩子更多機會。

遊戲 168 籠中鳥

遊戲設備 一人一根木棒。

遊戲步驟

1. 一個人先當鳥，站在一個圓的中心點；其他人將手中的棒子垂直拿著，站成一個圓圈，並將手指頭輕輕放在木棒頂端，且每個木棒的距離大約是 1 英尺（30 公分）左右，代表鳥籠。
2. 遊戲引導者發出開始信號，每個人就要移動到下一個木棒，且不能讓任何一根木棒倒下。
3. 如果木棒倒了，鳥就可以試著觸碰那根倒下的木棒、逃走。
4. 如果這隻鳥成功逃脫，那麼沒有抓好木棒的人就要成為新的鳥，原本的鳥就取代他的位置。

遊戲變化

規定孩子，必須把手上的木棍放掉，才能去抓住下一根木棒。如果有人沒有成功抓住一根木棒，讓鳥逃跑，放掉木棒的人就變成新的鳥，而不是沒抓到木棒的人。

遊戲 169 紙船

遊戲設備 每個人一顆球（代表石頭）、一顆又大又重的球（代表船，若有藥球〔Medicine Ball，一種加重的訓練球〕最理想，也可用放了點氣的籃球取代）。

遊戲步驟

1. 比賽目標是將球扔在更大的球上，並將大球推到對方的線上。
2. 將又大又重的「大球」（船）放在遊戲區中央，將孩子分成兩隊。
3. 每隊站立的位置，是從「大球」（船）往左右各 6～8 步的地方，在每隊站立的地方畫一條線，並在遊戲區域中間也畫一條線，這個遊戲區就是「池塘」，孩子站立的地方就是池塘的邊緣。
4. 每個球員都會拿到一顆「小球」（石頭），當遊戲引導者喊：「紙船！」時，大家就可以開始扔「小球」（石頭），試著打中「大球」（船）。
5. 孩子的目標就是要把「大球」（船）推向對方的池塘邊（邊線），他們可以撿起靠己方這側的球，嘗試將船打到對手那一邊。
6. 任何人都不能在池塘裡（線內）丟球，也不能用手去阻止「大球」（船）靠近己方，但可以進入池塘靠己方那側撿「小球」（石頭），然後回到線外丟球。
7. 當「大球」（船）觸碰到任何一邊的池塘邊緣線，遊戲就結束了。

遊戲 170 清醒與熟睡

遊戲設備 兩張地墊（代表床）、六顆球（代表夢）。

遊戲區域 長 35 步 x 寬 25 步（一個小籃球場）。

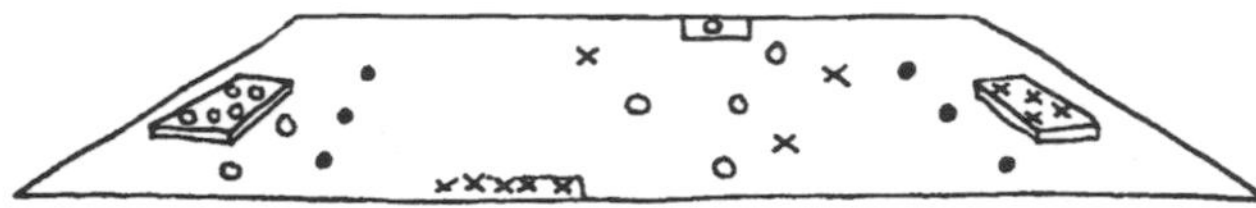

遊戲步驟

1. 遊戲目標是透過偷取敵隊的「夢」（球）且不被抓到，來削弱對方的力量；或者囚禁敵隊所有成員（將他們送進噩夢中）。
2. 將孩子分成兩隊，各自站在自己的床上（地墊），這兩張床各放置在遊戲區域的兩頭。
3. 遊戲的基本規則是：比對手更晚進入場地的人，有權利抓比自己早入場的人，因為他有更多的睡眠，所以更有力量。
4. 大家在自己的「床」上時，是安全的。遊戲開始時，遊戲引導者會先叫：「起床了！」大家就要離開自己的「床」，試圖去偷對方的「夢」，或者把自己當作誘餌，引誘睡眠較多的對手來追自己。
5. 然而，離開床時，大家都必須注意哪個對手比自己更有力量，才知道被追的時候要趕緊回到自己「床」上。
6. 如果 A 被擁有更強大力量的 B 抓到，就要被送到 A 隊的噩夢區（位在場邊，B 隊「床」附近）。若又有另一名 A 隊成員被抓到時，這些被關在噩夢區的囚犯，就要手牽手連成一串（第一個被抓的在後，最後一個被抓的在前），這一串就被稱做「噩夢」。
7. 任何人都可以釋放在噩夢中的隊友，但一次只能救回一個。

8. 每次都必須用手碰一下排在噩夢鏈最後一個隊友，就可救回這個囚犯。接著，必須先返回自己的「床」，才能去救下一個隊友。
9. 每當成功偷取一個「夢」時，就要將這個「夢」帶回自己的「床」。若有一隊的三個「夢」被偷走時，遊戲就結束了。

遊戲變化

若一隊有五個人被抓，遊戲就結束，另一隊獲勝。

這款遊戲可能會進行得很有秩序，也可能會一團混亂，這完全反映了 12 歲孩子的內在潛能，因為他們還需要去平衡自我犧牲感。孩子必須學會「有時必須妥協自己的期望，來遷就他人的願望」。如果不這麼做，他們和自己的團隊都會受苦。在這款遊戲中，孩子必須在太過自私與太過犧牲之間，找到一個平衡。若能夠在青春期之前找到這個平衡，是一件非常有幫助的事。而這個階段的孩子，青春期正式開始前的年紀，也是孩子最後一段的童年時期。

在這款遊戲中，許多事情會在一瞬間發生，孩子必須在這樣混亂的情況找到自己的位置。這個狀況反映了未來會發生的事情：青春期、進入世界去冒險、必須找到自己的定位。「【遊戲 170】清醒與熟睡」也引發孩子的機動性——他們必須朝著目標邁進（偷取對方的「夢」），但仍然必須維持觀察力、注意自己能夠抓誰，還有誰能夠抓自己！就像前面的遊戲，過度謹慎的孩子和過度自信的孩子都無法非常順利地進行遊戲。這款遊戲可以鼓勵孩子：依據自己當下所需，決定要保守或積極地利用意志力。而「回到床上」這個動作，給孩子「喘息」的機會，讓他重新定義自己、再出發。

chapter 10 華德福奧林匹克運動會

展現優美、真理與力量

11 歲以上的孩子，已經有足夠的體能控制自己的身體協調與力量。華德福奧林匹克運動會，不同於一般運動會注重名次、比賽的方向，而是讓孩子在各項運動中，看見體態的優美、協調與力量，同時也能發現練習中的喜悅與努力的感受，也能體會到奧林匹克運動中，最重要的運動精神。若規劃得宜，可以讓孩子選擇參加自己喜愛的活動，或是讓孩子參與全部的活動，對這個年齡的孩子來說，都是相當有益且有趣的。

如何準備運動會所需設備？

華德福奧林匹克運動會所使用的器材，都可以利用我們現有的工具，或是自然界的材料製作。製作器材時，若可以讓孩子參與製作過程，將會讓孩子更加珍惜這些運動器材，同時，若我們可以運用大自然的材料，也能給孩子更加真實的手感。以下，我將介紹華德福奧林匹克運動會所需的器材與可以代替的製作方式：

・標槍

我使用的標槍是重量在 400 克以下的輕型標槍。由於這些標槍相當昂貴，學校可以每年購買幾枝來逐年累積，也可以用筆直的樹枝或竹子製做，抓握的握把處，用繩子纏繞、將另一頭削尖，就是非常好用的輕型標槍。

如果用竹子製作標槍，可以在一頭插入木製銷釘（dowel，用來連接兩塊木板時，可以用木製銷釘讓連接處更穩固，又稱木釘），並將木製銷釘一端削尖，就可以增加一點重量（我也看過使用金屬尖頭的竹製標槍）。我們也可以在木製標槍上做一些裝飾，可以在整枝標槍上，雕刻出獻給神的圖樣。通常，孩子對於自己做的標槍，都會視為珍寶。

若要定位握把位置時，可以將標槍橫放在手指上，若標槍可以在手指上平衡、不往前傾也不往後傾，就可以以此點為握把最前端的基準。如此一來，標槍尖銳的一端會略重，更容易向下插進地面。另外，可以利用呼拉圈或舊的網球當作標靶。

・鐵餅

鐵餅也值得花時間自己製作。選一個紋理細密的重木材，尺寸大小約直徑 9 英寸、厚 2 英寸（約直徑 23 公分，厚 5 公分）的木塊。裁切、刨木，並將木塊鑿成盤狀，做成約 0.75 公斤的鐵餅。將做好的鐵餅浸泡在油中幾個星期（幾個月更好），防止木塊龜裂的同時，也可以增加鐵餅額外的重量。然後，雕刻或烙印出環狀或螺旋狀希臘獻神文字。我通常會使用一個小烙鐵，將雕刻出的文字烙得更清晰一些。

・沙袋（重力跳遠）

我用簡單的塑膠內襯加上布袋，就可以做成沙袋。將布縫成長管狀，就變成了布袋。將沙子放進塑膠袋中，接著放進布袋裡，並在沙袋上方先打一個結，最後在這個結上方約 20～30 公分處再打一個結（就成了手把），重量應該在 1.5 公斤（3 磅）左右，沙袋也可以用小的舉重啞鈴代替。

・跳高道具

跳高道具的製作非常簡單，你也可以在多數的運動用品店買到「練習用跳高棒」。若要自製跳高道具，可以將兩根標槍插在地上，另外在彈性繩外面包覆約長 1 英尺（30 公分）的薄方形泡棉，並且將繩子綁在兩根標槍間。

-8 -6 -4 -2 0 +2 +4 +6 +8

除了跳高用的器材，還需要一枝用來測量高度的箭（別懷疑，跳高時絕對會需要這項器材），或是用長度約 2～3 英尺（60～90 公分）的細長竹竿來代替。 從箭的底部開始，每公分標上刻度直到頂部，並在竿子中央處做一個特殊標記。將這個特殊標記刻上 0，從 0 開始繼續往上，並在每公分處標上刻度直到竿子的頂部。在特殊標記 0 的一端，沿著每個刻度寫上「＋1」、「＋2」、「＋3」……直到底；另一端則依序寫上「-1」、「-2」、「-3」……。

・金布

「金布」可以用來取代比賽開始的鳴槍。古希臘人會用手拿一塊金色的布並舉高，然後讓它掉下來，表示活動開始。跑步的人看到布落到地上，就是起跑的信號。

・短袍

孩子很喜歡將這一天的一切，布置得像是真的回到希臘時代一樣。所以，裝扮通常會是這個活動的特色之一，不僅只有參與的運動員會裝扮成古希臘運動員，連裁判、老師、家長或其他幫手都會裝扮！

運動員可以穿著用舊床單做成的白色短袍或羅馬長袍，裡面穿著白色 T 恤和短褲，也可以加上各自城邦的顏色來裝飾（參見 P263 關於「奧林匹克營地」的描述）。只需要用一塊白色的布，切割成 8～10 英尺（約 732～914 公分）長，1～2 英尺（30～60 公分）寬之間的長方形，短袍的大小取決於運動員的身高和肩寬。在這塊布的中央剪一個洞，讓頭可以穿過，腰部綁上一條腰帶，就是一件希臘短袍，短袍的長度應該落在膝蓋上三英寸左右（約 7.5 公分）。

運動員有時也喜歡自己做桂冠，可以在開幕式和閉幕式上穿。同樣地，裁判（裝扮成希臘眾神）可以穿上長袍，甚至可以加上金色的頭冠！

・**卷軸**

卷軸可以讓整場活動更加逼真。馬拉松比賽時會攜帶卷軸，大隊接力時也會用到，還可以用來記錄得分。

用紙和短木桿簡單地做一些卷軸，給運動員的卷軸上可以寫：「透過優美、真理、力量，展開我們的運動會！」

・**獎牌**

可以給每位運動員一個簡單又美麗的獎牌，獎牌可以用陶土製作、燒烤而成。綁上絲帶讓運動員戴在脖子上，或是做一個簡單的木製支架，讓孩子可以將獎牌放在上面、帶回家。

如何準備運動會場地？

華德福奧林匹克運動場地（操場）必須在孩子到達「奧林匹克營地」前就準備好，以下是活動場地的建議配置圖，可以用粉筆、油漆、繩索和旗幟來做標示。

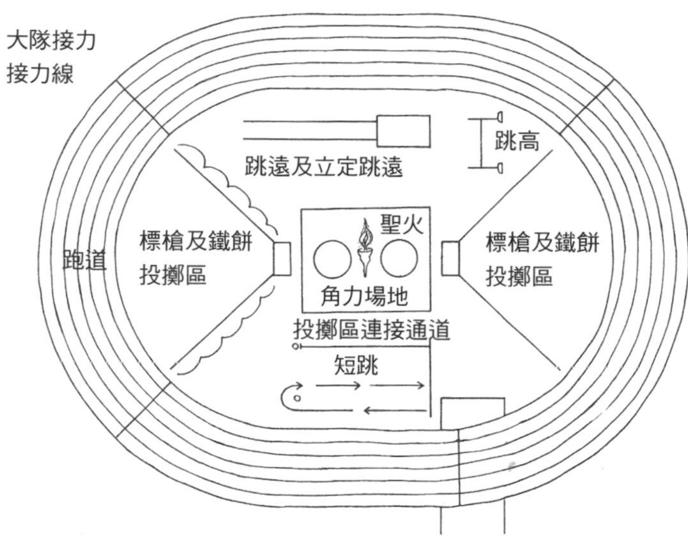

奧林匹克運動會流程規劃

・運動會前一天：幫孩子創造奧林匹克營地

如果其他學校或團體能一同參與運動會，會是個美好的經驗（例如：在 1995 年的英國薩塞克斯奧林匹克運動會中，共有 200 名兒童參加）。最好所有學校在奧林匹克之前，就能聚在一起、決定運動會的地點。

將孩子分配到不同的城邦隊伍（例如：雅典〔Athens〕、西布斯〔Thebes〕、科林斯〔Corinth〕和斯巴達〔Sparta〕，運用古希臘城邦來命名），每個學校都選出相同的人數組成一個城邦（例如：每所學校都有 5 名孩子加入雅典城邦）。運動會前一天，可以先練習運動會中的所有活動項目（可以參照【遊戲 171】至【遊戲 180】）。晚飯過後，孩子可以把所屬城邦顏色畫在短袍上（參見 P259〈如何準備運動會所需設備〉）。接著，大家可以一起玩一個大型夜間遊戲（例如：【遊戲 160】攻陷城堡」），這麼多人一起參與會讓遊戲變得更加有趣——不過，在這個場景下，這款遊戲或許要改叫「攻陷雅典城」才符合情境！夜晚時，孩子可以以城邦或班級為單位，在這裡紮營，也就是奧林匹克營地

（父母通常會很樂意協助餐飲部分，並幫忙監督孩子的安全，也很享受參與這樣的活動，雖然這通常是難以入眠的一夜）。

・開幕式：簡單的運動會前儀式，讓孩子更專注於活動中

運動員穿上自己的裝扮服裝，在各城邦的營地前排隊，腳步跟著鼓聲的節奏，朝著奧運聖火方向進場，同時也可以結合一些笛子吹奏。如果能在前一天先排練，進場的隊形就能更加順利。

每個城邦由一個火炬手帶領。火炬可以從各城邦的營火點燃（可以將浸泡過煤油的布，包裹在木棍上，製做成簡易的火炬，記得在製作時一定要特別小心）。然後，可以唸一段特別的故事或引用經文，祈求神能夠賜給運動員力量和恩典。接下來，火炬手將聖火點燃（將浸泡過煤油的麻布袋，放進特殊造型的金屬容器中，以這個方式製作聖火底座，並將底座放在高台上），代表運動會開始。

・計分方式：讓運動精神也列入評分項目

除了運動員的力量與技巧外，姿態上的美觀以及內在特質（如決心和努力）也都是值得被獎勵的。有很多方法可以來評斷，也可以將運動員的表現分為不同層次來評估。以下，我提供了三個主要的評估點：

1. **力量**：可以是運動員跑得多快、跳得多高等等，但是他們想達成目標的決心也是評斷基礎，例如：馬拉松賽的第一名選手在力量上得分，但是第四名的選手也因為帶著很強的決心在跑，因此同樣能夠得分。
2. **體態**：運動員在活動中的體態也會被考慮進去，以動作的真實度與優雅度來評斷。真實與優雅的表現，在於運動員的姿勢是不是挺直，以及移動時的輕鬆和優美的程度等等，例如：科林斯城邦的瓊安，在擲標槍的項目中只擲出了兩個標槍長的距離，但是標槍飛行的弧線與落地角度非常漂亮，且投擲姿勢又優雅。因此，投擲標槍更遠的人，可能是靠他的力氣獲勝，但在體態上的得分就會比瓊安少。評審可以用以上兩點綜合考慮，然後給予整體評價。

3. **精神**：裁判（或是古希臘所說的「執政官」），要仔細記錄每個參賽者的努力，並且在當天結束時，頒發獎牌給「每位參賽者」。獎牌可能是因為贏了某一個項目，或是運動員表現出某些特質，例如：「底比斯城邦的約翰，因為在馬拉松賽的決心與毅力」，或是「科林斯的蘇菲，在大隊接力時充分表現出城邦精神」，我們都給予獎牌鼓勵。

更簡單的方式，就是讓各城邦領隊老師（執政官）觀察每位運動員從訓練到正式上場的過程，並仔細記錄他們在特定項目中的特殊表現。另外，我們也不需要給予贏得最多項目的城邦獎勵，你會驚訝地發現，幾乎不會有人要求這樣的特殊獎勵。

・活動進行時：簡單的音樂可以緩和孩子亢奮的精神，減少衝突

接下來，我們進入到華德福奧林匹克運動會的活動項目。為了保持奧林匹克運動會的傳統，我會讓一位身穿白袍、頭戴加冕的家長，在每個活動項目（比如：投擲、跳高、角力等）進行中，演奏木笛或管樂器。這麼做，可以讓運動員平靜和定心，也可以避免讓角力等等活動變得太過野蠻。有著這樣美妙的音樂陪伴時，就難以出現舉止粗暴的狀況，這樣的效果每每都讓我驚嘆不已啊！

・運動會盛宴：等待結果公布時，安撫孩子焦躁的心

運動會盛宴要在白天某個時間舉行，只要每位運動員的父母提供一道菜肴，就能夠辦到。這些美味的食物，也是以宴會的形式擺放出來，同時還可以搭配音樂演奏。

每個城邦的輔導員、助手或訓練師（這些人在古希臘被視為私人教師）會扮演宴會主人的角色，招待每一個運動員。宴會可以在中午進行，下午就可以繼續進行各項活動，也可以選在所有項目都結束後。如此，也可以給輔導員和裁判一些時間編寫頒獎列表，運動員也不會因為枯等而變得急躁不安。

・詩歌朗讀：優美的詩歌朗誦，讓整場運動會更加感動

為維持傳統，也可以讓運動員朗讀詩歌，鼓勵他們用大聲、清晰又帶韻律感的聲音朗讀。這是奧運活動中，最為注重的一個活動項目，經常會有令人感動又美麗的作品出現。

・閉幕式：大聲地宣布每個孩子的優點

閉幕式時，會有頒獎儀式，並將獎牌頒給運動員。運動員的名字、所屬城邦以及優秀的特質都會被大聲宣讀出來，讓所有人聽到，並由該城邦的輔導員及老師來頒發獎牌。如果是大型運動會，就要讓運動員在自己所屬的城邦內進行頒獎，然而仍然要讓所有人圍繞一個中心（例如：營火），來進行個別頒獎。

頒獎時，可以先朗讀一段詩歌，為城邦之間的友誼立下誓言（在古希臘時期，奧林匹克運動會期間，交戰的城邦會先休戰）。也可以講一個故事，例如： 在古希臘時代，勝利的選手回家時，父親會在牆面上敲出新的門，讓勝利的選手從新的門回家，之後再將新門用磚塊封起來，所以沒有人可以再走過相同的關卡。

如何指導孩子練習奧林匹克運動會？

這個年紀的孩子能夠自然地挺直身體並表現優雅的體態。投擲標槍、擲鐵餅、跑步、跳遠等等活動，正好運用了這個年紀所擁有的能力，也可能是他們第一次感覺到：自己是以個體在競賽，因此想要努力做出更優美的動作，並展現他的實力。

指導運動員時，可以運用四個要素：地球（使用重量和重力）、空氣（反重力、飛行和正直）、水（優雅和強而有力的流動）和火（速度、努力、爆發力）來幫助他們改進，並深化自己的動作，例如：我可能會對喬說：「當你在助跑的時候，加上一點火的力量，可以讓你跳得更遠。」或是當孩子擲標槍時，擲出漂亮弧形時說：「看起來就像在空氣中飄浮！太棒了！」

這個年紀的孩子，對於這樣的指導方式似乎有著自然的連結。整個練習準備過程，以及當天的活動，將會是他們生命中，常常想起並珍惜的回憶。這段經歷會形成一個強大的基礎，支持他們日後的體育活動以及對生活本身的態度與和諧。

在華德福奧林匹克運動會中，我們會提供孩子五種希臘體能活動，這也是為了「第六個活動」做準備——也就是現代說法中的「運動」。孩子體驗到動作與存在的原型，幫助他們度過將來會經歷的困難青春期，讓孩子能夠覺察和欣賞真理、美麗和力量的能力，以及分辨這些能力與虛假、醜陋和意志薄弱這些陰暗面的不同。這些能力，將在未來青春期時，轉化成道德判斷的能力，對孩子的成長來說，是一段非常關鍵的黃金時期！

讓孩子提前練習奧林匹克運動會

孩子很喜歡練習的過程，幾乎不亞於華德福奧林匹克運動會當天的活動。在一切都講求即刻滿足的社會中，能夠從練習中獲得快樂，是一個很健康的事情。最重要的是，讓孩子可以每週都練習 2～3 次，每次一小時，並持續練習好幾個月。透過這種方式，孩子對所有的項目都能有所了解，並勝任，最後才能選擇出自己最喜歡的項目。

在正式運動會前一、兩天，新成立的城邦（參見 P263 關於「奧林匹克營地」的敘述）會進行多次練習。各城邦的所有成員會與市長或參謀（老師或家長）一起練習所有的項目。練習時，所有成員每一個項目都要參加，直到前一天才決定自己想要參加的項目（通常會選擇 2～3 項參加，如果可行，盡量讓所有運動員參與全部項目更理想）。

如何準備奧林匹克運動會賽事？

以下我所介紹的活動都是按照當天流程所寫，練習與正式使用的方式都有說明（例如標槍有兩種投擲法：一個是入門練習的投擲法，另一個是運動會當天的正式投擲法）。

一、跑步活動

華德福奧林匹克運動會中，跑步通常是最開始的活動項目，可以讓孩子體會到自己的速度、力量，並且用優雅、輕盈的步伐移動自己的身軀。

遊戲 171 馬拉松

這是一英里（約 1.6 公里）的越野跑。運動會當天，每位運動員都會帶著一個卷軸，且沿路都會有協助人員引導參賽的運動員。

練習時，讓孩子先從半英里（約 0.8 公里）開始，然後逐漸增加到一英里（約 1.6 公里）。並不是所有孩子都能跑完一英里（約 1.6 公里），因此我通常會設計 8 字形的跑步場地，讓無法跑完全程的孩子可以完成一半的路程。要特別注意的是：華德福奧林匹克運動會當天，馬拉松時只能繞著競賽場周圍跑。

鼓勵孩子精準地跑，想像他們的頭上戴著桂冠、讓雙手自由擺動、雙腳大步邁開。古希臘人也是以「三元精神」工作：他們分成身體（腿和手臂的力量）、軀幹（放鬆的胸部和背部）和精神（一個自由和「被帶著」的頭）這三部分。所以，在跑步當中，運動員的姿勢應該是挺直的，並且腳步輕盈。聽起來可能很簡單，但是要跑出力與美，其實是相當困難的事，特別是當一個人累了！

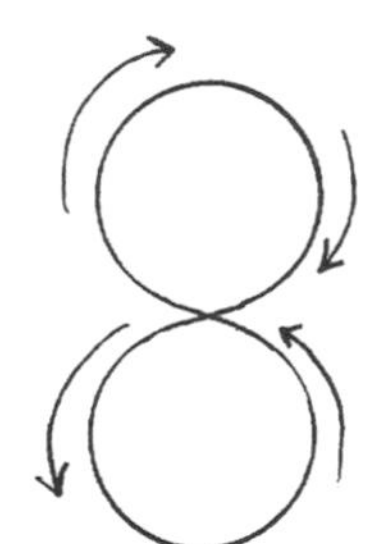

遊戲 172 迷你馬拉松

這段賽程約 300～400 公尺，必須用起跑點不同，但總距離相同的賽道安排，但是，起跑後，跑者可以進入其他跑道。

遊戲 173 短跑

短跑距離約 100 公尺：先跑 50 公尺抵達標竿處，接著繞過標竿再往回跑 50 公尺回到起點。這是古希臘人非目標導向的跑法：你不僅要朝著一個事物跑去，同時也要遠離同樣的一個事物。他們認為：意識到「前後空間」這兩極之間的動態，更能讓跑步者跑在「當下」，而不是專注在努力到達終點。還有，提醒運動員要跑得優美，讓他的雙腿努力工作！

要注意的是：運動會當天，同一批的跑者不能超過四名，否則在繞竿的時候會有太多的碰撞！

二、跳躍運動

跳躍對孩子的成長相當具有助益，教孩子跳躍運動時，可以運用自然界四元素（風、火、水、土）的形象，讓孩子能夠更容易了解活動時的身體感受，就能更輕易地完成這些動作。

遊戲 174 跳遠

活動步驟

1. 助跑

   教孩子跳遠的時候，我會使用自然四元素的想像來幫助他們。一開始，先讓每個孩子輪流跑和跳，體驗跳離地面及在沙坑落地的感受。然後讓他們再試一次，這次，當孩子跑近沙坑的時候，幫他們「添把火」，說：「快！快！快！」到達沙坑的瞬間，應該是速度最快的時候，這樣可以幫孩子加快速度。鼓勵孩子以自由、健康的方式來奔跑：肩膀放鬆、頭不要向前傾也不要向後仰、雙手自然擺動、背部打直。為了能夠跑得流暢又優雅，告訴孩子要「像水一樣的跑」。

2. 跳離地面

   一個成功的跳遠選手，在起跳離開地面的時候，會適時地利用重力。重量可以幫助我們跳得更遠，當孩子到達沙坑時，應該要利用「地球的重量」給他力量一躍而起。

3. 飛在空中

   在空中停留的時間越長，就會跳得越成功（也越優美）。鼓勵孩子利用空氣的元素：享受飛行的感覺。

4. 落地

   讓孩子知道，跳遠距離的測量，是從跳起的那一點起算，到身體落在沙上最接近起點位置的距離（不一定會是腳著地的位置）。提醒他們，不只要注意距離，古希臘人也同樣重視跳遠選手的品質及優雅的姿勢。所以，「如何落地」也是相當重要，要有「水的流動性」。

我更喜歡孩子自己找到「過程」。上面所描述的，只是一般的跳遠知識，孩子會有自己的結論，有時會與上述所說的有些許不同。有些孩子在助跑階段會覺得像是水——越來越快，力量越來越強；起跳時像火——爆發力；在空中大多一樣，但是當我們落地的時候，感覺像是返回地球。

跳躍的長度可以從跳板（或沙板）測量起（腳起跳瞬間的位置），並以成人的「腳長」為單位來測量，因此，在活動開始前就要準備好這些器材。

遊戲 175 重力跳遠

重力跳遠（雙手持沙袋）也是古希臘奧林匹克運動會中的一個項目。據說，這種方法可以幫助他們跳得更遠，但是對孩子來說，往往無法因此跳得更遠，不過這項活動還是很重要，可以幫孩子體驗重力以及如何去利用它。

活動步驟

1. 跳遠選手雙手各拿一個沙袋，面對要跳的方向站著，雙腳併攏。
2. 助跑、加速接近沙坑。在沙坑前，拿著沙袋的雙手必須向後甩，彎下膝蓋準備跳起。
3. 拿著沙袋的雙手向前擺動的同時，腿向前踢，並跳起來。 落地前，再將拿著沙袋的雙手向後擺，然後放手讓沙袋落地。

遊戲 176 跳高

古希臘並沒有現代的跳高活動，唯一類似的項目是古老的撐竿跳（用竿子撐住地上，向前跳過活馬），這個活動可能源自於希臘克里特島的傳統跳牛雜技活動。在雅典城外的地方才有跳高活動（選手雙腳直接著陸在岩石上），有些人覺得，這個活動可以讓運動員學會如何優雅地雙腳著地，並真正地與地面接觸。因此，在華德福奧林匹克運動會中，我們不使用墊子。另外，跳高活動有兩種（可以讓運動員自己選擇）：一種是「跨欄跳」，另一種是「剪式跳」。

剪式跳

（助跑方式與跨欄跳截然不同。運動員必須沿著大弧線助跑，以身體的側面接近繩索，前面的一條腿先踢高然後越過繩索，後面的腿緊跟著，以剪刀的動作越過。）

跨欄跳

（跨欄跳是以正面接近跳高繩，然後直接越過它，就像是跳過障礙物。）

跳高的高度不是以傳統方式測量，而是根據孩子的身高來測量。這可以讓身材較矮小的運動員（通常在這樣的項目裡不會有獲勝機會），能夠與較高大的運動員有相同機會參與比賽。

選手成功跳過後，請他回到剛剛跳過的繩索旁。我們可以將測量尺的中央（請見 P261 的「跳高道具」），也就是「0」的位置，並將測量尺放在測量員（我們）的骶骨（骨盆帶的基部，位於骨盆腔的後面，在兩塊髖骨之間）上，大約是短褲的腰帶處，或是尾骨頂部上方約 3 個成年人手指寬的地方。接著測量剛剛跳過的繩索高度，確認繩索高度在測量尺中心，也就是「0」的上方或下方多少刻度。若孩子成功跳過，較矮小的選手可能得「+3」分，但較高大的選手可能只有「-1」分，較高大的選手必須跳過更高的高度才能獲得「+3」分。

三、力量運動

角力在華德福奧林匹克運動會中，相當重要。在這個活動中，孩子並不是單靠蠻力獲勝，為了維持活動規則（不能破壞與對方手臂搭成的圓），孩子必須運用身體的巧勁來贏得比賽，可以讓孩子更了解身體的動作。

遊戲 177 角力

讓孩子進行的角力活動已經經過改編，即使在古希臘，特別是在希臘、羅馬時代，這項活動是相當殘酷的。為了使比賽更加公平，我會依體重幫孩子分組。

活動步驟

1. 讓兩位選手站在角力圈內。
2. 兩位選手雙手交握，手必須保持在胸前的高度，讓雙方手臂形成一個圓（魔法圈），關鍵是要「盡可能讓手臂形狀越圓越好」。

3. 選手不能用頭或肩膀去推動對方，否則就會破壞這個圓的形狀。所有的力氣都是在腳部，頭腦應該保持清晰而放鬆，因此角力可以教導孩子如何利用身體的重量和力量，同時還要保持「清晰的頭腦」。
4. 如果選手碰到角力圈的線，或是被推出角力圈，就會失去 1 分。
5. 如果他用肩膀、頭部或胸部去推對方，而破壞了兩人之間的圈，又沒迅速調整回正確的姿勢，也會失去 1 分。
6. 儘管有時會因為對方的推力而移動身體，但選手不能故意拉扯對手或者故意放手，否則也會失去 1 分。

四、投擲運動

投擲運動，尤其是鐵餅，可以讓孩子更了解身體的順暢度。投擲鐵餅並不是只靠蠻力，而是運用身體的弧度，讓鐵餅順著手臂滑出的方向，讓鐵餅順勢飛出，對於孩子來說，會是種相當奇妙的身體感受。

遊戲 178 鐵餅

希臘人稱鐵餅為「真言者」，他們認為鐵餅飛過空中的方式，可以反映出運動員的內在狀態，也是發送訊息給神的方式。

鐵餅並不是被丟出，而是被釋放出去的，選手需要有非常開放的肋骨部位，才能將鐵餅成功地釋放出去。教孩子扔鐵餅時，我會用先做一些預備的練習動作，將必要的技能先建立起來。

讓孩子拋擲鐵餅前，請確實讓孩子了解到鐵餅的重量很重，才不會因為不當操作造成很大的傷害。並且注意：尚未確認任何狀況都是安全的情況，不要讓孩子拋擲鐵餅。

活動步驟

請依序讓孩子練習下方的動作。

一、擺動鐵餅

1. 手臂輕鬆垂下、靠在身體旁邊，鐵餅放在手中保持垂直的位置，握住鐵餅的手指必須分開，指尖彎曲在鐵餅上握住。
2. 以弧線擺動鐵餅（不高於肩膀），確保鐵餅始終保持垂直。左右手都同樣做這個動作，注意去感受這鐘擺動作當鐵餅在弧線底部時的重量，還有在弧度高處時的輕盈或反重力的力量。

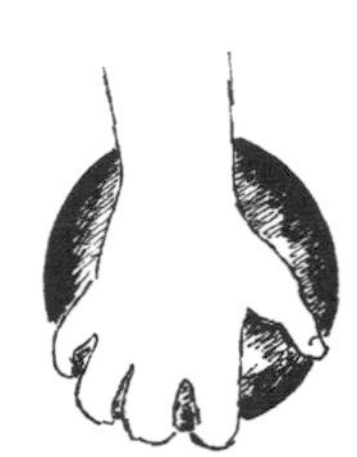

二、保齡球式

1. 兩個孩子面對面站著，相互距離一個手臂寬（如果有左撇子的孩子，請確認他選擇的夥伴也是左撇子）。
2. 將鐵餅垂直握在手中，然後將鐵餅由地上滾到夥伴的手中（鐵餅要確實推離身體範圍，且最後會以食指觸碰鐵餅）。
3. 接下來，讓孩子將鐵餅放下，並拉大與夥伴的距離，改為相距約 10 步距離站著。持有鐵餅的孩子先開始，像丟保齡球一樣的丟出鐵餅，先擺動鐵餅（如「擺動鐵餅」），然後放手，讓鐵餅順著地上滾到夥伴腳邊。
4. 如果鐵餅是直線滾出的，那表示孩子在放手的時候鐵餅是垂直的，但是如果它滾動路線彎曲，那麼表示出手時鐵餅不是垂直的！在整個將鐵餅放出去的過程中，手肘和手腕必須保持鬆弛。鼓勵孩子利用鐵餅的重量，如步驟 1。如果您有信心的話，下一步同樣是重複「保齡」鐵餅，但這次是將鐵餅在空中投出；它仍然必須保持垂直。

三、斗篷式

1. 每個孩子都先握有一個鐵餅、單獨練習。
2. 首先，按照「擺動鐵餅」所述的方式將鐵餅拿在手中。
3. 孩子的另一隻手（輔助手或非投擲的手），水平舉向投擲目標，且手掌應該向上。
4. 當手臂抬起時，腳要朝向目標方向跨出一小步，想像正在用協助的那隻手臂，將一件斗篷緊緊包住自己的身體（見右圖）。
5. 孩子順著手臂包圍的動作，彎曲膝蓋並扭轉身體。
6. 當手臂圍繞住身體時，孩子以腳趾為軸心，膝蓋與腳垂直。這時，可以來回擺動鐵餅（參見「擺動鐵餅」），感受鐵餅的重量。
7. 然後，非投擲的手臂慢慢的再次將「斗篷」打開，身體隨著動作轉動，但這一次，投擲的手臂要跟著向前（這時，還不能讓孩子放開鐵餅）。
8. 當展開「斗篷」時，重要的是要出現「信天翁」姿勢，也就是胸部向前，而握有鐵餅的手臂則是像鳥的翅膀般向後延伸。最終，鐵餅會以這樣的姿勢被擲出。

四、放手讓鐵餅飛出

1. 讓孩子面對擲出的方向，沿著場地邊緣排成一排。
2. 告訴站在最後面、鐵餅手旁邊有他人站立的孩子（右撇子）：他就是「錨」。
3. 然後，讓隊伍最前端的孩子，向前走四、五步，如此一來，在他們兩人之間的孩子，就會順這兩人排成一條直線。這樣一來，如果有人提早擲出鐵餅，就不會打到別人了。

4. 用「打水飄」的手勢來做比喻鐵餅擲出的動作，這樣的圖像最能幫孩子了解該「如何放手讓鐵餅飛出去」，而不是投擲。
5. 按照「三、斗篷式」的動作，這次除了要放手、讓鐵餅出去，還要提醒孩子：在放手時，最後一個放開鐵餅的手指是「食指」，就像「保齡球式」的練習一樣。唯一不同的是，鐵餅現在是呈水平狀態飛出去。
6. 因此，兩隻手臂會不同的動作：空著的手（也就是非投擲／抓斗篷的手），應該要盡可能大動作的往另一隻手臂擺去，如此一來，持鐵餅的手臂才能移動。這個動作就是在運動會當天所使用的擲法，不同的是，當天一次只有一個孩子進行投擲動作。

五、射擊運動

比起擲鐵餅，標槍不需要過於強大的力量，因此可以讓力氣較小的孩子有發揮的機會。

遊戲179 標槍

【**小提醒**】在進行標槍這類活動時，最重要的是要維持孩子的紀律，否則很容易造成傷害。意外大多發生在「沒有確實要求紀律」的情況下。因此，要特別注意遵循以下的規範，以防止事故的發生：

1. 畫出一條清晰的投擲線。

2. 所有人不得在投擲線外走動，除非當老師說：「撿標槍！」
3. 避免排隊，特別是在幾個人共用一個標槍的時候。如果必須排隊，則在投擲線後至少 5 步距離，再畫一條等待線（事實上，標槍的尖銳部分比較少發生意外，反倒是標槍另一頭，也就是射標槍的人身後，較容易發生意外）。
4. 絕不能讓這個年紀的孩子帶著標槍跑。
5. 移動標槍時，要垂直拿著、慢慢走。
6. 投擲後，將標槍撿起時，先將一隻手放在標槍尾端，然後轉動標槍並拉起，最後用手握住手柄，讓它直立起來。

活動步驟

一、了解正確握姿

1. 將非投擲的手，握在標槍手柄下方，並將標槍直立、尖端朝下。
2. 將投擲手的拇指和食指順著標槍圍成一個圈，將這個手指圈從上往下滑，直到拇指和食指碰到手柄，接著其他手指便一起握住手柄。

二、獵人投擲法

1. 這是初學者最理想的投擲法。選手站成一條線，左撇子運動員站在右撇子運動員左邊（最好讓左、右撇子能夠組成一組，一起練習）。
2. 將運動員的數量除以標槍數（即 20 名運動員，只能有 5 枝標槍，並組成 4 組）。不要讓運動員列隊站在另一排孩子後方，如果他們站在正在射標槍的孩子身後，可能會受傷。
3. 如果需要排隊時，可以用繩子標出投擲線，並依照孩子在每組的順序給予編號。
4. 一開始，每組中的 1 號孩子，垂直拿著標槍站著。標槍尖頭部位朝下，越垂直越好，這就是預備動作。

5. 注意：所有選手要筆直地站好，手上的標槍也要筆直地拿好！所有選手保持著預備姿勢，並舉起空著的那隻手，指向距投擲線 7 步外的地面。

6. 標槍以弧線抬到頭上，而不是肩膀上方，稱為「持槍」。
7. 將手臂向後延伸一點，這稱為「引槍」。
8. 注意，必須讓標槍尖端指向地面，而不是水平或指向天空。
9. 將標槍以平滑、對準的方式投擲出去，這稱為「擲槍」。
10. 投擲完後，所有孩子要先等待，老師要先檢查「是否每個人都已擲出標槍」。這時，老師必須清楚地說：「等！」
11. 當老師說：「撿標槍！」時，孩子才能越過投擲線，運用「小提醒」所說的技巧去撿標槍。

活動變化

1. 在「引槍」時，舉起空著的那隻手和另一隻手握在一起。
2. 標槍被握在兩隻手中，尖頭必須向下。
3. 膝蓋彎曲（但背部不能彎曲），雙臂向後，準備投擲標槍。
4. 接著擲槍、等待、撿標槍。

三、戰士投擲法

1. 這是在正式奧林匹克運動會所使用的投擲法。選手必須用這個「公認的古典投擲法」，將標槍擲出，並在空中畫出一個美麗的弧線。
2. 選手站定預備動作，但「引槍」時的姿勢略有不同：在「獵人投擲法」中，「引槍」時，手只需稍微偏往頭後方一點點即可，但在「戰士投擲法」中，卻必須讓手整個往後延伸，使手臂與地面呈現 45 度角。

3. 之後，再將標槍投擲出去，然後「等待」及「撿標槍」。

活動變化

在「引槍」時，將標槍後端插入地面，可以在投擲前產生一些小阻力。或者，也可以請夥伴握住標槍後端、靠近地面的地方，但是這必須非常小心，不要傷到夥伴。

六、接力跑步

大隊接力就是華德福奧林匹克運動會最後一個項目，也是整場運動會中，最精采的一項活動。對孩子來說，必須有的能力不只是跑步的速度，還有與隊友的配合度（交接棒時）。這項活動因為必須靠所有隊員的配合，因此也可以讓那些平時比較膽小、害羞的孩子，有機會展現自己的能力。

遊戲 180 大隊接力

最原始的接力賽，是跑者將點燃的火炬，一個一個傳給下一個跑者，我通常都用卷軸代替傳統的火炬！以下的活動規劃，是將跑道畫為四段，每段 75 公尺或 100 公尺的接力賽，可以視跑道寬度決定。

活動步驟

1. 每個城邦有一個卷軸，由一個跑者傳給下一位跑者。
2. 每個城邦都會有一位跑步者站在接力線上等待（參見競賽場地配置圖），跑者的起跑點以「不同起跑點，但距離相等」的方式規劃（在外側跑道的跑者，起跑點位置會是隔壁內側跑道跑者前約 4 步距離），跑步者必須一直維持在他們的跑道上，不能任意變換跑道。

3. 如同傳統的接力賽，卷軸由一個跑者傳遞給下一個跑者，最後由跑得最快、最優美的隊伍獲勝。

這是一個非常令人興奮的項目，也為害羞、內向、不善於表現自己的孩子提供一個能夠參與的機會。最好將速度最快的孩子放在最後一棒。

大隊接力通常會安排在運動會的最後一個項目，因為它是最激勵人心的項目。孩子要練習如何在跑動中接到接力棒（卷軸），這樣才能在起跑時，就加快速度。

chapter 11
重新找回遊樂場

現在的孩子大多都忘了怎麼玩遊戲。已經有多久沒在學校操場或街上，看到孩子在玩跳房子、彈珠，還有一些傳統遊戲了。這些沒有裁判，不需專業設備，卻又充滿各種韻文、規則及點子的遊戲正迅速消失中。我參訪過的一些學校裡，有時也會看到孩子在操場玩一些遊戲，但是這些只是曾經豐富的文化資產中，殘留的一絲遺跡。孩子很少自己發明屬於自己的特殊規則，往往只是按照遊戲的基本框架與結構去玩。要讓遊戲活起來，進行的時候必須將特殊的個人及環境狀況考慮進去，比如說：如何運用遊戲區的樹，或發明一個規則來幫助某個行動不便的孩子也能加入遊戲！

一些傳統韻文（常常可以處理社交問題的遊戲）也逐漸消逝。這些文字和韻律節奏，對兒童發展有很大的幫助。遊戲場裡的遊戲可以幫孩子建立自己的運動技能、社交技巧（如：溝通、談判、機智和自信），也可以幫助他們發展自己的個性，以及與世界的連結感。

在我參訪過或任教的學校裡，我總是會花許多的時間，將遊戲再次帶進遊戲場，如：跳房子、拍手遊戲、四方手球，還有一些我曾經在東方國家看到過的遊戲（在某些電視和電動還不是家中標準配備的國家，以及一些自己童年時曾經玩過的遊戲）。

孩子非常喜歡玩我上面提到的這些遊戲，對於負責遊戲場安全的大人來說，也更加輕鬆！孩子爭執、欺侮的頻率也有明顯差異（我並不是說，在遊戲中不會出現這種情況，但是遊戲的結構和規則，可以幫孩子以更加社會化的方式進行互動）。同樣地，父母可能也會發現：孩子抱怨無聊的次數變少了，對看電視的興趣也會減低。事實上，你可能會發現，孩子一整個下午都在遊戲場裡玩！

一、空間遊戲

藉由這些遊戲，讓孩子理解身體與前、後、左、右空間概念。

遊戲 181 月亮！月亮！

參與人數 約 5～10 人。

遊戲區域 用粉筆、石頭或水，在地面上畫出一個直徑大約 5 步的圓圈，可以依照參與人數多寡，改變圓圈大小。

遊戲步驟

1. 一個孩子擔任太陽，其他孩子是月亮，太陽必須抓到月亮。
2. 月亮在圓圈裡面，太陽只能在圓圈的外面，不能跨進圓圈內，但是可以站在外面用手去碰站在裡面的月亮。
3. 太陽只要腳趾頭沒有越線，就不算犯規（身體其他部位都可以越線，甚至可以用手觸碰圓圈裡面的地板，讓自己接觸圓圈內更遠的地方）。

4. 如果月亮被太陽碰到了，就會變成新的太陽；也可以當所有月亮都被太陽碰到，遊戲就結束了。

遊戲變化

可以將圓圈分成二分之一或四分之一。在圓圈中間畫出一條線，太陽可以沿著線走來抓月亮。

遊戲 182 丟球拍拍手

遊戲設備 一顆網球。

遊戲步驟

1. 從第一位孩子開始，他要完成下列所有動作，而不能讓球落地。一旦球落地，就得換下一位孩子，從頭開始所有動作與遊戲變化。
2. 當所有孩子都輪過一輪後，球再度回到第一位孩子手上，從頭做一次所有動作。
3. 能夠完成最多動作與遊戲變化的孩子獲勝。

動作 1：將球垂直拋向空中，然後接住。

動作 2：將球往地上丟，讓它在地上反彈一次後接住。

動作 3：將球往上丟，讓它在地上反彈，當球在空中時，用手將球往上輕拍，然後接住。

動作 4：與「動作 3」一樣，但是這次要往上輕拍兩次，一次是手指指向遠方，一次是手指指向自己。

動作 5：將球拋向空中，然後雙手在背後拍一下，接著換到前面拍一下，最後將球接住。

動作 6：將球向上拋出，接著雙手相互旋轉（手背在上，雙手手掌平放眼前，雙手指尖相對，兩隻手快速彼此交叉旋轉），在球落地前接住。

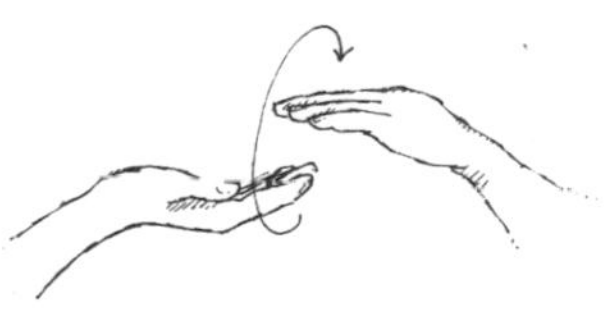

動作 7：球向上拋出，雙手碰自己的肩膀後接住球。

動作 8：球向上拋出，向上跳起並拍一下膝蓋，雙腳落地後接住球。

動作 9：球向上拋出，摸一下地板後接住球。

動作 10：球向上拋出，身體轉一圈回來接住球。

遊戲 183 牆壁網球

遊戲人數 每組 2 人。

遊戲設備 每組一顆網球。

遊戲區域 牆壁，要有光滑堅硬的表面，讓球能夠反彈。

遊戲步驟

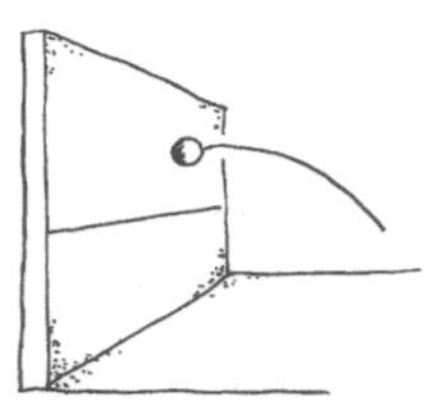

1. 向牆壁丟球。
2. 球打到牆壁，回彈後在地上反彈一下，由隊友接住。
3. 也可以在牆上畫出一條線（距離地面約 1 公尺），規定球必須打在線上方的牆壁上。
4. 或是在地上畫出一條距離牆壁約 1 公尺的線，球必須避開這個區塊、反彈在隊友那側的地面上。

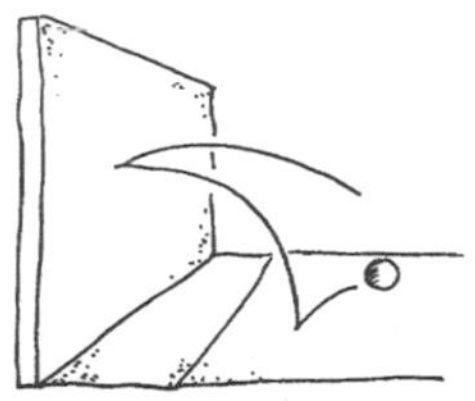

遊戲 184 鳥巢與蛋

遊戲設備 石頭或其他類似的物品（用來代表蛋）、圍巾或布條當作眼罩。

遊戲區域 將石頭放在圓的中央，代表母鳥的巢。

遊戲步驟

1. 其中一個孩子擔任母鳥，必須保護自己的蛋不能被偷，其他孩子是想要偷蛋的烏鴉。
2. 當任何一個孩子叫道：「保護你的蛋！」遊戲就開始了。烏鴉必須試著引開母鳥的注意力，偷走蛋。

遊戲變化

變化 1：母鳥被蒙住眼睛，另外指定一名孩子作為母鳥的「導盲犬」，要避免母鳥受傷。其他孩子將鳥巢移到一個新的地方，然後圍繞著鳥巢坐下、保持安靜。母鳥必須試著找到牠的巢。

變化 2：母鳥站在圓的正中央，手裡拿著一顆雞蛋。其他孩子踮著腳尖站在圓圈的線上，母鳥說下段韻文：

母鳥迷路了，要找到路回家。

站在圓圈線上的孩子，其中有幾個孩子手上有蛋。比如圓圈上有 9 個孩子，就有 3 個孩子手上有蛋。母鳥要試著抓到手上有蛋的孩子。這些孩子不能走動，而母鳥有三次機會猜哪幾個孩子手上有蛋。當手上有蛋的孩子被抓到時，就會變成新的母鳥。然而，如果母鳥猜三次都沒抓到手上有蛋的孩子，就要選出一個孩子當新的母鳥，遊戲再次開始。

遊戲 185 尋找火種

遊戲設備 一根木棍（火棒）。

遊戲區域 指定一棵樹、柱子、區域當作池塘（安全區域）。

遊戲步驟

1. 指定一個孩子擔任找尋火種的人，他必須先找到火棒（木棍），再去抓其他孩子。
2. 當其他孩子在將火棒藏在某處時，尋找火種的人必須閉上眼睛。

3. 將火棒藏好後，其他孩子必須給尋找火種的人提示，讓他找出火棒，例如：當尋找火種的人遠離木棒時，就要說：「冷，好冷！」當他越走越近時，就要說：「熱，更熱！」
4. 當尋找火種的人找到火棒時，要喊：「燒起來了！燒起來了！」並拿著手中的火棒開始追其他孩子。
3. 被木棒碰到的孩子就出局，孩子也可以躲到「池塘」中避難，但是每次躲在池塘的時間不得超過 10 秒（或約定好的時間）。

遊戲 186 惡狼與小羊

遊戲步驟

1. 指定一個小孩當狼，他必須要抓到「最小的」羊。
2. 一個孩子當牧羊人站在最前面，其他孩子是羊群，在牧羊人身後排成一排，雙手搭在前面的人的腰上。
3. 「最小的」羊就排在最後面。如果遊戲中，羊群隊伍斷了，無法搭到前面人的腰的孩子，就成為新的狼。原本的狼變成牧羊人。

遊戲 187 單腳碰碰車

這是一個需要體能技巧和平衡的遊戲！

遊戲區域　畫出一個直徑約三步的圓（最好在草地上進行遊戲）。

遊戲步驟

1. 兩個孩子在圓圈內，他們必須將腳向後抬，用手握住腳踝，另一手則放在背後。
2. 孩子必須試著將對方撞出圓圈外，並同時維持單腳站立的姿勢。
3. 將對方撞出圈外的人獲勝！

遊戲 188 四方手球

下面這個遊戲非常受歡迎，我建議可以直接在水泥地漆上場地線，因為使用頻率會非常的高！首先，我會介紹初級版，比較適合年紀較小的孩子（避免玩得太激烈）。但是，這個遊戲規則對於年紀較大的孩子來說，可能會覺得無聊，他們會想要玩更刺激的進階版「【遊戲 189】下彈球」。

遊戲人數　一次 4 人。

遊戲設備　一顆球。

遊戲區域　將大正方形場地平均分成四塊小格，每個小方格的邊長約 4 碼（3.6 公尺）。

遊戲步驟

1. 遊戲目標就是要進入最高階的那個方塊，並且能在那裡待越久越好（維持高手 A 的身分）。

2. 方格會分為幾階：發球方格（在角落畫上一個小方塊以便識別）是「騎士 J」、第二階的方塊是「皇后 Q」、第三階是「國王 K」、第四個也是最高階的是「高手 A」。
3. 由「騎士 J」發球，將球打進其他任何一格方格。而站在此方格的人，要把球再打到其他方格內。
4. 擊球時要以手掌擊球，這時的手掌與網球球拍有相同功能。如果球落在方格外框線上，仍視為進球。如果球落在內框線上，則可以重來，或繼續進行。
5. 當下列情形發生時，球員就算出局：他將球接住或是用丟球的方式擊球、他沒能將球擊出、將球擊出後，球先在自己的方格地上反彈（但這個規則不適用於「【遊戲 189】下彈球」，見下文）、太用力擊球，以至於球落到界外去。
6. 孩子出局時，就要站到隊伍的最後面去（如果只有四個人玩，他就成為「騎士 J」，其餘孩子升級；若有超過四個孩子，如果「國王 K」出局，那麼「皇后 Q」就成為「國王 K」，「騎士 J」就成了「皇后 Q」，並且讓新的孩子成為「騎士 J」，由他發球）。
7. 得分：有人出局時（「騎士 J」、「皇后 Q」或「國王 K」），「高手 A」都會得到一分。

遊戲 189 下彈球

遊戲步驟

如同「【遊戲 188】四方手球」的規則，但是球擊出後，必須先在自己的方格中反彈一下，再彈到其他的方格中。

遊戲 190 大樹下

遊戲區域 指定幾根樹木當作「安全」區（安全區的數量必須比參與人數少一個）。

遊戲步驟

1. 所有孩子站在場地中間，當遊戲領導者宣布開始時，大家就要各自找到一個自己的安全區（每個安全區只能有一個孩子）。
2. 無法找到安全區的孩子，則站在場中等待其他人移動，趁機找一棵空下的安全區。

遊戲 191 丟石頭

遊戲設備 每個人有一顆石頭（直徑約 7～8 公分，厚 2 公分）。

遊戲區域 在地面上畫兩條線，相隔約 4～5 公尺。

A ———————————— B

C ———————————— D

遊戲步驟

1. 將孩子分為兩隊，每隊約 4～8 人。

2. 每隊一位隊員站在 AB 線上，試著將石頭扔到 CD 線上。
3. 石頭落在線上或離線最近的人獲勝，他的隊伍也贏得了下段遊戲的先發權。
4. 讓孩子依照下方「遊戲動作」順序，逐步完成動作，有任何一個動作失敗，則與 B 隊攻守交換。
5. 再次輪到該隊時，要從上次失敗的步驟做起，試著完成所有動作。
6. 最先完成十八個動作的隊伍獲勝。

遊戲動作

動作 1：B 隊將石頭放在 CD 線上。A 隊成員站在 AB 線後面，輪流扔出自己的石頭，試著讓自己的石頭擊打到 B 隊石頭。如果有任何成員沒有擊中 B 隊的石頭，攻守交換，輪到 B 隊扔石頭。如果有任何一隊成員全都成功擊中他隊石頭，就可以進階到「動作 2」。

動作 2：B 隊把石頭放在 CD 線上，A 隊在 AB 線後面。A 隊成員輪流，將石頭拋到距站立位置一步遠的地方。接著，這個成員試著跳到他所丟出的石頭上面。然後，以腳跟不動，腳尖抬起的方式，拿起石頭，接著再試著將石頭丟出，試著擊中 B 隊的石頭。如果 A 隊有人無法跳到自己丟的石頭上面、跌倒，或者沒打中 B 隊的石塊，就要攻守交換，輪到 B 隊扔石頭。如果有任何一隊成員全都成功擊中他隊石頭，就可以進階到「動作 3」。

動作 3：這次不是將石頭拋到一步遠的距離，而是兩步遠的距離，其餘步驟與「動作 2」相同。

動作 4：步驟與「動作 2」相同，但這次將石頭丟到三步遠的距離。

動作 5：將石頭平放在腳背上，單腳從 AB 線跳到 CD 線，且不能讓石頭掉下來，若成功，就將腳背上的石頭放在 B 組石頭上。

動作 6：步驟與「動作 5」相同，但這次將石頭夾在兩腳間。

動作 7：步驟與「動作 5」相同，但這次將石頭夾在雙腿膝蓋間。

動作 8：步驟與「動作 5」相同，但這次將石頭夾在大腿間。

動作 9：身體向後彎，將石頭放在胸前、走向 CD 線。

動作 10：把石頭放在左肩上、走向 CD 線。

動作 11：把石頭放在右肩上、走向 CD 線。

動作 12：身體不能彎曲，將石頭夾在下巴和脖子之間、走向 CD 線。

動作 13：用腳趾頭將石頭夾住，倒著跳向 CD 線。

動作 14：將石頭用膝蓋夾住，倒著跳向 CD 線。

動作 15：將石頭夾在大腿之間，倒著跳向 CD 線。

動作 16：彎下身體，將石頭平衡的放在背上，向前走到 CD 線。接著讓石頭從頭上落下，擊中在 CD 線上的石頭。

動作 17：步驟與「動作 16」相同，但改為倒著走。

動作 18：步驟與「動作 16」相同，但這次將石頭平放在頭上向前走。

二、快速反應遊戲

這些遊戲都需要快速的應對，才能讓遊戲順利進行下去。

遊戲 192 迷宮賽

這款遊戲來自日本。它的螺旋圖案特別適合讓孩子在待降節（Advent，為了慶祝耶穌聖誕前的準備期與等待期，亦可算是天主教教會的新年）玩。任何形式的猜拳都可以用來決定遊戲時，誰能繼續下去。

遊戲區域

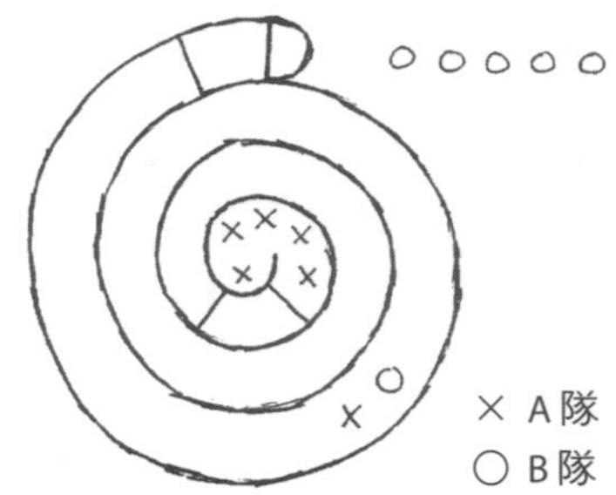

遊戲步驟

1. A 隊的目標，是離開螺旋；B 隊則要到達螺旋中央。
2. 信號開始，兩隊各選一位隊員向前跑。他們沿著螺旋路徑：A 隊成員從中心向外跑，B 隊成員從外面往螺旋中心跑。當他們碰面時，就要猜拳（見「【遊戲 193】剪刀、石頭、布」或是其他合適的遊戲）決定誰能夠繼續跑。
3. 如果 A 獲勝，就可以繼續跑向 B 隊所在的螺旋外面，B 隊成員不能繼續前進，只能立刻派另一個成員從入口處重新前進。
4. 雙方成員再次碰面時，就要再猜一次拳，輸的人不得繼續前進。
5. 當其中一隊成員成功抵達終點，比如說：A 隊成員成功抵達 B 隊所在位置時，A 隊下一個成員就可以開始起跑。
6. 結束後，計算成功抵達終點的人數，多的那一隊獲勝。

遊戲變化

猜拳猜輸的人，不需離開遊戲，而是退回起跑點，排到出發隊伍最後一位；猜贏的人則繼續向前跑，直到遇見下一個挑戰者。用這種方法時，當其中一隊的所有隊員都抵達對手起跑點時，此隊獲勝。

遊戲 193 剪刀、石頭、布

遊戲步驟

1. 這款遊戲會在「【遊戲 192】迷宮賽」使用。兩個孩子面對面站著，雙手放背後，然後同時大喊：「剪刀、石頭、布！」
2. 喊到「布」到時候，雙方都要伸出一隻手，比出：剪刀、石頭或是布的形狀。
3. 如果雙方都出同一個形狀，就要重來一次。

布
（布可以把石頭包起來）

石頭
（石頭可以砸壞剪刀）

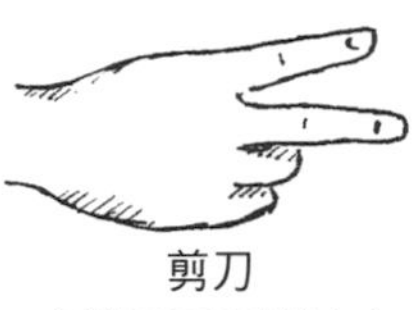
剪刀
（剪刀可以剪布）

遊戲 194 拇指大戰

遊戲步驟

1. 兩個孩子面對面互相握手，然後開始唸下面的童謠：

   一、二、三、四！

   向你的拇指宣戰。

   敬禮……

2. 雙方的拇指彎曲，向對方敬禮。
3. 接著戰爭開打，用自己的拇指，試著壓住對手的拇指，壓制對手拇指時，必須說：

一、二、三，我勝利！

4. 若對手沒辦法掙脫壓制，你就贏了。

遊戲 195 鱷魚嘴巴

遊戲步驟

1. 兩個孩子雙手合併，面對面站著，兩人的手指頭相互觸碰。
2. 其中一人先開始，他必須在對方將手移開之前，用他的「鱷魚嘴巴」成功「咬住」（碰到）對方的手。
3. 只要他「咬到」（碰到）對方的手，就算成功。
4. 當一方成功「咬到」對方時，就可以繼續當鱷魚；如果失敗了，就換對方當鱷魚，試著用嘴巴「咬人」。

遊戲 196 敲手遊戲

遊戲步驟

1. 與「【遊戲 195】鱷魚嘴巴」玩法相同，但是兩人的姿勢改為：手握拳，並將拳頭面對面觸碰對方。
2. 雙方輪流試著用拳頭互相打對方的拳頭（孩子可能會瘀傷）！

遊戲 197 打手遊戲

遊戲步驟

1. 一個孩子伸出一隻手、手掌向上（由他擔任「攻擊手」），另一個孩子將手掌放在「攻擊手」的手掌上。
2. 「攻擊手」必須迅速地抽出他的手，並在另一位孩子的手收回之前觸碰到對手（不可以假裝碰到）。
3. 若「攻擊手」沒有成功碰觸到對手，則兩人角色互換。

【小提醒】「攻擊手」的手掌只能向上擺放，這樣可以避免孩子太過用力地擊打對手。

三、攻城遊戲

攻城遊戲對孩子來說，是較為複雜的遊戲形態。孩子為了捉到另一隊的人馬，必須了解自身隊員的能力，進而組織、合作，才能有更好的成果。

遊戲 198 安全上岸

這款遊戲與「【遊戲 152】槍林彈雨」、「【遊戲 199】勇闖閘門」和【遊戲 200】穿越急流」非常相似，但在玩法上有小小的變化。

參與人數 將孩子分成兩隊，每隊各有 4 名成員。

遊戲步驟

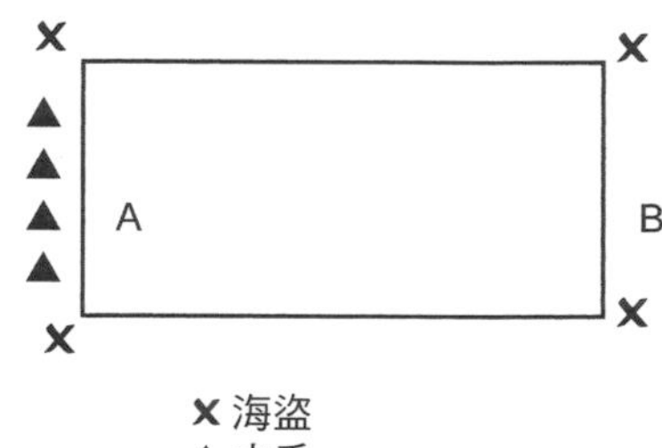

1. 將孩子分成兩隊：水手和海盜。
2. 「海盜」分別站在場地四個角落，其中一個「海盜」發布開始信號，遊戲開始。
3. 「水手」要試著穿過河流，到達「B 線」然後再返回「A 線」且不被海盜抓到；「海盜」只能沿著「A 線」或「B 線」移動，也可以游到河中。但是，「海盜」一次只能追一位水手，如果沒有成功抓住這個「水手」，就必須回到自己的角落，重新出發抓另一個「水手」。
4. 河流兩邊是「安全區」，「水手」站在這個地方是安全的，不會被抓。當有一個「水手」被抓到，那麼兩隊身分互換（原本為「水手」的孩子變成「海盜」；原本為「海盜」的孩子變為「水手」）。
5. 但是，如果任何一個「水手」成功到達「B 線」，然後返為「A 線」而沒有被「海盜」抓住，此隊便獲得 1 分，可以再次重新挑戰。
6. 分數最高的那一隊獲勝。

遊戲 199 勇闖閘門

此遊戲與「【遊戲 198】安全上岸」非常類似。請確實測量遊戲區域大小，場地大小對這幾款遊戲來說，非常關鍵！

參與人數 將孩子分成兩隊，每隊各有 4 名成員。

遊戲步驟

▲▲▲▲水手
A 閘門 ×守門員
B 閘門 ×守門員
C 閘門 ×守門員
D 閘門 ×守門員

1. 「水手」的目標是要穿過閘門，且不被抓到；「守門員」必須守著閘門（上圖中的 A、B、C 或 D 閘門），但只能站在離閘門線 2 英尺內（約 60 公分）的範圍上。
2. 「守門員」只能守自己的閘門，不能移動到其他閘門，只有 A 閘門的「守門員」可以隨時向下移動到中間位置。
3. 當其中一名「水手」觸碰到守護 A 閘門「守門員」的手時，表示遊戲開始。
4. 「水手」必須穿過 A、B、C 和 D 然後到達 D 閘門，接著再返回、穿過場地回到 A 閘門而不能被「守門員」抓到。
5. 「水手」只能待在規劃的場地內，如果超出遊戲區就算出局，換他們當「守門員」。
6. 如果「守門員」抓到「水手」，則兩隊身分互換，遊戲再次開始。
7. 如果有任何「水手」成功穿過 D 閘門，並且順利回到 A 閘門，他所屬的那一隊就得到 1 分，且所有「水手」返回原點，重新開始遊戲。
8. 得分最多的隊伍勝出。

遊戲變化

我有時會安排 3 個「守門員」在 A 閘門、2 個守門員在 B 閘門、一個守門員在 C 閘門。如果水手能夠穿越 B 閘門而不被抓，就得 1 分；如果可以穿越 C 閘門而沒被抓，就得 2 分；如果可以穿越 D 閘門，則得 3 分。如果同時有 2～3 個「水手」一起起跑，他們可以互相合作，藉此分散「守門員」的注意力。

遊戲 200 穿越急流

這款遊戲最好在沙灘上進行，就可以輕易地挖出壕溝（急流），而且在沙子上跌倒了也比較不會受傷。這是由「【遊戲 198】安全上岸」與「【遊戲 199】勇闖閘門」變化而來的，而這幾款遊戲都源自於孟加拉（位於南亞，其官方語言為孟加拉語，毗鄰尼泊爾、不丹、印度，以及大陸）。

參與人數

將孩子分成 2 隊，每隊各有 9 名成員。

遊戲步驟

1. 將孩子分成兩隊：「划船手」及「海盜」。

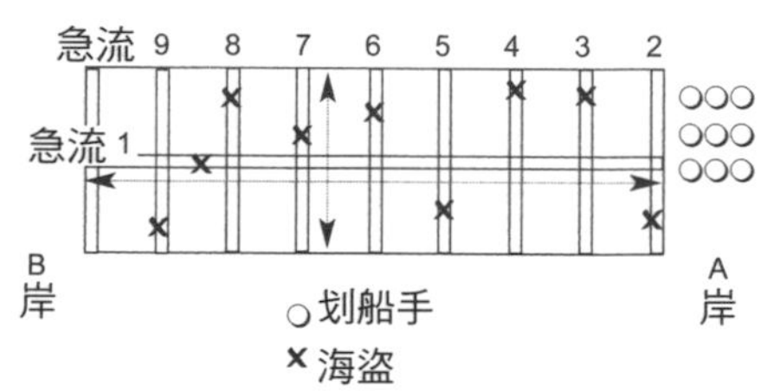

2. 「划船手」站在「A 岸」上，試著成功穿越九個急流，然後再回到「A 岸」。
3. 每個急流上都站著一個「海盜」，「海盜」只能在自己的急流上走動，除了橫向的「急流 1」的海盜，可以沿著「急流 1」的範圍左右移動到急流中央。

4. 由「急流 1」的海盜發出比賽開始的信號。然後「划船手」便要開始試圖穿越急流到達「B 岸」，且不被「海盜」抓到。如果有人被抓，兩隊身分互換，且比賽重新開始。
5. 但是，如果有任何一位「划船手」成功到達「B 岸」，要在「B 岸」等待所有「划船手」都安全到達。
6. 第二輪遊戲時，改由「急流 9」的海盜發出開始信號，且改由「急流 9」的海盜可以沿著急流，移動到急流中央。
7. 每當一位划船手成功回到「A 岸」而沒有被抓，他的隊伍就會得到 1 分，接著兩隊身分交換，並從頭開始遊戲。得分最高的團隊獲勝。

遊戲 201 大本營

以下這款遊戲，也是源自於孟加拉，且這個遊戲的「目標」與其他遊戲相當不同，就是：想要得分的隊伍，會離它越來越近。

遊戲人數 將孩子分成兩隊，每隊各有 7～10 名成員。

遊戲設備 1 個呼拉圈（用來標示大本營的區塊）。

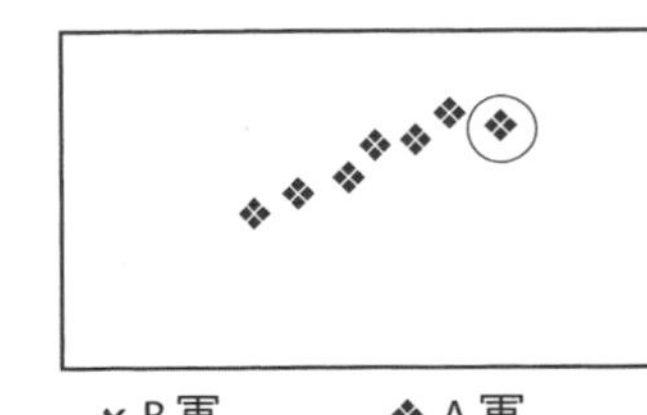

遊戲步驟

1. 將孩子分成兩隊：地主隊（A 軍）和敵隊（B 軍）。
2. 指派 A 軍的一名隊員為指揮官，站在圈內（如上圖）。A 軍其餘的隊員則依靠指揮官，從大本營邊界往外排成一排，且遊戲中不能任意離開隊伍。

3. 遊戲開始，B 軍必須從邊界後方移動到場上，排成一排的 A 軍要試著抓到 B 軍，直到指揮官發出攻守交換的命令。
4. 當指揮官發出攻守交換的命令，則抓人與被抓者角色互換。這時，A 軍的士兵可以離開隊伍、試著跨越邊界而不被 B 軍抓到，且 B 軍不能只圍堵大本營，必須在遊戲場中盡力抓到 A 軍士兵。
5. 若有 A 軍士兵被抓，他就陣亡了，必須在一旁等到遊戲結束。
6. 第一個越過邊界的 A 軍士兵就贏得一枚勇敢勛章。這時，贏得勇者勛章的士兵可以站在大本營的圈內，盡力往邊界方向跳。這名士兵跳到的位置，便是新的大本營位置，接著便可以將大本營移到這個地方（贏得勇者勛章的士兵所站的點，就是新的大本營中心點）。贏得勇者勛章的士兵再次加入 A 軍，遊戲繼續進行。
7. 當大本營的範圍接觸到邊界時，A 軍便獲得 1 分，遊戲重新再開始，且 A、B 軍角色仍相同。
8. 指揮官如果離開大本營，並成功跑過邊界，也可以得分。指揮官得分後，再回到大本營，遊戲繼續進行。
9. 然而，如果指揮官在試圖跑向邊界時被抓到，那麼兩隊身分互換，遊戲再次開始。
10. 當指揮官離開大本營時，B 軍士兵便能夠趁隙進入大本營，若 A 隊指揮官被捉，且兩隊必須身分互換時，趁隙進入大本營的 B 軍士兵就是新的指揮官。最後，由得分最高的隊伍獲勝。

四、彈珠遊戲

彈珠是相當傳統的遊戲，不論在各地、各個文化中，都能發現彈珠的存在。孩子利用彈珠與其他孩子做朋友、玩遊戲，對這個年齡層的孩子來說，玩彈珠也是一種了解空間、手指能力的方式。

遊戲 202 決定順序

這款遊戲是用來決定遊戲順序非常傳統的方式，很多遊戲一開始，會先進行這款遊戲，決定遊戲由誰先開始。

遊戲步驟

1. 在地上畫兩條線，相距約 1 英尺（30 公分），然後往回走約 8～10 步，並且在你所站的位置前，畫另一條線（投擲線）。
2. 孩子不能跨過投擲線、並且輪流在投擲線前，試著拋出手中的彈珠，讓彈珠落在最靠近內線的地方（兩條線間，靠內側的地方）。如果彈珠滾超過投擲線，那麼這個孩子就出局。
3. 彈珠最接近內線的人獲勝，下一場遊戲由獲勝的人先開始。

遊戲 203 史諾克

這可能是所有彈珠遊戲中，最常見也最受歡迎的。它需要在一個光滑的地面上玩。這是一款兩人遊戲，但是也可以讓更多人加入。可以先玩一次「【遊戲 202】決定順序」，決定遊戲順序。

這款遊戲需要用到非常傳統的「指關節射擊法」，手指必須觸地，然後以大拇指輕輕將彈珠彈出。彈彈珠的手，不得遠離射擊線 5 公分的距離，也不能超出射擊線。彈珠必須是被彈出，而不是用拋的。

遊戲步驟

1. 畫一個直徑大約 10 英尺（3 公尺）的圓圈。
2. 在圓的中心放 12 個彈珠，可以將彈珠緊靠在一起，或是放成十字形（如下圖）。

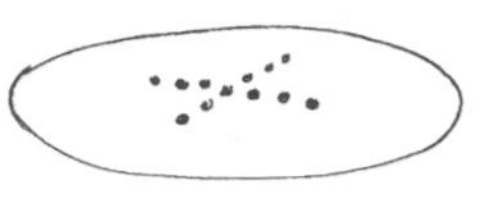

3. 由第一個孩子彈出主彈珠，並試著用主彈珠將圈內的彈珠推出界。接著，可能有下列幾個情形發生。
   i）如果沒能將任何一顆彈珠彈出界，就要換下一個人。如果主彈珠最後落在圓圈內，那麼就讓它留在那裡。等再次輪到這個孩子時，不需要移動彈珠的位置，直接彈彈珠；如果主彈珠落在界外，就直接將彈珠拿走，下一次從邊界開始彈彈珠。
   ii）如果將一個或多個彈珠彈出界，但主彈珠也落在界外，仍然可以獲得彈出界的彈珠。但同樣得換下一位孩子遊戲，等到再次輪到這位孩子時，就要重新從邊界開始彈彈珠。
   iii）最好的結果是：將一個或多個彈珠彈出界外，而主彈珠仍然留在圓圈內。在這個情況下，孩子就可以繼續彈彈珠，從主彈珠最後停止的地方開始射擊，並且重複彈彈珠，直到發生上述兩項的狀況，就要換人遊戲。
4. 最先將 6 個彈珠彈出圓圈的人獲勝。如果連續將 6 個彈珠彈出，就能直接獲得圓圈內的所有彈珠。

遊戲 204 死亡之眼或大砲

這是「【遊戲 203】史諾克」的簡易版。在這個遊戲中，主彈珠最後必須落在圓圈外，才能夠獲得所有被打出界的彈珠。這個遊戲需要光滑、平坦的地面，且一次可以有 4～8 人一起玩。

遊戲步驟

1. 畫一個直徑大約 6～7 步的圓，每個人在圓裡面放 5 個彈珠，且彈珠必須聚集在一起放置。
2. 先進行一次「【遊戲 202】決定順序」決定由誰先開始。
3. 第一個人要將彈珠打散，並且盡量將彈珠打出圓圈外，同時也要試著讓主彈珠的最後落點在圓圈外。
4. 如果主彈珠最後沒有落在圓圈外，就必須將所有打出界的彈珠放回圓圈當中；如果成功將一些彈珠彈出圓圈，同時主彈珠也落在圓圈之外，便可以獲得打出界的那些彈珠。
5. 不論結果如何，每人每輪只能彈一次彈珠。
6. 當所有的彈珠都被彈出圓圈後，遊戲結束。

遊戲 205 傑克的彈珠

這是讓孩子體驗「高風險」的遊戲，遊戲時需要平坦且光滑地面。

1. 一開始，先利用「抉擇歌」（可以參考〈【Chapter4】6～7 歲孩子的遊戲〉）決定誰是「傑克」，也可以只讓「想要當傑克」的玩抉擇歌。
2. 「傑克」要將一個彈珠放在地上，然後往回走約十二步，接著畫一條線。所有的人在線後排隊，輪流射擊。
3. 目標是要打到「傑克」放置的彈珠，如果打中了，就成為新的「傑克」，並獲得目前為止所有人打出的彈珠。
4. 輪過三次後，仍然沒有人打中，「傑克」就獲得所有打出去的彈珠。
5. 這個遊戲還有另一個版本如下：如果打中了「傑克」的彈珠，除了獲得「傑克」以及其他已經打出的彈珠外，「傑克」還必須額外再給你相同數量的彈珠。

遊戲 206 井字遊戲（彈珠版）

柏油路（人行道）是相當適合的遊戲地點，也可以在泥土地面玩。

遊戲人數 一次只能有兩個人。

遊戲步驟

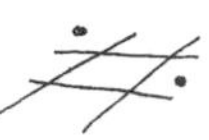

1. 在路面上畫一個井字。
2. 在井字外 4 步的距離，畫一條射擊線（另一個版本是以井字為中心畫出半徑相等的圓，然後可以從圓上任何一點開始彈彈珠）。
3. 目標是讓彈珠停留在井字格中，並且用彈珠連成一條直線或對角三點連成一線。
4. 兩個人輪流試著將彈珠彈到格子裡，也可以彈出對方的彈珠。
5. 勝負的判定有兩個版本：
   i） 每個格子裡面只能有一個彈珠，只有第一個進到這個格子的彈珠，或是把前一個彈珠彈出格子的彈珠，才算占領這個格子。
   ii） 任何一個格子中的彈珠都算數，先連線的一方獲勝。

遊戲 207 水手的靴子

這是一個很古老的遊戲，也很受孩子歡迎，我們仍然可以在許多遊戲場上看到有孩子玩這個遊戲。

遊戲人數 一般來說，一次 2～5 人參與。

遊戲設備 光滑的地面、1 隻鞋子（也就是遊戲中所稱的「靴子」）。

遊戲步驟

1. 以「靴子」為中心，畫一個直徑約 4～5 步的圓圈。
2. 每個孩子在「靴子」附近放標靶彈珠（一個孩子放一顆，總共約 5 顆標靶彈珠）。
3. 第一位孩子，必須以手指觸地法將彈珠彈出，試著讓這顆主彈珠敲到任何一顆標靶彈珠，促使這些標靶彈珠打到「靴子」。
4. 如果成功讓標靶彈珠打到「靴子」，則可以獲得這顆標靶彈珠，接著可以再繼續嘗試，且每次遊戲都只能從圓圈外彈彈珠。
5. 當所有標靶彈珠都被取走後，遊戲結束。

遊戲 208 彈跳青蛙

遊戲人數 一次大約可以有 10 個孩子一起玩。

遊戲區域 粗糙或光滑的地面上都可以玩。

遊戲步驟

1. 第一個人將一顆彈珠拋到 10 步以外的距離，這顆彈珠是「青蛙」。
2. 每個孩子輪流將彈珠反手拋出，盡量讓彈珠越靠近目標越好。若彈珠落在「青蛙」手掌距離範圍內獲勝。一旦有人獲勝，遊戲結束。
3. 如果沒有人讓彈珠落在「傑克」手掌距離範圍內，則彈珠距離「青蛙」一步距離範圍內的人，可以進行「彈珠滴管」遊戲：由彈珠最接近「青蛙」的人開始，拿著彈珠，站在「青蛙」前方，讓手中的彈珠水平落下，試著打中「青蛙」。打中的人就可以保留「傑克」。

遊戲變化

如果想玩可以贏得彈珠的玩法，那麼最後獲勝的人就可以獲得「青蛙」。另一個更進階的版本，獲勝的人可以獲得所有拋出去的彈珠。

Part 3

給青少年的運動計畫

孩子進入青少年時期，有更多能力發展運動與體能活動，然而，許多運動訓練模式與目標都變了調，為了獲勝而扼殺了孩子的體能與心靈健全成長，將靈魂與肉體視為兩個不同的個體，忽略了生理與心理的交互影響。在這部分，我們將探討如何提供孩子適齡的運動與活動。從孩子的身心靈發展階段開始了解，讓孩子真正擁抱運動的益處。

chapter 12 遊戲與運動的差異

適當的遊戲，提供孩子成長需求

如果在一旁觀看 12 歲左右孩子的自由遊戲，可能會誤以為他們好像很自然地在運動。但是，如果仔細觀察，通常可以發現兩件事情：一、他們是在「玩這個運動」，而不是在「運動」，也就是說，他們自然的在「玩」這項運動，這與成年人出自清楚的自我意識而做的運動並不相同。當然了，如果他們曾經參加過一些運動隊伍、受過專業訓練，表現可能就不同了。但是，這樣的訓練根本就曲解了這個年齡層孩子真正的需求。

孩子在不受干擾的情況下，常常會發明出很複雜的遊戲規則、想像有一大群觀眾在看他們比賽，甚至會對進行中的活動做起現場評論。今天的後院可能是溫布頓球場，明天可能是超級盃或是墨爾本體育場，這中間混雜了各種美妙的想像、兒童時期創造性的遊戲，還有帶著些許正式的青少年或大人的運動。這是要進入青春期的一個墊腳石，需要好好的被保護，別讓過度訓練給破壞了。

成年禮：讓青少年得到認可的重要儀式

過去，許多文化都有類似「成年禮」的儀式。這樣的儀式，通常是在孩子正要經歷人生重大改變的時期，透過儀式，讓青少年得到認可，以及「外在世界的正式架構」。然而，在現代西方文化中，正式組織結構（如學校、教會和家庭）對日常生活的影響明顯下降時，運動的歡迎度卻急速增加，這是巧合嗎？

運動當然可以是很好的替代品，替代過去的成年禮儀式，能夠幫助年輕人定位自己的價值以及組織結構。但是，我們必須提出一個很重要的問題：**如果說，運動是成年禮的替代品，那麼，應該在什麼年紀進行什麼樣的儀式，才能幫助孩子有自信地去面對未來的挑戰？**7、8 歲的孩子，又怎麼能夠參與和青少年一模一樣的活動呢？同樣地，青少年又怎麼能夠參與和成年人一模一樣的活動呢？我們可以想見大家會說：「不同年齡會有不同的需求，比如說籃框高度、場地大小，還有一些規則些微的調整。」但事實上，每個運動的基本規則與玩法，不論年齡大小，幾乎大同小異。

我們常常抱怨現代孩子的態度，以及他們得面對暴力及社會結構瓦解，正因如此，我們在孩子仍不夠成熟時，就把他們送到運動場上去，希望他們能「準備好」，卻沒有意識到我們可能正無意中，製造我們所害怕的情況。

因為不了解什麼才是孩子在各階段發展的真正需求，這一代的家長正培養過於早熟的孩子。這群孩子的童年，被大人剝奪或忽視了。事實上，曾有過自由遊戲童年的我們（簡單、不用想太多、能隨意發揮想像力），正身肩重大責任。如果不做些改變，我們可能是經歷這樣珍貴童年的最後一代。

遊戲，能培養孩子溝通談判能力

運動對於各種動作、溝通以及談判，都有非常嚴格的規範。運動手冊往往有好幾百頁的相關細節、複雜的規則以及戰略。而這些規則，代表的是「具體化內在對規範的需求」，對於遵守這些規則的人，會形成特定效應。

在人生某個階段，這樣的規則或許能豐富且幫助到我們，即使是我們沒有意識到的情況下。每種運動都有不同的特質或「感覺」，會在人生某個階段吸引我們。但是，對於尚未進入青春期的孩子來說，需要更寬廣的界線，還有更具彈性的遊戲，這樣比起正式運動，更能內化也更具創造力。

與青春後期的孩子比起來，**遊戲對兒童來說，仍不是外在的比賽項目，而是與內在生活經驗息息相關，遊戲規則仍出於自我創造力。和別的孩子一起玩的時候，就得學習照顧到他人的創造力及表達需求。**在遊戲中，「界線」是透過相互談判而來，比如說：玩彈珠遊戲前，就已經展開一連串仔細又複雜的談判過程——要採用什麼規則、什麼大小的彈珠、特殊彈珠的價值如何，還有可以交換到什麼等等，這些都得事先得到雙方同意才行。這段過程會有熱烈的爭吵，以及解決問題的技巧，更重要的是，每個孩子，都是透過自己的自由意志，達成獨一無二的協議與共識。這麼一來，就能在遊戲過程中，培養、讓孩子發覺自己的氣度，並學習表達能力。

將上述所提及的遊戲益處，與送孩子去做制式運動比較，應該就能明白：哪種活動對這個年紀的孩子來說，比較健康且較能平衡孩子的發展。

過早參與正規運動，讓孩子放棄發展自我內在

在青春期前，成人通常是以創造性權威來引導孩子。青春期後，透過談判而達成協議的情形，則會越來越多。為了滿足孩子的個別需求，我們提供的引導方針，是源自於我們自己。當孩子在這個年齡去參與正規運動時，父母和老師經常會說：他們鼓勵孩子去參加，因為孩子能從中學會服從權威和團隊合作。雖然表面上看起來是如此，但是我們也需要問問：「那麼，孩子正在學習遵守的是誰的權威？」

當我們**太早將孩子帶入正規運動，我們正放棄了屬於個人的創意性權威。我們在無意之間告訴孩子：「比發展自我內在是非對錯的道德感，外在的權威模式來得更重要。」**這個階段剛好是孩子身心發展最敏感的時刻，許

多發展會定下孩子未來到青少年、成年時期的個性。如果想讓孩子知道「什麼是真實和正義的內在感知能力」，我們就必須對於「在青春期之前，進行正規運動」的助益與阻礙感到質疑。

不要將自己的恐懼與期望，強加在孩子身上

身為成人，我們必須先探討：為什麼我們要讓孩子這麼早就參加正規運動？當然，原因有許多種，但是，我們是不是該先探索我們的動機是什麼？會不會是成人世界的競爭越來越激烈，以致於我們想透過孩子的成功，為我們的挫折找到出口？還是希望孩子能在我們的弱項上成功呢？是因為對自己沒有信心，覺得我們不能好好發展在學校，或家庭生活中的權威，才希望在正規運動中找尋外部權威？我們把孩子放在正規運動的隊伍中，是因為我們同儕的期望與壓力？還是想要讓「兒子跟隨父親的腳步」，所以鼓勵他參加我們當年在學校玩的相同運動？如果上述這些問題，有任何答案為「是」，那麼就得要思考：「**我們是不是將自己的恐懼和期望，投射到孩子身上。**」

如何幫孩子選擇具正面影響的運動？

我們不需要否認運動對青少年生活具有強大且正面的影響。運動確實提供青少年所需要的外在形式、提供了安全的社會環境，讓孩子能自我表達，還有扮演模範角色的寶貴機會。透過訓練，能幫助孩子建立「工作道德」、接受外部權威，以及參與具有強度，又需要專注的活動。

但是，父母常常在選擇運動時，特別是兒子或女兒到底要加入哪一支球隊，感到排斥或不知所措。選擇加入的球隊時，必須一併考慮帶領的老師或教練。以下，是在選擇時，應該要尋找的教練特質列表。

教練檢查清單：

1. 教練是否鼓勵公平對待每個人，對運動是否有「榮譽感」並能夠自我控制？
2. 教練最重視的是「求勝」還是「參與過程」？是否願意選擇能為球隊做出最大貢獻的球員，而不是很有才華，卻自私和不可靠的球員？
3. 教練是否意識到群體中的社交動態？當他面臨問題時，是否能夠深入處理？除了運動之外，教練是否能積極為球隊及隊員的家庭或朋友，辦一些相關的社交活動？
4. 教練是否為孩子的好榜樣？兒子或女兒可能會學習到教練的生活習慣，你可以接受嗎？
5. 教練是否會過度訓練，或是給球員過度壓力？
6. 教練是否十分在意輸贏，並將自己的挫折移轉到球員身上？
7. 教練是否能鼓勵所有隊員的正面自我形象，並肯定他們的優點，也試著改善他們的弱點？
8. 教練是否投入太多注意力在「明星球員」身上，而忽視其他人？
9. 教練是否願意與球員父母建立關係，而不將我們排除在外？

當然，並不是所有教練都是完美的，他們也是人，和大家一樣有優點也有弱點。但是，他們擁有強大的力量，並且處在需要負起責任的位置，本身必須具有「希望自己的球員所具備的特質」。

青少年無法接受：「照著我說的做，但不要學我的行為。」這就是為什麼，為孩子選擇加入的球隊，是這麼重要的事情。如此，若之後有什麼嚴重的問題，你才有辦法積極地解決。

chapter 13 過早學習武術與芭蕾舞的危害

過早學習武術，孩子沒有足夠的心智控制自己

現在，學習武術的孩子越來越多。在世界各地，越來越多穿著白色寬鬆功夫服的孩子，被家長帶到武術班，然後 1～2 小時後，再被家長接回家。其實，這些父母正在不知不覺中，埋下定時炸彈，這顆炸彈大約會在孩子青春期時引爆，而引爆後的衝擊，將會持續好幾年。

武術的發展有其歷史脈絡，它的源頭來自於宗教，因此本身就帶著深層的宗教意義及習俗而發展。其中，包括要求嚴謹且必須一再練習的打坐、冥想、精神上的指引、自我否定，以及嚴格的飲食規範。在過去，這部分大多是由師父來監督指導，而這些師父大多是和尚，終其一生都在做靈性上的追求。因此，過去習武的地方，大多是位在遠離塵囂的山間禪寺，這樣的訓練有三個關鍵點：一、學徒來到這裡，是希望透過嚴格的紀律與精神上訓練，找尋自我發展；二、武術的目的，是希望能了解身體內流動的能量，與靈性方面的關係；三、這些學徒都是青壯年以上的年紀。

然而，現今社會的狀況與過去完全不同。兒童面臨越來越多外在世界的

暴力，特別是透過音樂和媒體傳播。核心家庭與社群結構也在瓦解，家長不只擔心孩子自身的安危，更對於無法提供孩子安全的養育環境感到焦慮。孩子從學校回來，跟家長說起有些同學會武術，看起來很「酷」。與其他看起來很「無聊」的事情相比，武術看起來特別有趣。家長也想：「這總比整天無所事事，在家打電動好吧。」就答應孩子參加武術課程。家長可能也覺得「武術訓練對孩子有幫助」。

讓我們仔細看看現代武術。武術（有時也叫做自我防衛術），已經和過去大不相同，文化以及精神層面的訓練與意義，都已被大量去除。雖然，這樣的議題每每會被拿出來討論，但卻很少有實際行動來改變現況。武術被當成一種嗜好、健身以及運動。然而，武術的本質卻實在的著重在對另一個人的傷害。過去，**想要習武的人必須先經歷各種精神與體力的挑戰與苦行，透過這樣的挑戰，讓自己準備好，當未來練就一身武功時，才有足夠的經驗與智慧謹慎地利用這股強大的力量**。然而，現代的狀況已與過去截然不同，習武者不再需要經歷這樣的挑戰與苦行，武術為了因應現代人即時滿足的消費習慣，而有所改變。儘管滿足了現在，但未來肯定得付出相當的代價。

過去，許多道館只收青春期以後的孩子學習武術，有些道館甚至只收青春期過後的孩子。顯然地，孩子到了 10 或 20 幾歲時，心智才能到達一定成熟度，才能夠開始實際學習武術。這當然有其原因，武術師父必須耐性等待孩子的「自我」出現，也就是青春期轉大人的時候。因為到了**青春期以後，才有能力了解，並了解如何控制自己學到的強大力量**。在孩子心智還不夠成熟的情況下，就賦予他們這樣的力量，是現代武術最危險的一件事。

當孩子擁有自己無法控制的能力時，容易發生失控的狀況

我曾經制止過一位 11 歲的孩子在街上毒打比他年長、高大許多的男孩。當時，這位年紀較小的孩子顯然已經失控，根本無法抑制自己的暴力行為，造成年長的男孩下巴脫臼、鼻梁斷裂、膝蓋也嚴重受傷。事後，我跟這位 11 歲孩子談話。他告訴我：他已經學習武術 4 年了。且在去年，他才參加過一場激烈的武術比賽，並且有優異的表現。我問他：「為什麼打架？」

他告訴我：年長的男孩一直欺負他的朋友，朋友便請他「教訓」一下這個年長男孩。他答應了，但是在「教訓」的過程中，也失控了。11 歲的孩子很難過，也覺得很抱歉，他只是想給對方一個教訓，並不想把他打成重傷。

幾次談話之後，我可以明顯的發現：雖然打人的孩子在朋友之間成了英雄，卻開始呈現退縮，甚至有些害怕的狀態。我很疑惑：「這個孩子為什麼會變得如此沉默寡言？」而我所得到的回答是：「我很怕自己生氣，怕生氣時，同樣的事情就會重演。」孩子告訴我：「我非常清楚地知道，在這次的衝突過程中，我有能力置這個年紀較長的男孩於死地。」

儘管這是較極端的例子，當孩子擁有自己無法控制的力量時，可能發生的嚴重狀況。我們來看看另一個沒有這麼極端的案子：學習武術的孩子，在班上會得到同學較多的崇拜，他們會有狠角色或是比較強悍的形象，大家可能認為，要小心翼翼地與他們相處。**即使孩子的武術技巧還不成熟，當他面對問題時，仍然會用較侵略性的方式處理**，其他孩子也可以感受到。

我們並不樂於見到：孩子（不論是個人或團體）藉由無形的暴力威脅，在群體裡獲得地位。還有一個可能性就是「去刺激挑釁他人」，較大的孩子可能會刻意挑釁會武術的孩子，以挫挫他的銳氣，甚至以幫派的方式執行。這些習武的孩子往往會高估自己的能力，可能會讓自己面臨極嚴重的危險。讓孩子習武的家長，原是希望孩子能夠學會「保護自己」，但卻得到反效果。**孩子反而會因為錯估自己的能力，讓自己深陷危險之中**。要真正有能力使用武術保護自己，必須經年累月、持續不斷努力練習才有成果。然而，一旦真正達到這樣的能力，就可能發生我前面所談到的打架情景。

武術動作，並不是孩子最自然的動作展現

從另一個角度來看。這本書從一開始，就不斷地在談：**遊戲、運動、律動在孩子生理及心理上的發展扮演了非常重要的關鍵**。原則上，「活動」的任務就是要協助孩子的社交與情感發展。因此，我們從這個角度來看看武術動作可能造成的影響：

武術強調下方的重心，並不重視其他的空間。從武術的肢體動作來看，

有許多蹲馬步的動作——膝蓋要彎曲，身體重心要往下。就如同其他運動課程，同樣的動作需要反覆練習，且向下的重量與重力，是練習的重點。但是，在這本書中，我不斷反覆強調「空間平衡教育」對孩子的重要性。而武術中，對空間裡的其他五個方向，並不那麼重視。武術當中，對於向上（反地心引力，輕輕向上的力量，力的方向與地心引力相反時可以感受到的感覺）、前、後、左、右的培養，要不是過度簡化，就是誤用。簡單來說，武術中的站姿並不是孩子自然的站姿，與孩子健康發展所需的反地心引力（跑、跳）是完全相反的。若只著重地心引力這種「向下」的感受，沒有注意到「反地心引力」的平衡，對孩子的身心發展並沒有幫助。

許多武術動作特別強調力道，手和腳被訓練成武器，可以當作棒子或是利刀，隨時準備好要打、踢、劈、砍。重複練習將手腳當工具使用，無法培養孩子注重他人感受及溫柔對待他人的心，更何況肢體並不是被設計成武器。甚至連用來表達自己的聲音，在武術中也被當成威嚇的武器。

這些武術動作，對孩子的感受與心理，都有同樣程度的影響，例如：有些武術動作中，能夠打穿、踢穿甚至用頭部撞穿一疊磚塊，這對他們來說，是至高無上的榮耀。能踢爆的磚塊越厚越硬，段數就越高。但是，我們可以想見：一個沒受過訓練的人，試著做同樣的事情一定會受重傷。能夠踢穿一疊磚塊，其實是透過專注，用大量的能量穿過障礙物並將之摧毀，以到達障礙物後方的目標。這樣的意志力，是透過不斷反覆練習而來。如果真實物體變成你到達目標的障礙時，就會被視為軟弱的形象。

學習武術的孩子，反抗父母規範的力量更大

但是，對於還無法控制這股力量的孩子來說，在人際關係上就會有很大的影響。比如說：如果爸媽告訴孩子「功課要在規定時間內完成」，或者「晚上幾點前要回家」。如果孩子的目標時間與父母不同，潛意識裡，就會覺得應該要忽視父母的要求，或是反抗父母，以達到自己內心的目標，對父母規範的反應其實會受到很大的影響。這並不是學術理論，而是許多老師與

家長實際觀察到的狀況。

即使是學習較柔性武術的孩子，也能看到類似的狀況。這類孩子受到的約束「借力使力推開」也可能具有破壞性，取決於回推的力量有多大。這個情況對孩子的情感面影響也很大，比如說：父母要求孩子在幾點幾分前要回到家，但孩子不願意，可能會將這樣的力量（父母的指示）放在一邊，然後隨自己高興的時間回家。如果父母對此生氣或不悅，孩子可能會用轉移焦點的方式來處理；而父母越緊張擔憂，孩子就會將這股煩躁投射回去。

最後，當孩子每一次在練習不論是踢、打或摔人的動作時，腦海裡正不斷想像對手身體最脆弱或最敏感的部位。一個踢的武術動作，可能是為了讓對手的膝蓋脫臼，或是傷害對方的內臟；抓或摔的動作，可能是為了要折斷對方的手臂或是讓對方肩膀脫臼，也可能是一拳打在對方的鼻子上，為了傷害對方的鼻軟骨。每一個武術動作，都有傷害的意圖，孩子每次練習的時候，這些圖像就會不斷出現在腦海裡。如果你認為，這對孩子沒有不好的影響，就太過天真了。在這樣的暴力環境下，孩子可能因此感到脆弱，身為父母的我們必須給他們安慰、溫暖，讓孩子回到有安全感及天真的童年。

芭蕾舞：孩子痛苦的反地心引力運動

如同歌劇，芭蕾舞也是一門古典藝術。為什麼它會成為古典藝術？又為什麼有這麼多的孩子，會接受這樣的古典芭蕾舞訓練呢？

芭蕾舞的動作看起來非常的高貴，可能是所有動態活動中最高貴的。一般人都可以輕易做出踢、劈、拍球、打、摔跤，甚至是翻滾或滾車輪等動作，但卻非常少人能夠做出像芭蕾舞者一樣的舞蹈動作。這一點也不奇怪，也是芭蕾舞的重點所在。這些動作就是為了看起來優雅，還要有些不食人間煙火味道，讓觀眾能從塵世中短暫獲得解脫，還有以觀眾為導向。

當然，芭蕾舞者跳舞時，也會體驗到許多的感受——特別是疼痛！但是，這一點絕不能讓觀眾看到，他們必須看起來無憂無慮、自由自在、不受限制，彷彿克服了地心引力，將我們帶進另外一個時空。芭蕾舞當中，許多地方都能看到「反地心引力」的狀態，最明顯的就是蓬蓬裙和其他芭蕾舞衣。蓬蓬裙在舞者的腰部圍成一圈，清清楚楚切割上半身與下半身，上半身穿著華麗的舞衣，下半身大多僅穿著緊身褲襪，將焦點集中在上半身，也讓舞者看不到自己的下半身。

芭蕾舞彷彿讓身體上緊發條、跳個不停

芭蕾舞的動作，多著重在肌肉訓練，尤其是腹部以及腿部。芭蕾舞者得花很長一段時間，反覆練習才能學會用腳尖站立，也就是腳趾關節被迫承受全身的重量。這個過程很痛苦，對腳也是一種折磨，但也因此，讓芭蕾舞有種輕飄飄的幻覺。身體與地面接觸的面積非常小，給人對地球的一種負面印象，好像與地球接觸越少，就越好。跳舞時，舞者以小小的步伐移動，身體看起來像是在飄浮；有些動作，則是將舞者拋在空中或騰空跳躍，看起來像是飛翔中的小鳥。眼光焦點大多向上或向外，手的動作也通常從腰部開始向上移動，很少會到腰部以下。然而，這些動作其實都相當孩子氣。

特別是在工業革命之後，物質主義和機械化日益升高，**人們希望透過芭蕾舞，讓觀眾能暫時遺忘這個世界，去到更高尚、優美的境地**。然而，我們卻不了解，在過去，這樣的藝術其實是被視為庸俗而不入流的。

事實上，許多孩子的動作和其目的（特別是在玩樂時），和芭蕾舞者沒什麼兩樣。芭蕾舞者需要長時間訓練，為了做出輕盈的動作，而孩子卻不用想太多，就能輕易做出輕盈的動作，而且這些動作也如芭蕾舞步那樣的美麗。芭蕾舞者的動作經過精心設計，孩子的動作卻是那麼自然而然的。專業舞者的內在感受與外在表現之間，有一條明顯的界線，而孩子卻不懂得怎麼去分別這個界線。孩子表現出的動作，通常就是內心實際的感受；舞者想要營造的是抽象的感覺，但孩子卻只知道實際發生的事情；舞者的所有動作都受到專業指導，而孩子卻是自發性地做出這些動作；舞者的動作是為了受到觀眾的讚賞，孩子的遊戲則是自然的生活表現；舞者希望能帶著觀眾離開塵世，孩子的能量卻是完全相反的——他想要更加了解這個世界，並且融入。

用扭曲變形的身體與骨骼表演舞蹈

今天的芭蕾舞學校，只致力於「反地心引力」或「個人的自由意志」，所有的形式與動作，都與自然形式動作相違背，是一種無生命力的運動，不會啟發任何更多的律動，因為它的出生就是死亡。

現代芭蕾舞學校的表現，每個動作都是到盡頭了，沒有一個動作、姿勢或節奏，有延續的價值，能夠啟發更多樣的演變，正是退化的表現，可說是活死人的狀態。現代芭蕾舞學校的所有動作，都是沒有生命的，因為它們是如此不自然，只為了創造「地心引力不存在的假象」。

任何能成為主流的新一代舞蹈，都必須成為其他舞蹈的種子，也就是能夠無止境的孕育，並啟發其他不同形式的舞蹈、表達更高理想。對於那些仍然喜愛芭蕾舞的人，無論是因為它的歷史，還是芭蕾舞本身，抑或是其他原因，我只能說：「他們只看到外表美麗的舞衣。如果深入觀察，就會看到美麗舞衣下，已經變形的肌肉。而在變形的肌肉裡，則是已變形的骨骼。一副變形的骨架在你面前跳舞，而這些都是由於芭蕾舞違反自然人體運作的訓練動作，以及服裝所導致的。」

芭蕾舞最受譴責的地方，就是以違反自然人體的方式，強迫性訓練來改變女人的身形！沒有任何歷史或舞蹈理由，可以反駁這個事實！不論是何種形式的藝術，最主要的，就是傳達人最高的價值與最美的理想，那麼，芭蕾舞要表達的理想又是什麼呢？——摘自《舞蹈的藝術》（*The Art of Dance*，無繁體中文譯本），作者伊莎朵拉・鄧肯（Isadora Duncan）

鼓勵孩子學芭蕾舞，是將成年人對美的想法，強加在這群沒有這樣需求的孩子身上。當孩子長期處在這樣的訓練中，終究會吸收成人對於舞者的看法，這無異會造成孩子的情緒障礙，並限縮了孩子的童年經驗。

chapter 14 12～13歲 孩子的遊戲

認識自己在群體的定位

12 歲左右的孩子，群體裡的自我意識開始抬頭。孩子這時候會努力想要知道自己在團體中的位置與角色，這時，孩子渴望探索群體與個人之間平衡，將會更加強烈。如果能夠以不製造混亂，卻又能鼓勵孩子表達自我的方式來遊戲，孩子不僅能盡情的享受，也能滿足此時心中的渴望，而這樣的滿足感，對孩子正要進入的青春期會有很大的幫助。

許多適合在這個年級玩的遊戲，都具有「系統性」或「組織性」，也就是說每個參與遊戲的孩子，在這些遊戲中都有自己的位置與負責的任務。鼓勵孩子參與有組織性的團隊需求，但又不太過正式的運動。我們必須注意到：太正式的團隊運動，目的僅止於求勝。一旦只求勝，對孩子身心發展最重要的過程就會被忽略，結果是：本來體能就好的孩子可能會玩得很開心，但其他孩子可能就興趣缺缺，甚至完全不想參與。

12 歲的叛逆期：埋藏對於進入青春期的不安與恐懼

上一個較明顯的叛逆期大約是在三年前，當孩子從低年級過渡到中年級的階段（也就是 9 歲左右，可查閱〈【Chapter7】9～10 歲孩子的遊戲〉）。在這其間，孩子經歷了許多：10 歲開始察覺到自我，也經由這樣的察覺來觀察周遭世界；大約 11 歲開始，要將「新發現的自我」調整為一致性，出現了屬於自己的美感、建立自己對優雅與真實的定義，並且漸漸發展出表達自我的能力；12 歲時，孩子揮別了兒童時期，來到青春期的門口，在孩子前方將會是場劇烈的變化，需要儲備強大的力量來面對這樣的未來，準備慢慢脫離過去對他細心呵護且有直接影響的家庭，並漸漸意識到自己的獨立性。這個狀態是令人興奮的，也同時令人感到不安。

正因如此，他們需要秩序感——除了自己的秩序感，更需要四周環境的秩序感。孩子會開始用盡全力測試他的邊界，看看成人能夠接受的程度。當他開始接近邊界的時候，就會開始測試自己的力量——一開始，可能只是試驗看看，但隨著時間過去，便會開始用各種不同的方式不斷探試。

一旦讓孩子發現這個邊界其實很脆弱，或者沒有一致性，就會找到一個破口離開，進到還沒有準備好進入的混亂世界，變得恐懼、不安、迷失。

穩固、彈性、可預期的界線，才能有安全感

孩子會開始找尋一些次文化來倚靠，比如說：毒品或幫派，也可能會往內，把自己與沒有秩序的世界隔離起來。這些行為都是一種求救訊號，等待可以拉他們一把的人注意到。如果沒有人注意到這樣的求救訊號，孩子就會在混亂的世界裡越陷越深，漸漸地，過去那些溫暖、美好的記憶就越來越模糊。在他們仍不夠成熟的眼裡，看到的這些混亂都成了理所當然。這樣的生活成了他們僅知的生活方式，如果有人想要改變他的生活方式，孩子就會倍感威脅，並用力抵抗。

要接近這樣野性的靈魂，需要非常的小心。孩子需要龐大、無條件的愛與接納，並且需要更多更大的安全感與保證，才能讓他們再度回到這個曾經讓他們誤入混亂世界的原點。因此，這個年紀的孩子需要非常堅固的邊界，

但同時又需要具有彈性，能夠隨著孩子的成長而調整。孩子 12 歲的時候，這道「邊界」應該要非常的直接、堅固（要非常容易辨識，不能有太大的彈性，並且不經任何裝飾）。這時，去試探這道「邊界」的孩子，還沒精明到要去找尋漏洞，但再過幾年，情況就不同。這道「邊界」並不是為了要囚禁孩子而建造的（目的反而是相反的），這道「邊界」存在的目的，是提供孩子安全感。孩子有時候可能會「逃跑」，但是他們很清楚的知道「邊界在哪裡」，也知道自己已經越界，更清楚的知道要「如何回到這邊界內」。也許在未來幾年，他可能在幾次的來回「逃跑」後發現，邊界已經悄悄地改變位置，邊界內的範圍變大了，但在 12 歲的這個年紀，這道邊界絕不能有太大變動，必須直接、堅固，且可預測。

一、雜耍遊戲

對於大約 12 歲的孩子，可以讓他們學習一些馬戲團雜耍特技，包括：走鋼索、空中飛人、單輪車、雜耍、花棍、扯鈴、拋接球等等。孩子 12 歲時，會想要測試剛剛發現的潛在力量與自我意識，這些技巧很適合讓孩子試試。雜耍需要有全方位的技能、空間概念，還需要有很大的勇氣。

遊戲 209 拋接球

遊戲設備 每個人需要 3 個軟的三角沙包（每個沙包邊長約 10 公分長，可以讓孩子在手工課的時候製作，或者雨天時，在家裡製作）。

遊戲步驟

動作 1：先從拋接一個沙包開始，各式各樣的拋法都可以（可以自行發揮創意）！

動作 2：選一個人當「王」，其他人要模仿這個人的拋接方式，然後大家可以輪流當「王」讓其他人模仿。

動作 3：兩兩一組，與隊友眼神相互接觸下，將手中的沙包拋向隊友。

動作 4：在雙手間以 8 字形作拋接（以下圖方式做拋接）。

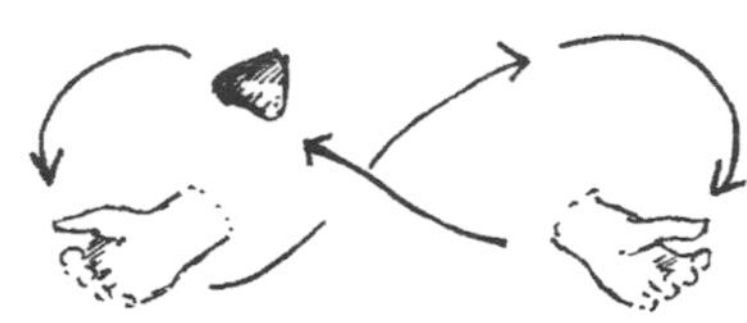

動作 5：和隊友面對面，鏡像模仿隊友在「動作 3」的動作，也就是說，其中一個隊友會由右手開始拋沙包，另一位隊友會由左手開始拋沙包。

動作 6：一樣和隊友面對面，重複「動作 3」三次，第四次就將沙包丟向隊友（也就是沙包互相交換，若你從右手拋出沙包，便要將沙包拋向隊友左手，如果你從左手拋出沙包，就要將沙包拋向隊友右手）。這時候，我通常會跟孩子說：「要想像你們的手都是柔軟的金湯匙，而沙包是個很有分量又很珍貴的東西。」（這樣可以防止孩子用「搶奪」的方式來接沙包）。

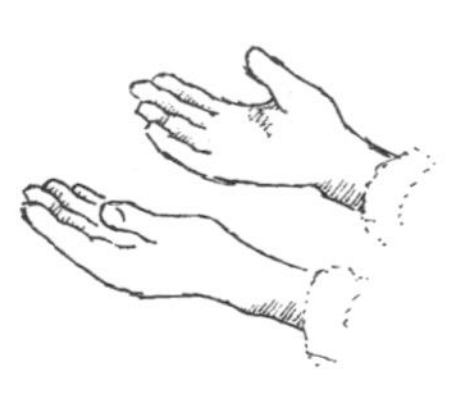

動作 7：每個人單獨跪在地上，雙手各拿一個沙包，將左手的沙包往上拋，讓這個沙包落在右膝蓋前方的位置；然後再將右手的沙包往上拋，讓這個沙包落在左膝蓋前方的位置。接著將沙包撿起來、重複同樣的動作，試著讓沙包落下時，兩個沙包與雙膝間

的距離相等。

動作 8：雙手各拿一個沙包，然後開始向上拋，讓兩個沙包在空中「親一下」（相觸碰）。讓大家拋接幾次後，告訴大家：「拋接沙包的時候，這其實是最不該發生的事狀況。」

動作 9：跪在地上，雙手各拿一個沙包，先將右手的沙包拋出，讓它落在左膝前方；然後再將左手的沙包拋出，由右手接住。然後換手，改為左手先拋，再換右手拋。

動作 10：重複「動作 8」，但是這一次，左手將沙包拋給右手時，右手將手上的沙包直接丟到地上。

動作 11：重複「動作 8」，但這次兩個沙包都要用手接住。記得，左右手在拋出沙包時，要有節奏的輪流拋出，才能避免沙包在空中相撞。

【小提醒】

1. 如果孩子左手拋到右手或是右手拋到左手有困難時（比如會垂直拋上然後用同一隻手接住），可以建議孩子：兩手各握一個沙包，然後按節奏拿右手的沙包觸碰自己的左肩，然後再用左手的沙包觸碰自己的右肩。
2. 如果孩子用一隻手，將沙包拋給另一隻手時，會一直將沙包拋離自己很遠的地方。可以站在孩子的後方，要求孩子用一直出錯的手，將沙包丟過另一邊的肩膀到背後。我們可以在孩子身後將沙包接住，再拿給孩子，這樣反覆練習同樣的動作。

動作 12：兩兩一隊，面對面趴在地上，手往前伸。一個人擔任接球者，另一個人擔任拋球者。告訴孩子接球者是「地心引力」，想像自己被一條繩子懸掛在拋球者上方。拋球者雙手各拿一個沙包，而接球者只有右手拿一個沙包。兩人會在地板上相互「滑」沙包。拋球者先將右手的沙包「滑」給接球者的左手；接球者則將右手原本拿著的沙包「滑」給拋球者，並空出右手。接著，拋球者將左手的沙包「滑」給接球者右手，接球者再將左手剛剛接到的沙包，「滑」向拋球者空出來的左手。重複練習後，兩人角色互換。

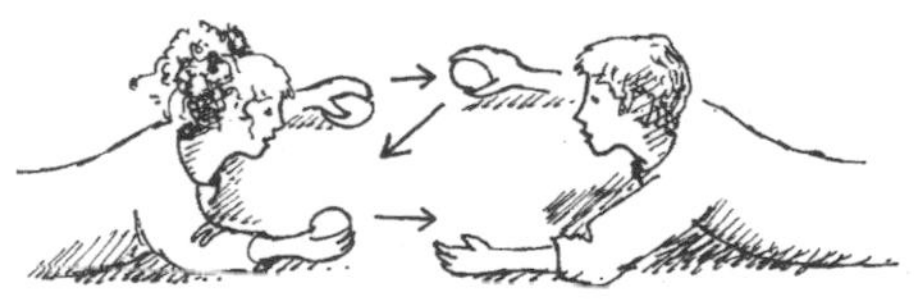

動作 13：拋球者兩手各拿一個沙包跪在地上，接球者站在上方，雙手打開。拋球者把右手的沙包拋給接球者的左手，當沙包在空中到達最高點時，接球者必須將它接住；拋球者一樣拋出左手的沙包，接球者用右手接住。然後接球者鬆手，讓左手的沙包落下，回到拋球者的左手上，右手的沙包落下，回到拋球者的右手上。

【小提醒】

1. 如果拋球者一直拋得太輕，可以要求接球者伸出一隻手，手掌向下放在沙包最高應到達的位置，然後要拋球者對準這隻手拋。
2. 如果孩子忍不住想把沙包丟到自己空著的那隻手去，你可以做以下兩件事：一、讓接球者將手放到拋球者兩手中間，然後要拋球者開始拋接球。二、也可以教拋球者「跳舞的女孩」動作：左手將沙包拋出時，右手必須快速的將手上的沙包遞給左手。然後右手將沙包拋出，左手必須快速的將手上的沙包遞給右手（所以，同樣的沙包會不斷地被拋在空中）。

動作 14：左手拿著兩個沙包（「沙包 1」和「沙包 3」），右手拿著一個沙包（「沙包 2」）。左手將「沙包 1」拋向右手，然後右手將「沙包 2」拋向左手；接著，左手再將「沙包 2」拋回右手，

「沙包 1」拋回左手。反覆練習同樣的動作，且注意「沙包 3」只能一直放在左手上。

動作 15：跪在地上：重複「動作 14」，但當「沙包 2」在空中到達最高點的時候，放手讓「沙包 3」直接掉到地上。

動作 16：重複「動作 15」，但這次「沙包 3」不讓它直接掉到地上，而是丟出去，隨便往任何地方丟都可以。

動作 17：連續拋接（我們一直在等待的時刻），重複「動作 16」，但這次把「沙包 3」拋出，然後由另一隻手接住。

動作 18：想辦法在「沙包 1」上做個記號，練習有節奏流暢的拋接 3 個沙包，但注意力特別著重在「沙包 1」上。

遊戲 210 柱子與守護員

遊戲設備 軟排球、7 個可相互堆疊的空鋁罐。

遊戲區域 畫一個直徑約 10～15 步的大圓，中間再畫一個直徑約 2～3 步的小圓，小圓尺寸可隨「守護員」的技術調整（越小的圓對守護員來說，會比較容易，大一些就會增加他的工作量了）！

遊戲步驟

1. 在兩個圓的中心點，用鋁罐疊出一根柱子。然後選一個人當「守護員」，站在小圓的外面，面向球的方向，守護這根柱子。

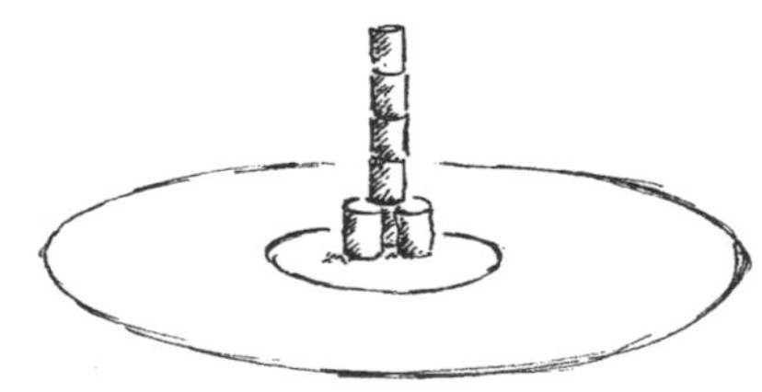

2. 其他人扮演「殺手」，只能站在大圓外的任何一個地方，然後朝柱子丟球，試圖打倒柱子。
3. 「守護員」可以用手、腳以及身體來保護柱子（「守護員」必須快速移動，應付來自各方向的球）。
4. 「殺手」可以互相傳球，但是絕對不能踏進大圓範圍內。如果柱子被打倒了，就要重疊新的柱子，然後換人當「守護員」。

遊戲變化

改用一個軟的排球、圓的中心改放一個燭台，上面放一根點燃的蠟燭，或是一支玫瑰花（也可以用其他花代替）。

這個遊戲變化改由兩個孩子站在圓中間，其中一個孩子手拿燭台（或是玫瑰花）站在正中央取代原本的柱子。站在正中央的孩子不能走動，只能原地轉動身體去面對球飛來的方向（這是非常困難的，因為人的本能會想躲開球，這就是孩子要克服的地方）。

其他的玩法都與上述相同，另一個在圓中的孩子擔任「守護員」，負責保護站在中央的孩子（我通常會讓扮演柱子的孩子自己選「守護員」）。如果擔任柱子的孩子被球打到，就要換新的柱子與「守護員」。

當我輔導行為偏差的孩子時，一開始就和他們一起玩這個遊戲，結果非常成功。這款遊戲主要是在處理一些行為殘酷、防衛心重，以及內心脆弱的問題。我讓扮演柱子的孩子拿著點亮的蠟燭（或是插在小花瓶的花），讓他有強烈的脆弱感。有些情況下，我們得接受自己無法保護自己的現實，必須靠他人的力量來保護自己。但是，並不是所有人都能輕易接受這樣的現實。因此，這款遊戲可以讓那些平常愛欺負人的孩子意識到自己的行為。如果能讓那些愛欺負人的孩子去保護常被他欺負的孩子，或者是讓愛欺負人的孩子扮演最脆弱的柱子，會很有幫助。

二、球類遊戲

這個階段的球類遊戲，大多都是為了之後能正式進行球類運動的準備。我們將原本球類運動的規則稍加修改，讓所有能力、體力的孩子，都可以在遊戲過程中，了解到自己在團隊的重要性。這樣的情況，是正規運動中，比較難以達成的目標。

瑪蒂達

遊戲設備 一顆球。

遊戲步驟

1. 讓所有孩子圍成一個圓圈站著，圓圈的直徑大約是 15 步。
2. 由一個孩子當鬼，當鬼的孩子必須將球用力、垂直地拋向空中，並且叫任何一位孩子的名字，比如說：「小班！」
3. 這時，除了小班以外的孩子，都要往外跑，跑得越遠越好。而小班則需要趕緊在球沒落地前，接住這顆球。
4. 當小班接到球的時候，所有孩子就必須停下來、不能動。但是，如果小班沒接到球，所有的孩子則需要偷偷幫小班取一個新的名字，且不能讓小班知道。比如：「哈利！」然後繼續遊戲。
5. 若當鬼的孩子叫「哈利」這個名字的時候，小班必須察覺到自己已經被取了新的名字，並且趕緊跑出來接這顆球。
6. 最後可能會有一長串新名字，因為可能有很多孩子沒接到球。
7. 如果小班在球還沒落地前就接到球，他就要站在接到球的地點，試著對準任何一位孩子丟球。如果球沒有打中其他孩子，大家就重新圍成一個圈，但這次換小班來當鬼。

8. 如果小班用球打中任何一位孩子，比如是「小柏」，那就換小柏當鬼。或者也可以規定被打中的孩子就要出局。如果是這樣的規則，當場上只剩下三個孩子的時候，遊戲就結束了。

這個遊戲很刺激，遊戲過程很像是 10 歲左右孩子玩的躲避球遊戲，但是這是躲避球的進階版。下一個要介紹的「【遊戲 212】生死遊戲」規則也很類似，但不同之處是：所有孩子必須同時擲球，並躲球。

遊戲 212 生死遊戲

這是一個活動量大，且動作快速的遊戲，也是目前為止，我觀察到最受 12～13 歲孩子歡迎的遊戲。

遊戲設備 躲避球一顆。

遊戲區域 若有 30 人參與遊戲，需約長 30 步×寬 20 步大小的場地，並規定出「牆壁線」（身體任何部位，特別是手，都不能超過的假想線）。

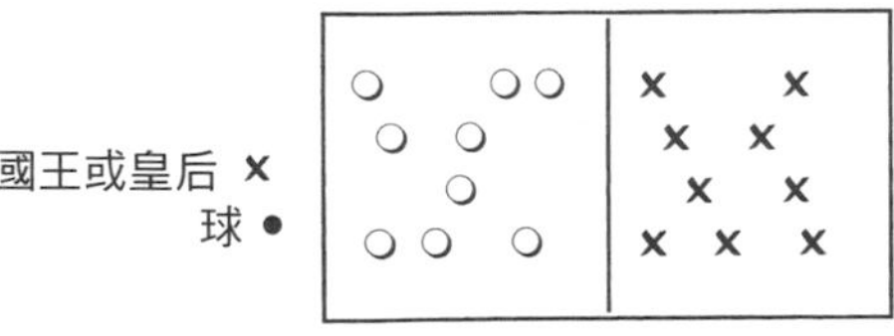

遊戲開始位置圖

遊戲步驟

1. 平均分成兩隊。每隊各自占據一邊的內場、面對球所在的方向。
2. 兩隊各選出一個外場擲球員（國王或皇后），這兩人分別站在敵方內場後面。
3. 比賽開始時，由 A 隊的國王或皇后，對準 B 隊內場球員的腰部以下擲球，而內場球員面對對方的擲球，有兩種選擇：
   a) 閃躲：若閃躲不及被擊中，就出局，變成外場擲球員，協助己方隊伍的國王或皇后，向對方球員擲球。
   b) 接球：若球員成功接住球（沒有掉到地上或觸碰到其他地方），就能得到一個免死金牌（他可以選擇用免死金牌救回一位出局的隊友，或是萬一被對方擊中時，可以免出局，繼續留在內場一次，每個免死金牌只能用一次），接著他可以選擇將球傳給外場隊友，或是對準對方內場球員擲球。若球員接球時失誤，未能成功接球，就出局、加入外場隊友成為擲球員。

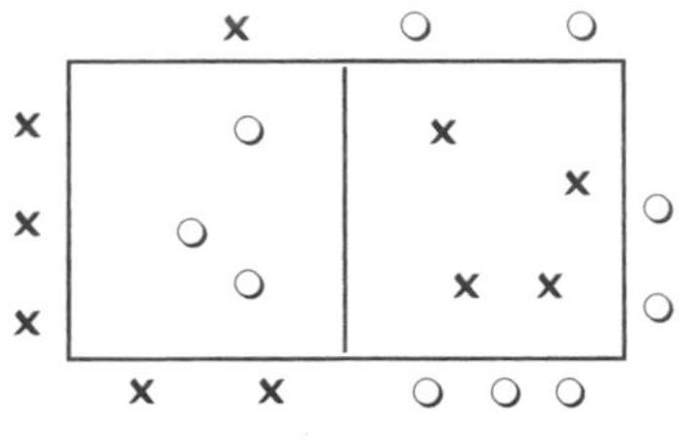

遊戲進行中位置圖

【小提醒】遊戲進行到任一方的內場球員全都出局為止。

遊戲變化

變化 1：當其中一隊內場球員全都出局時，這隊的國王或皇后，可以回到內場，擁有最後反擊機會。首先，給予這個國王或皇后三個免死金牌，若他能在對方的攻擊下存活，並且累積更多的免死金牌，就有機會反敗為勝。

變化 2：每個內場球員都有一個保齡球瓶，球員的任務變成要保護這個球瓶不被球打倒。但是，球瓶有可能會被隊友不小心踢倒，踢倒球瓶的隊友就出局。

遊戲 213 躲避籃球

躲避籃球是讓孩子接觸籃球最好的入門遊戲，可以當作籃球輔助訓練，且這款遊戲也相當受孩子歡迎。參與遊戲的人都必須保持冷靜、判斷自己的風險，因為若在遊戲中慌慌張張或沒有保持警覺，就一定會失敗。

遊戲設備 軟式練習球、兩個籃框、3～4 件有顏色的背心。

遊戲區域 籃球場。

遊戲步驟

1. 由 3～4 個孩子當「鬼」，任務是要用球擊中其他孩子腰部以下。「鬼」之間可以互相傳球，但不能帶球跑。
2. 有孩子被「鬼」擊中時，必須當場原地盤腿坐下（他現在是「被擊倒」的人）。「沒被擊倒」的孩子，如果成功將球接下，或是將球從地上撿起來（且不能讓球又掉到地上），就必須原地投籃。如果投進，所有「被擊倒」的孩子就全部獲救，可以站起來繼續參與遊戲。
3. 「鬼」可以想辦法「拍下」持球孩子手中的球。如果手中的球被「鬼」拍下了，就失去救大家的機會，自己也得原地盤腿坐下。
4. 如果球滾到自己附近的位置，「被擊倒」的孩子可以伸手將球撿起，但「被擊倒」人不能自己投籃，必須將球傳給「沒被擊倒」的人。「被擊倒」的孩子，也可以試著保護「沒被擊倒」的孩子。

遊戲變化

變化 1：就像是「【遊戲 136】獵人與野兔（1）」的遊戲一樣，這款遊戲可以有不同的變化，比如：「被擊倒」的孩子可以伸手碰從身邊跑過的孩子，被碰到的孩子就必須坐下，和這個「被擊倒」的孩子交換身分。

變化 2：「被擊倒」的孩子拿到球時，可以試著對「鬼」丟球，若球擊中「鬼」，他就可以站起來。不過被擊中的「鬼」不需要坐下。

遊戲 214 彗星撞地球

作者：傑門・麥克米勒（Jaimen McMillan）

遊戲設備

5 個沙包。

遊戲步驟

1. 讓孩子們圍成一個圓圈站立（可以把這個圓圈想像成宇宙，而沙包就是劃過太空的彗星），隨機選對象丟沙包，試著不要讓沙包落地，並且記錄下沙包被成功接住的次數，每當有沙包掉到地上的時候，就得從 1 開始計算。
2. 孩子全部面對左邊（或右邊），然後大家一起慢慢地圍著圓圈走，邊走邊拋接沙包並且計算接住的次數。每當有人把沙包掉到地上時，大家就得停下來、換反方向走，並且從頭計算。
3. 想讓遊戲更有挑戰性，過程可以改為快走（半走半跑的速度）。

遊戲變化

讓大家圍成兩個圓圈，一個內圈一個外圈，內圈人數要少一些。兩圈的人以相反的方向走著，然後內外圈的人相互拋接沙包。

成功次數要多，就要靠每個人在拋接的時候，十分專心、注意。這款遊戲也有許多互動機會，不但要拋，也要接，並不是沙包拋出去就沒事了，每個拋出與接住沙包的人，必須有緊密的關係。另一個挑戰是，孩子得學會「如何在拋出沙包給對方時，預測對方與沙包落下的位置，而不是只注意拋沙包時的位置」，因為每個人都在走動當中。

這款遊戲對青少年來說也很好，這個年紀的孩子難以原諒他人的過錯。你應該也在遊戲中發現：有些不太會接沙包的孩子，會被其他人嘲弄或翻白眼。但是，想要讓遊戲順利進行時，個別的失誤必須被原諒。當你把沙包丟給一個比較不會接沙包的人時，得更加小心、細心。這樣一來，可以鼓勵大家細心注意別人的需要，而不會因為他人的弱點而感到煩躁沮喪。

遊戲 215 半路攔截

遊戲步驟

1. 選一個孩子當「鬼」，他的任務是要去抓其他的孩子。
2. 「鬼」要先大聲說出他要抓的人的名字，比如說：「阿凱！」
3. 當「鬼」追著阿凱時，另一個孩子「小翰」可以從「鬼」和小凱中間跑過，並在穿過時舉手大喊：「攔截！」這時，「鬼」就得轉移目標去追小翰。然後小翰就得繼續跑，直到有人用同樣的方法拯救他，比如：傑克穿過小翰與「鬼」之間，就這樣一直下去，直到「鬼」抓到人為止。
4. 當有人被「鬼」抓到時，就換這個人當鬼。然後，新的「鬼」得先大聲說出第一個目標的名字。

【小提醒】

1. 要半路攔截的人，必須穿過「鬼」和目標間。
2. 如果有人能夠在一旁協助，每當孩子喊出「攔截」時，能夠再大聲複誦一次這位攔截孩子的名字，比如說：「莎拉攔截」、「小美攔截」，可以讓遊戲過程更加順利。

這款遊戲是混亂與系統並存，一開始，當「鬼」的人只能抓被他點名的人，但是，其他人只要跑過「鬼」以及目標之間，並大喊「攔截！」便可以改變被「鬼」追逐的目標。孩子要跑過「鬼」以及目標之間，需要勇氣、快速思考，並且要抓對時間點。這與「【遊戲 152】槍林彈雨」所需要的技巧很類似。

遊戲 216 印第安吶喊

遊戲設計：克雷格・泰勒（Craig Taylor）

這是傳統印第安遊戲的簡易版。

遊戲區域 長 25 步×寬 15 步。

遊戲步驟

1. 將孩子分成兩隊，每隊成員從 1～10 編號（如果有更多成員，就依序編號下去）。
2. 其中一隊先派出突擊者（A 隊），然後另外一隊（B 隊）則是要先是防守者，避免自己被抓到。

3. A 隊全體成員站在場上一邊，等待準備開始。
4. A 隊第一位成員（甲）朝中央線走去，邊走邊深呼吸一口。
5. 「甲」踏過中央線跨到 B 隊領土時，必須一口氣大叫：「喔———！」直到「甲」回到 A 隊領土之前，都不能換氣，也不能停。
7. 只要「甲」繼續叫：「喔———！」（中間不能停，也不能換氣）都可以待在 B 隊領土上。
8. 當「甲」在 B 隊領土上時，他可以抓 B 隊任何一位成員。當然，B 隊成員為了不被「甲」抓到，當「甲」一踏入 B 隊領土時，成員早已四處跑遠。
9. 若有 B 隊成員被「甲」抓到時，還不算出局，等到「甲」安全回到 A 隊領土時，這些被抓的 B 隊成員才算出局。
10. 當「甲」沒氣了，無法再喊出「喔———」時，就不能再抓任何 B 隊成員。而且，當「甲」無法繼續喊的時候，只要是仍然身處 B 隊領土上，B 隊成員就可以反過來抓他。
11. 「甲」一旦在 B 隊領土被抓，就出局了。然後攻守交換。
12. 當派出的人一踏回自己的領土時，另一隊所派出的人就可以立刻跨過中央線開始抓人。
13. 派出去抓人的隊員（甲）在兩種情況下可以被 B 隊成員抓：
    a) 被 B 隊成員突襲：B 隊成員可以從「甲」的背後一把將「甲」抱起來，直到他沒氣，叫不出：「喔———！」
    b) 如果「甲」在 B 隊領土時，沒氣了，這時，B 隊成員便可以用任何方式抓住「甲」將他留在 B 隊領土上。
14. 「甲」一旦被 B 隊成員抓住，他可以用力掙扎，將抓著他的 B 隊成員一起拖到 A 隊領土上。如果他成功將 B 隊成員拖到 A 隊領土，這些將他抓住的 B 隊成員就出局了。
15. 如果「甲」被抓到了，也可以喊：「暫停！」意思是投降，願意自動出局。這時，抓到「甲」的 B 隊成員就必須立刻將他放開。

16. 其中一隊全員出局時，第一階段就結束了。當然，也可以選擇給兩隊各 2 分鐘的自由抓人時間，結束時，數數看各隊抓到的人數，抓到人數多的那隊就贏了。

【小提醒】如果想增加抓到「突擊者」的機會，當「突擊者」越過中央線時，逃跑的一隊最好朝中央線反方向跑去，這樣「突擊者」會越深入敵營，當他沒氣了，安全跑回自己領土的機會也就小了許多。

遊戲變化

變化 1：也可以一次讓多個「突擊者」（也許 2～3 個〉一起喊：「喔———！」到敵隊領土上抓人。

變化 2：被「突擊者」抓到不用出局，而是加入突擊的那一隊。

這是少數我自己不太喜歡的遊戲，但是孩子都非常喜愛！也許是戰鬥性高的性質，玩的人必須非常勇敢。若想在遊戲中贏得勝利，必須保持頭腦冷靜、不能慌張。這個遊戲也讓孩子在這樣具有架構性且充滿樂趣的情況下，彼此有肢體上的接觸，對孩子的身心健康是有幫助的。

遊戲 217 相互敵對

遊戲設備 兩個軟式練習排球。

遊戲區域 若有 25 人參與，需大約長 25 步×寬 20 步的區域，若四周能有圍牆或高牆會更好，比較容易撿球。

遊戲步驟

1. 不需分組，且同時使用兩顆球：用球擊中場上的人腰部以下。
2. 一旦被球擊中，那個人就出局，得立刻離開到場邊等待，並且記住是被誰擊中。如果擊中你的人出局了，就可以回到場上繼續玩。
3. 同樣地，這個人可能也擊中了其他人，這時，所有被他擊中而出局的人，都能夠回到場上去。
4. 如果不確定被誰擊中，只能在場邊選定一個人，當這個人被擊中時，才能夠回到場上去。
5. 持有球的人不能帶球跑，而沒有持球的人可以自由地跑動。被球擊中時，若手中剛好拿著另一顆球，就必須立刻將手上的球原地放下，然後離開至場邊等待。
6. 如果成功將球接住，就換丟球的人出局；如果試著接球，但沒接穩讓球掉了下來，接球的人出局；如果試著用手或手臂來保護腳不被球砸到，因而被打到手或手臂，仍然算出局。
7. 當所有人都出局，只剩下一個人在場中時（這個情況很少發生），遊戲就結束了。也可事先約定好一個數字，當場中只剩下這麼多人時，遊戲就結束了（若有 25 人參與遊戲，通常會訂在剩下 5 個人時結束遊戲），也可以設定一個時間，當時間到了，遊戲就結束了。

遊戲 218 分組對抗

遊戲設備　與「【遊戲 217】相互敵對」相同，但需要額外 3～4 組不同顏色、號碼的背心。

遊戲步驟

1. 遊戲規則同「【遊戲 217】相互敵對」，除了這個遊戲會分 3～4 組。

2. 遊戲目標就是要讓越多敵隊成員出局，而其他關於如何擊中他人、出局、如何回到場上等等規則都與「【遊戲 217】相互敵對」相同。
3. 當場中只剩下其中一隊的隊員時（這個情況很少發生），遊戲就結束了；或是設定一個時間，當時間到了，遊戲就結束了。這時，數數場中所剩的人員，剩餘成員數最多的那一隊獲勝。

三、平衡遊戲

以下是非常簡單的遊戲，我會和 14 歲以上的孩子玩，讓他們體會到如何去運用平衡感，特別是如何用自身的重量，學習如何穩穩站著。

遊戲 219 梅杜薩的木筏

遊戲設備 參與遊戲的人若為 15～20 人，大約需要 2～3 張體操軟墊拼在一起，或是用粉筆在地上畫出一個大約 6×10 英尺（約 1.8×3 公尺）的長方形區塊。

遊戲步驟

1. 所有人都站在這個區塊或軟墊裡面，代表「木筏」。
2. 木筏四周有好幾隻飢餓的鯊魚圍繞著，而木筏正在向下沉，所以木筏上的人正在互相推擠，要將其他人推下海。
3. 一旦被推下木筏就出局了，最後仍然在木筏上的人贏得勝利。

chapter 15 運動的歷史與象徵，了解適合的運動

就像所有偉大的運動員，他是時間與空間的主人。換句話說，他按照自己當下的心情與感覺，來決定自己比賽的腳步。看著他在場上的一舉一動，都是一種美的呈現。他的動作不疾不徐、自然而不做作，也沒有太多花稍的把戲，這才是真正的格調。他具備真正運動員該有的要件：優雅親切、才華洋溢、自然謙和。也許，這就是他最吸引人、討人喜歡的特點，他從不與人抱怨、爭吵、小題大作。過去不曾，現在也沒有。

這是麥克·帕金森（Michael Parkinson，英國知名廣播主持人、記者與作家）在英國媒體《每日郵報》上所寫的一篇文章，描述的人是加菲爾德·索伯斯爵士（Sir Garfield Sobers，知名板球選手）。其實，許多特別的運動員，同樣也符合這樣的描述，他們都有的共同特點——對那些汙染現代運動的炒作，以及金錢遊戲沒有興趣，他們享受的，是運動本身最基本的空間動態。正因如此，這些人不但成為優秀的運動員，也在不知不覺中，散發出這個世界急需的道德光芒。當然，這也是我們對年輕運動員的期待。

這本書很大一部分都在談論年紀較小的孩子，現在，我們要把話題轉移

到給青少年的運動。我們已經談過「不要太早讓孩子進入正規運動」（請見〈【Chapter12】遊戲與運動的差異〉），也提到運動對青少年的正面影響。這是一個非常有趣，且廣泛討論的主題，也許，未來可以為這個主題再寫一本書。不過，比較理想的規劃仍然值得在這裡做簡單的說明。

了解運動的由來，才能為孩子安排適合的運動

要做出好的規劃，首先得回頭看看運動的由來。大家都知道，古希臘是最早發展出現在稱之為「運動」的體能活動。古希臘人希望在人世間，建立起一個人與神之間的關係，這正好反映出人類整體意識的演變。隨著希臘時代的到來，神對於生活和文化的影響，已不再像過去那樣緊密與直接。這是一個重大的轉變，甚至持續影響到今日，取而代之的是對自我意識與獨立性的重視逐漸增加。還有什麼比透過「與同儕競爭」或「比賽」來培養、增強自我意識與獨立性更好的方式呢？

競爭與比賽，並不僅僅是要看誰最快、最強壯，更重要的是，透過身體作為媒介，再次與神連結。這也是為什麼希臘時代的兒童教育，很重視運動能力。因為古希臘人的運動、文化與靈性生活密不可分。奧林匹克運動會，以及古希臘的露天運動場，就是最好的證明。「競技場」（Stadium）原本的意思是「過程中的一個階段」，古奧林匹亞遺址中，包括角力學校和競技訓練場，都建造在宙斯神廟附近。運動員和觀眾所參與的運動會，與他們的葬禮習慣、宗教習俗與慶典有著很深的關聯。

古希臘時期到古羅馬時期，運動與宗教密不可分

從古希臘時期到希臘化時期，最後到羅馬時期，我們可以看到發展個體性的需求深化了，體育比賽中的宗教色彩，則越來越淡。西元前五世紀，運動開始朝專業化發展：城市會給予專業的運動員大筆金錢、特殊權利以及貴重禮物，這時，又往前邁進一大步。到了羅馬征服希臘之後，蘇拉（Sulla，

古羅馬軍事家、政治家、獨裁官）將比賽遊戲帶回羅馬，所謂「重量級」的活動，例如：摔角、拳擊等等，也因而越來越受羅馬人歡迎。後來，格鬥士之間，或是人與野獸格鬥到死為止的比賽，也應運而生。過去，在古希臘時代，無論是觀眾或運動員的參與，都是奉獻神的表現，到了古羅馬時代，都成了血腥的競技場面。過去歷史中，體能活動很少會像軍隊打仗一樣要求精準又激烈，然而現在卻出現了完美的運動組織。體能的力量，在這時候仍然隱約的與神聖宗教有一些關聯，但已經可以明顯看出，運動正脫離宗教的狀態，接下來的時代，和宗教的距離便漸行漸遠了。

工業革命，讓運動成為艱辛工作下的慰藉

中世紀時，運動與宗教幾乎扯不上關係了。想要接觸神的世界，只能靠神職人員做媒介，人與神之間清楚地隔出一道牆。身體被認為是上帝墮落的形象，需要被唾棄和救贖。這時，武士變成一種地位象徵，人對於武士的印象，都是騎在馬上，眼光也只往上看、對俗人不屑一顧。

後來，工業革命和唯物主義更加速形成了現代的運動模式。長久以來，由社群和大家庭所建立的結構正逐漸崩解。神職人員、教會，以及人與神之間的關係開始受到質疑。這時，運動趁勢而入，讓人從工廠艱辛的工作中獲得解脫，重新連結人與人之間的關係，同時也給予世間的人，無論身體或精神上新的定位。自此，家庭與社群的地位越來越不重要，快速的工業化發展，讓社會形成孤立的科技環境、不再以教會為生活中心、人們越來越清楚，每個人都得獨自找尋出自己與靈性之間的道路。

給孩子適合他們成長速度的運動，才能完整培養身心靈健康

為了反映這樣的社會狀況，運動的蓬勃發展就一點也不令人訝異。數以百萬計的人投入運動，幾乎世界各國就學的孩子都受到了影響。古希臘文化在很久很久以前種下的種子，現在正是該開花結果的時候，幫助現代社會的發展。這就是：為什麼我們在進行體能教育時，必須讓孩子認識到運動及動

態活動中，所要展現的不同空間層次是非常重要的。我們必須有一個全面的動態課程規劃，**讓孩子有機會嘗試各種適合並回應他們各階段身心發展需求的動態活動、讓他們能夠照著自己的速度與腳步成長，完整培養身心健康而不僅僅是在體能上。**

如果我們的視野仍然被身體所框架，一味的著重在選美比賽、健美比賽和肌肉鍛鍊、使用對抗性藥物治療疾病、否定靈魂和精神療癒中的角色，甚至服用禁藥來增加自己的體能表現；如果我們要繼續受那些貪婪的時尚產業和媒體文化，還有已廣泛的流行、具高競爭性與侵略性，並以身體為中心的運動形式所支配的話，我們將錯失這個深具歷史意義以及進步發展的機會。

運動可以成為人類成長的動能，卻也可以將我們帶入一個只求自我、充滿侵略性又沒有靈魂的亂世。

運動的現代意義：為生理與心理搭起溝通的橋梁

我們再來看看宗教與虔誠生活、社會學及情感需求，以及現代運動之間所存在的相似之處。任何事物的存在都有其象徵意義，就像為有形和無形、實體與靈性世界之間搭起一座橋梁。這些事務可能是藝術、詩歌、音樂、優美的文字、舞蹈等等，顯現出人類實際上正實現更高理想的地方。超越一般期待及生活限制也是運動的特點，所以說，運動一定也有它的象徵意義。

人類的存在，就是不斷地找尋「目標」

目標本身的定義非常清楚。我們每個人，對於人生中想要達到的成就，都有自己心中的圖像，稱之為「目標」。這個目標可能平凡無奇，比如說：每兩年就為自己換一輛新車、每個月能夠準時付房貸，以確保有房子給家人住。你的目標重心也可能是在工作上，或者是社交上，也可能是你對唸經或打坐冥想比較有興趣的地方。無論你的目標是什麼，無論是在體能上、社交上，或是精神層面，都是你向前的動力，以提升生活品質。

而真正的目標，並不是偶爾才會想起的一種渴望，而是融入在日常生活中的「品質」，要透過每日的辛勤實踐以及克服種種障礙才能達成。運動中的目標，就非常強烈反映我們對這種「品質」的追求——人得克服重重困難，才能得分，而技巧則是透過經常性的練習所累積，各種戰術的討論也是為了增加團隊的贏面，且隊友之間的關係更是非常重要。這一切的準備，就是為了比賽當天達成得分的目標。

像是划橡皮艇或是攀岩等等戶外運動，也具有相同特性，只是它們在戰術方面更加個人化。目標的定位與限制，比較沒有那麼明顯清楚，有些運動員因為進球得分而獲得了巨額獎金，並且受到大家英雄式的歡呼。作為觀眾的我們，在無意間感受到這象徵意義以及與自己人生相似之處，充分的認知到一切只有克服重重的困難以及不斷的練習，才能達到目標。這樣透過不斷練習所達成的成就，證明了這些運動員已經將自己提升到更高的境界。

給孩子適合他發展階段的活動與運動，才能真正從中受益

現在，過去許多存在的事物，都因為不合時宜而被淘汰了。然而，目標在現代生活中，仍扮演一個強大的角色，代表蛻變與關卡。目標就是面對所有挑戰，我們要努力去突破的困難，這就是為什麼要在合適的年紀給予合適的運動，是如此的重要。成年禮，這個曾經在各個文化、信仰都出現過的儀式，也都認為「當孩子／青少年到了特定年紀時，必須給予他們某些價值觀和靈性實相」。這不是一個隨興而起、毫無計畫的活動，然而，我們現在卻看到許多年幼的孩子，和父母進行同樣的運動。

如果告訴一位母親：她應該跟女兒一起進行成年禮儀式（以基督教來說，大約是在 12 歲左右），她可能會因為被放在與兒女同一個發展層次，而感到不悅。但是，相比下來，更重要的是——讓一個 12 歲的孩子進行「僅適合成人」的活動，顯然更不合適。雖然，孩子可能會非常樂意被當作成年人看待，並感到受寵若驚，但事實上，他還不具備「能夠完整地了解所有事情」的能力。更糟的是，可能會因此得面對許多還沒有準備好要面對的事

情，這將會帶來許多負面影響。

我們不會期待一個 11 歲的孩子，懂得立體派畫作或是意識流的詩詞，這些更適合 16 歲的孩子。運動也是一樣，每個階段的孩子都有該有的發展，以及能從中受益之處，這正是我們必須察覺的。

球類運動的優缺點：提供我們專注力，但卻可能過於自我封閉

我們經常說：「現代文化就是一切講求速度。」生活上充滿了許多需要快速反應的事物。「電子媒體」（特別是電視）是由一連串圖像，以不規則頻率快速閃過我們眼前、吸引我們的目光。在大多小學裡，每年都會換一個老師；到了中學，則是每個科目都換一個老師；世上每一個國家的食物，幾乎都可以隨時隨地、不分季節買到；出國旅遊變得稀鬆平常，讓我們短暫的體驗不同的氣候與文化環境，想找到有連續性思考或保持長久關係的題材，也越來越困難。

運動，特別是「球類遊戲」，可以給我們環境、空間以及時間，將那些快速閃爍的圖像排除在外，專注在這個活動當中、把思路集中、使意志力進入具重複性，甚至冥想品質的境界。然而，雖然說「球類運動」有很多益處，但本身也帶著危險：隨著每個人的不同，球類活動也可能產生強迫性、利用它來自己封閉起來、阻絕現實世界，創造以運動為基礎的幻想世界。

運動，提供了人類所需的規範與界線，以及對自我定位的需求

我們只需回頭看看 50 年代前期，距今還不太久遠的時間，就能看出那個年代比起現今，更重視權威，可接受和不可接受的事情界線十分明確而堅定。在界線崩解的現代，運動人數相對增加並非巧合。儘管我們周遭充滿各式各樣的混亂，我們都普遍認同：在運動中，能夠找到一致性，以及嚴格執行界線，越界犯規就必須承擔後果。這提供人類一個安全的基礎，讓我們能夠更容易去探索我們與他人的關係和自己的個性。現在，每個人肩上的負擔增加，什麼事都必須做出決定、必須在沒有公認的通用習俗引導下，為自己

做出決定。因此，運動十分明確的規則，就顯得特別重要，但話又說回來，這是把雙面刃：每個人都冒著在群體結構與比賽中失去自我的風險（可能讓自己變得軟弱，得依靠外部的力量）。因此，我們應該要選擇能夠發展自我潛能的運動，而不是單單只注重團隊意識的運動。

一般而言，**運動提供了極有價值的架構，讓人們能夠在這個架構中定義自己，並給予找尋及強化個體性的空間**。顯然地，現代運動彌補了社會不再受重視的宗教習俗和社群價值留下的空虛。但是，現在多數運動員和教練，都以不合情理的方式進行大量的體能活動。如果我們要發展自由的潛能，就一定要有所改變，只有提高自我意識，才能為自己或是全體人類發展訂定目標。我們必須面對這樣一個事實：過去長久不合情理的社會結構已經消失了，我們正在創造新的結構。請別忘記運動對社會的巨大影響，如果讓這個變動任意或隨機發展，我們將錯過人類社會進步的大好機會。

運動是一種生理與心理的結合

在〈【Chapter1】3～4 歲孩子的遊戲〉中，我說：兒童前十四年的發展，可以看成是一種「入世」或「慢慢蛻變」的過程。孩子的成長路程，從四周進 入了那個「點」。很多俗語都在無意間表達了這個概念，例如：「她終於走到這一天。」我們只需將 7 歲輕盈的蹦蹦跳跳，與 14 歲較有意識而沉重的腳步相比較，然後看看二者間的變化過程，就可以了解「入世」的道理。但孩子正「慢慢蛻變」的地方，又是什麼呢？從身體層面來看，大家都能清楚地看到孩子越長越大、越來越重。一旦不去看明顯的身體發展，而是注意到無形、更細微的層面時，就會出現許多值得討論與意見相左的空間。

現在，大多數人都了解，也同意生活中蘊含著心理層面的概念。運動當然不是獨立於生活之外，例如：現在有很多執業運動心理醫師。但是，這些專業人士主要關注的點，還是在運動表現的提升，而不是其他更廣泛的問題。是的，確實有許多很好的體育活動值得參與，例如：「為樂趣而運動」、「適合全家參與的運動」、「運動就在生活中」等等的活動。政府機構花了很多錢在電子媒體上宣傳，卻證明了運動的主要重點，是在輸贏及提高表現。若非如此，為什麼還需要額外花這麼多錢，就為了要提倡全民運動呢？簡單來說，就是因為「現代運動，並不是朝著廣泛參與性及包容性發展」，政府體認到了這一點，並花費大量金錢與努力，希望能扭轉、取得平衡。這些作為值得鼓勵，即使動機是出於對身體健康和讓人感覺更好的模糊概念。

規劃運動，必須以全人的狀態來設計與安排

我們回過頭來看看那個充滿挑戰性的觀點——關於「無形的」生活、運動，以及一般的動態活動。過去，心理學一直被認為是對靈魂的研究，而今在許多方面來說仍然是；哲學則重在生命面向的研究，而生命與精神當然也會有許多相關聯的地方。心理學和哲學，試著在各自領域中，將這樣無形的概念賦予實質的意義，並量化。所以，我們有運動心理學家，但是，如果在橄欖球員的更衣室中說出「運動精神層面的心理輔導」，應該會引起側目吧。當然，體育並不是獨立存在於一個空間裡，而是與文化相互交織。

在大多數的社會中，宗教信仰與精神生活仍扮演了重要的角色，即使已有些許式微。那又為什麼，在談到運動與精神層面的關係時，會引起側目、質疑或是嘲笑呢？當我們換上運動衣時，精神與靈性難道就跟著平常所穿的衣服，一起掛在更衣室了嗎？所以說，當我們為青少年設計體育活動時，必須先看到一個全人的發展，而不僅僅是生理上以及模糊又狹隘的觀點——對情緒發展有好處。像是：為自己挺身而出、讓自己堅強起來之類的。即使以發展自尊為由（雖然說，這本身也是正向的目標），但實際上，這只是發展的第一步。自尊可以大致定義為「一個人與世界的關係」如何，以及對於這樣的覺察，在意識上又產生什麼樣的感受。但重要的是，要能看到孩子是如何隨著年齡增長、經歷青春期的動盪，而不斷改變對自己的看法。如果要增強青少年的自尊心和整體空間發展，所有體能教育項目必須非常嚴謹的定義出適合，並能幫助每個特定年齡的特定活動。

chapter 16 13~21歲 孩子的運動規劃

孩子的發展歷程與適合的運動

這本書對於兒童發展的幾個重要時間點，以及各發展階段都有明確的定義。當然，每個孩子都有自己成長的步調及獨特方式。這裡所探討的，是最典型的階段，並且是該階段最能夠反映「該階段內在經驗與空間發展」的動態活動。以下討論的每個年齡階段運動，實際運作時，都可能比所述的時間來得早或晚，有的階段也可能輕描淡寫的過了，彷彿根本沒經歷過。因此，接下來，我所說的並不是孩子成長所需的處方，而是引導方向。

以下所提到的體操運動，需要專業的教練與老師來帶領，才能執行。因此，雖然我提到了許多體操專有名詞，但並沒有詳加解釋如何進行。

13 歲孩子的成長發展：孩子正嘗試不同的生活形式

正式進入青春期前一年，孩子的內心開始轉往低沉、渴望有獨立性，並開始在意隱私。有時候，當孩子遇到有趣並能引起他們興趣的東西時，便顯得精力旺盛。外部和內部世界之間，開始微妙的相互影響。他們開始對外部世界的事物感到興趣，想要嘗試各種不同的生活形式。家庭規範和引導的力量開始減弱，同儕開始變得更重要，因為，這是一個發覺的時期。

13 歲的孩子仍然保有孩子氣的一面，身體還沒有變得太過沉重，仍然能夠輕鬆、無邪地玩樂和行動。然而，他們正在「隨著重量往下」，隨著年紀越來越長，將越能體驗到這一點。所以，在這個時期的工作中，有三個主要原則：第一，就是內、外在世界之間的相互影響；第二，以探索為主題，連結孩子想體驗外在世界的需求；第三，隨著體重增加，孩子過去輕盈、敏捷，以及孩子般的彈跳性也會隨之下降。因此，在設計給這階段孩子的任何遊戲與體能活動中，都要能夠回應上面所說的三點。

該如何幫 13 歲孩子安排運動？

可以利用「孩子想要嘗試許多不同事物」這一點，讓這青少年體驗大量、不同的體能活動，例如：籃球、壘球、板球、網球，還有許多不同的體育活動，特別是：跑步和跳躍，還有籃球、網球、合球、排球和游泳（潛水很重要）。在學校課程安排下，讓孩子體驗每項運動，且每項運動最好安排 6～8 週的時間，然後就換下一個項目。

‧體操運動，讓孩子有挑戰性，並練習空間感

在體操方面，可以從去年的活動延伸，主要是能支撐自己的重量，如：倒立或是單槓上的各種活動。我們可以讓 13 歲的孩子持續進行跳箱基本動作，比如說：跳跨（跳背遊戲）和跳馬；然而，比起去年，彈簧板放置的位子要離跳箱更遠一些，孩子在跳的時候才能真正運用彈簧板跳起來。

最重要的時刻，就是測試孩子所學到的鞍馬倒立，還有最後跳下鞍馬高舉雙臂的完成動作。孩子跳上彈簧板，透過彈簧板的協助倒立上鞍馬，翻轉下來落地，且雙腳在鞍馬另一邊站穩。

在雙槓與高低槓練習中，只需做到撐起、擺動然後跳下來即可。然而，對於更有能力的孩子，可以讓他們嘗試在平行雙槓上擺動至垂直倒立，或是在高低槓做槓上倒立。

體操「重力下降」是重量下拉很好的例子。讓孩子站在低槓上，臀部靠在高槓上，雙手握緊高槓，老師或教練要站在槓下方，協助孩子保持身體挺直，然後讓他身體向後傾，抬高雙腳，呈現倒立、翻轉的姿勢。接著，從腰部彎曲，讓腳朝地面方向去，接著迅速將手放開，從單槓上跳下並在安全墊上站穩。還有更進階的動作：重複剛剛說的動作，但這次則身體向後彎曲後，雙手抓住高槓，然後順勢利用向後彎曲的動力向後翻，並安全跳下。

也可以讓孩子在彈跳床上翻滾、雙腿前屈跳，或是做屈體分腿跳的動作。翻滾和技巧體操，主要著重在「團隊合作以及同伴互相配合練習」，將一些前後翻、側翻還有一些體操基本技巧，一連串的快速演練出來。這些都可以和進一步發展的雜耍技能放在一起，例如：大約 12 歲時，就可以帶孩子玩單輪車、空中飛人和高空特技、雜技、扯鈴、花棍、走鋼索等等。在這裡，我們可以再一次看到這些活動要取得「看似遊戲，卻又帶著些正規運動意味」的平衡點。馬戲雜耍是達到平衡的好方法，具有對個人的挑戰性、空間感，還有充滿趣味的特質。

・定位遊戲，讓孩子學會探索並發展獨立性

我必須要特別強調「定向運動」。可以用一些標記標示「基本路線」，在離基地約兩英里（約 3.2 公里）範圍內設定幾個定點，並且在地圖上標明定點的位置。將孩子分為三組、各給一份地圖，他們必須仔細將定點標記在地圖的正確位置上。一旦找到了一個定點，便將定點顏色或特殊圖案記錄下來，以證明他們確實有找到。孩子必須在設定時間內完成「定位運動」，一般來說 45～50 分鐘就足夠了。每發現一個定點，就得到 10 點。你也可以設定位置較遠的定點可得到較高的點數，如果能找到所有的定點，就可以再額外得到 50 點。比指定時間晚回來，每晚一分鐘就扣 10 點；若是比指定時間早的，每早一分鐘可得到 10 點。以這樣的方式，鼓勵大家講求速度、準確性和主動性。定向運動是一種非常好的活動，剛好能夠反映出探索、獨立，以及內在（要讀地圖）與外在（搜尋）之間角色轉換的特性。

13 歲孩子，需要遊戲中界線、保障提供的安全感

帶領孩子進行這些活動的老師或教練應該記住：這時，沒有必要跨越到太過正規或更高難度的動作。在學校的課程設計上，學生每週至少要有一次體操課程，以及一至二節，每節 45 分鐘的遊戲／運動課程（若能夠兩節課連一起最好）。這些課程設計，應該要同時具有引導性和有趣愉快的特質，例如：在籃球課中，至少 1／3 以上的時間，老師可以帶孩子玩「【遊戲 153】太空球」或者是其變化遊戲；排球課時，「【遊戲 163】解救囚犯」以及其遊戲變化就可以派上用場。只引入最基本的規則，其他複雜的規則就留到以後再說。

即使這些遊戲的規則僅是簡單架構，但只要嚴格執行，13 歲孩子就能從中受益。這些遊戲提供了界線、保障，讓孩子可以在這裡有安全感。因為，13 歲是青春期及未來一切的跳板。

14 歲孩子的成長發展：孩子更有意識面對外在世界

這個年紀的孩子，已經向內在走到極致，接下來，就會開始往回向外在走、走進世界。但是，這個年紀的孩子，會以全新、更具批判性，以及有意識的方式，看待周遭世界。孩子會感覺自己準備好面對這個世界，並挑戰他覺得不公不義的事情、更加入世。每當有新的觀點出現時，討論、辯論和笑聲，都會越來越熱烈。判斷能力開始顯現，特別是關於規則和美學的事物。

如何幫 14 歲孩子安排運動？

在運動項目中，主要目標是要反映出孩子重力與反重力之間的強烈拉扯，以及對周圍世界的意識和想朝向世界移動的關聯。

・橄欖球、曲棍球：注重下肢的運動，讓孩子探索並運用重量

在體能運動中，延續前一年的範圍，但是要開始探索重量以及如何運用。可以開始讓孩子接觸「輕式橄欖球」、「曲棍球」、「美式橄欖球」和「澳

洲足球」等等運動。

這些運動很注重下肢力量以及如何使用，講求精確的速度並能作細膩的變化，非常適合 14 歲的孩子。但重要的是，讓孩子玩這些運動時，規則要修改，讓所有孩子都能夠不害怕的一起參與，例如：可以運用布條或觸摸對方的規則取代足球中將對方撲倒的動作（雙手拍到對方，或是讓每個人褲帶塞一條長約 30～45 公分的布條，留至少 20～25 公分在褲帶外面，若有人將對方的布條扯出時，就等於是將對方撲倒了）。每個人都可以利用各種閃躲方式，避免自己的布條被敵方扯掉，但不能用其他方式固定住布條。實際情況可能是：有部分的人想用「扯布條」的方式，就可以規定選擇扯布條的人只能攔截扯同樣選擇扯布條的人；另一部分的人想用「觸摸」的方式，他們就不會被扯布條，但仍然可以用觸碰的方式對抗同樣選擇觸碰方式的人。這樣的活動更適合不同體能與不同性別的孩子一起參與。

・鉛球與摔角：體驗重力對抗類運動

這個年齡層的孩子很喜歡擲鉛球。孩子手緊握一個具有重量的物體，奮力向前一擲，丟出去以後，重力會因為對抗向前作用力而落地。

也可以運用摔角活動，只要修改一些規則並做一些變化，例如：「印度摔角」讓兩名選手站在一條直線上（利用體育館地板上的標線最好，也可以利用地上直行的裂縫，或者在地板上，用粉筆畫線）。孩子的雙腳都要在線上，重要的是，腳趾必須朝著前方，以防止有人將腳轉向側邊以取得優勢。孩子的雙腳腳趾互相接觸（這樣可以避免孩子的腳滑動），然後雙手對握，接著以推或拉的方式，讓對手的腳離開那條直線。腳先離開直線的人就輸了。

企鵝摔角：兩個人面對面站著，中間相距約一英尺（約 30 公分）、雙腳併攏、雙手向前伸出，掌心面對對方，但不能相互碰觸。比賽開始時，手向前拍、推對方的手，讓對方重心往後，迫使對方移動一隻腳以避免跌倒（這個動作看起來很像企鵝，所以是這款遊戲名稱的由來）。但是，如果試著拍打對方的手，而對方將手縮回，那麼進攻的人也可能會因此重心向前傾斜，而被迫移動一隻腳（這款遊戲通常會以充滿歡笑的擁抱方式，結束一場比賽）。不論是因為被拍打到，或是沒拍到對方，只要有人移動任何一隻腳，即使只是移動一點點就輸了。

希臘摔角：在這個年齡，可以用新的方式讓孩子體驗這類摔角（完整的說明描述，請參閱〈【Chapter8】10～11 歲孩子的遊戲〉中的摔角部分）。

羅馬摔角：現代摔角大多採取這種類型，對手必須依照體重來配對。和青少年玩這個遊戲的時候，需要特別注意安全，且這樣的摔角活動只能在體操墊上進行（儘管說，在及膝的水池裡玩會更有樂趣）。在墊子上畫一個直徑約 4～5 步的圓圈，兩個人面對面，雙手放在對方的肩上。當裁判說開始時，可以試著將對手直接抱起，讓他們雙腳離地（有些聰明的選手，可能會等到對手摔倒在地上時，將他的雙腳抬起，這麼一來需要抬起的重量就會輕許多，且仍然可以獲勝），或者，把對方摔在地上，然後將對手的肩膀壓住在墊子上。至於壓住多久才算勝利，可以依情況調整。裁判或老師，可以事先說好以 1 秒、3 秒或是 5 秒計數，將對方壓制超過設定秒數的一方獲勝。如果能於一場比賽中，將對手推出圓圈外 3 次，也可以贏得這一局比賽。

遊戲中，必須規定孩子：不允許任何摔人、抓對方的衣服、使用任何會造成傷害或反折對方肢體的鎖技動作。如果有受傷危險，裁判必須立即停止這回合。任何故意要傷害對手的選手，必須立刻宣告他輸掉這場比賽。

團體摔角：「【遊戲 219】梅杜薩的木筏」就是很好的例子。

・體操運動：讓孩子更深切感受到地心引力對身體的影響

在體操運動中，對重量、向內和向外的原理，有許多可以探索的地方。體操中基本、各種形式的翻筋斗，很值得在這個階段學習並熟悉。集中一個人的力量（跑步或預備跳躍），往內進入自己（捲曲姿勢）到向外伸展（動作完成時站穩雙腳、雙手打開的姿勢），可以在過程中完美呈現。

可以延續去年的**翻滾動作**，特別是前滾翻和後滾翻。然後，可以進階到在安全墊上，以站立或助跑方式做魚躍翻滾，然後再進一步跳過一個障礙物翻滾，接下來就是翻筋斗了。可以使用各種輔具來教翻筋斗，包括彈跳床、雙迷彈跳床、單迷你彈跳床、跳板等等，但最好還是不用任何輔具，直接在地板上一躍而起。也許利用安全墊讓體操員落在墊上，然後兩側各站幾位體操保護員（做體操時，可以在旁邊用手輔助孩子的腰部，讓他們順利完成動作）。雜耍技巧有許多與平衡相關的項目，也是對體力上的考驗，可以讓青少年感受地心引力對身體的作用。

• **洞穴探險：培養孩子的勇氣與毅力**

戶外活動中，**探洞**或**洞穴探險**可以讓孩子同時注意到重量、地球和地心引力，同時也需要勇氣和毅力。這時，可以讓孩子開始體驗基礎攀岩和沿繩滑行，且在下一年將會有更進階的學習。

14歲孩子的叛逆期：觀察力增加，開始反抗成人權威

一般來說，這個年齡的年輕人，會有強烈的需求，想要透過挑戰來衡量自己。身為老師、輔導員或家長，可能會感受到自己的價值正受到這些青少年的挑戰與質疑。從身上穿戴的衣物、閱讀的報紙、價值觀，甚至是運動時的玩法與動作（更重要的是，你對規則的詮釋與執行方式）都會被孩子一一測試。這時候，成年人的反應非常重要。對於青少年來說，這是一段快速改變的脆弱時刻，他會挑戰現狀，然後觀察、感受成人的反應，藉以尋求安全感。過去，成年人可以依賴「創意性權威」來處理孩子的問題，但是，現在的談判程度越來越高，過去那一套不再管用，青少年不再輕易接受規則的表面價值（而他們這麼做是對的）。孩子開始有能力去看到事情的背後，並會去質疑「為什麼只能採用成年人的立場」，且用不同程度的技巧和觸碰敏感議題的方式來挑戰你的觀點，有時也可能會突然暴怒。

孩子進入這個階段時，有時可能需要有人指導他們「如何以適當的方式挑戰成人」，但是，更重要的是「成人的反應」。最常見的情況是：青少年可能看到成年人某個尚未被解決的點，也因此特別敏感。他從來沒有真正注意到，也或者他注意到了，但卻一直沒有勇氣去面對它。因此，成人感受到這個議題被觸碰時，第一個反應就是保護自己，告訴青少年：「不關他的事。」並且告誡不能這麼無禮。這通常會有兩個結果：首先，孩子會知道自

己已經打中要害了；其次，成人可能不願意面對自己的弱點，若青少年知道成人這樣的態度，會是令人不安的經驗。

面對 14 歲孩子的叛逆期，由獨裁者轉變為引導者

孩子想看到的，是願意去處理並面對弱點的世界，而不是逃避隱藏。孩子想要一個榜樣，可以讓他看到「如何去面對對自己的懷疑」，然後繼續邁向未來。如果成人的回應是「鼓勵孩子說出自己所看到覺得不公正或覺得未獲解決的點」，並將孩子的顧慮考量進去，這種挑釁往往就會消失，取而代之的是真誠的同理。如果孩子直接批評成人，我們可以大方承認這是一個敏感話題，甚至告訴他背後的故事，以及你如何處理。青少年知道成人的世界並不是完美的，假裝它是完美的於事無補。但是，如果青少年看到周圍的成人，不論是弱點和優勢，都願意大方承認，可以給予他們很大的力量。

到了這個年齡，孩子可能會想爭取更多自由，比如放寬上床時間與回家時間，以及在各種團體或家庭活動中，討價還價那些可接受和不可接受的行為。例如：老師或家長提供幾個可能的選擇，然後要求青少年優先考慮他們想要參與的角色。接著，再討論如何實現這樣的目標，以及有什麼基本規則。接下來是很重要的關鍵，卻也經常被忽視的步驟，就是討論出雙方都能接受，若破壞規則時需承擔的後果。如果沒有做到這一步，就可能會發生以下的情形：所有事情一切順利進行，直到有人破壞規則或者沒在期限內達成目標，然後成人便收回孩子的自主權，重新成為專制獨裁的角色。孩子失去重要的自主權，而成人又變成了「壞人」。我並不是要成人放棄權威，而是要逐漸把權威轉變為引導。這麼一來，青少年才能感受到他的改變得到我們的認可。這是義大利作家朱利安・史萊（Julian Sleigh）所說的：「角色轉換，必須從充滿權威的國王，變成照顧羊群的牧羊人。」

15 歲孩子的成長發展：孩子正處於二元對立時期

這時候，兒童成長已經結束一個週期，新的週期正要展開。過去「往內（內在）成長和往下（重力）成長」的兩個七年（在華德福教育中，每七年為孩子成長的一個階段，並依此調整教育模式），到這個年紀已經完成，孩子將真正的「長大」，並往外走向這個世界。孩子未來四年的主軸，將會是日益增長對這個世界的興趣，可能會表現在，例如：時尚、舞蹈、戲劇、音樂、興趣嗜好、環境議題、政治制度和權利、青年組織以及同儕朋友間。

這是一個二元時期：我們看到青少年在團隊中活躍、熱情的一面，但也有著內心對隱私與外界的隔離需求；他們憐憫處於困境的人，但也可能會出現針對性傷害和極度自我中心的行為；孩子極度自信的外表下，可能會有著強烈的自我懷疑、自我批評；有著強烈侵略性，卻又十分脆弱，可能會以逃學或逃家的方式，來掙脫家庭與學校的管束；被當作一個成年人來對待，但又為許多不成熟的行為找藉口，例如：「你要期望我什麼，我還只是一個孩子啊！」雖然，在兩邊搖擺的行為，會讓成人感到生氣、憤怒，但是這是一個青少年尋找平衡點的必經之路。

這個時期的另一個重要特性，是有強烈的「主觀性」，會表達出非常極端的觀點。這同樣是另一種更細緻的二元樣貌：15 歲的孩子，常常會以「非黑即白」的觀點來看世界。有一次，我和一個 15 歲的孩子討論：「參加朋友聚會，應該要在幾點以前回家？」聽完他詳細陳述「為什麼應該容許他們晚一點回家」之後，我舉起了雙手，說：「我的天啊！你一定要這麼的主觀嗎？」結果，我得到了一個令人難忘的回答：「你要期待什麼？這不正是我該做的嗎？」

15 歲孩子，正是成人世界的新生兒

未出生的嬰兒，透過意志力通過產道，來到子宮外的世界。這剛好呈現在 15 歲的生活，但這次出生的，是青少年的意識，特別是意識到他的行為及其影響，他的感受及其複雜性和流動性，以及他現在能夠清楚、敏銳的看

這世界後，所有的想法。如果希望孩子能成為有品德，且生活平衡的人，就得互相協調三個必要的學習層面：**在青少年教育中，意志、情感和思考的培養順序至關重要**，這些學習層面，某種程度來說就像嬰兒的身體一樣脆弱，因為，對青少年來說，他們都是這個「外在世界」的新生兒。

首先，我們要著重於意志力的培養，為其他兩種學習層面發展打基礎。一個正常的 15 歲孩子，會表現出充足的意志力，經常和 15 歲孩子接觸的人，應該不會有所懷疑。這個時期的內在發展，在空間上以及青少年動作之中，也會有所表現，他可能仍然殘留一些沉重感，但卻會增加帶有新特質的意志力；他肩負著重量與地心引力，但現在，正力求將他轉移到自我引導。

我們談到貫穿青少年生活的二元論，當然「空間上的磁性引力」也是如此。15 歲孩子本身就代表磁性，正處在前方與後方兩極之間的空間中。前面的空間代表未來——「要向前走」；身後的空間是過去——「向後退」。這樣的形容非常貼合 15 歲孩子的處境，他們站在門檻上，正從前一個階段走出來，然後朝著前方、一切在未來事物看去。這個空間的「前導機」，正在呼喚著 15 歲孩子登機，飛向進入成人的旅程。

如何幫 15 歲孩子安排運動？

在運動中，前一年進行的活動不需要有太多改變，但是這些活動的呈現方式與重點，需稍作改變。雖然，這個改變看起來非常微小，但是這樣的轉變，卻能被這個年紀的青少年深入吸收，在潛移默化中，不僅讓他們全面的技能和空間感有良好的發展，還能讓他們成為一個豐富、成熟且身心平衡的個體。例如：在籃球遊戲裡，讓孩子專注於一對一的進攻與防守技巧——與對手較量，試著成功繞過他，而對方則快速變換位置來反應。同樣的原則，也可以應用在橄欖球和曲棍球上。除此之外，也可以在這個階段引入手球，因為這項運動很容易發展空間感與全面技能。射箭也是很好的運動，孩子穩穩地站在地上，一手將弓弦用力向後拉，為了釋放出給予箭向前的動力，這個樣貌，正是具象化了 15 歲孩子的內心感受。

・田徑類運動

田徑運動中的跨欄、跳高、跳遠，能發展我們在追求的孩子特質。田徑選手必須先經過衝刺，帶出他的意志力接近障礙物，再藉由自己的重量落地，最後站起身來才結束。跳遠的原理也是一樣的，不同的是，要盡可能的把自己往前推。當然，跳躍的距離完全取決於身體所發揮的能量。

・鉛球

擲鉛球是另一個，對 15 歲孩子很好的運動項目。與跳遠一樣，選手受地心引力向下的過程中，得給予能量讓鉛球可以向前推。然而，就像射箭一樣，選手得留在原地，向前推進的是物體。他不能將鉛球抓太緊，否則可能被鉛球的動力帶著、移動腳步而超過邊界，否則投擲就不算成功。因此，這項運動需要孩子的意志力，卻又不能讓它超越選手本身：他必須能夠掌握和運用支配這樣的力量。

・拔河

這個年齡的孩子特別喜歡簡單的拔河遊戲，一根又長又粗壯的拔河繩，兩隊各持一方繩索，若將另一隊拉過指定線就贏了。

・游泳

雖然，孩子早已開始並持續游泳多年，但是在這個年齡層，游泳這項運動更為重要。不同於步行甚至是跑步，這運動讓人脫離每天的運動環境。游泳者唯一的移動方式，就是喚醒自己的意志力，激勵自己游過水中（當然，我們這裡所說的「移動」，不是在下沉，儘管在某些情況下，那也是一種移動）。在跑步或陸上活動中，當你失去動力時可以選擇停止，游泳卻不同。游泳者必須繼續游向前，直到終點，才能夠休息。這聽起來好像理所當然，但是，在一個講求即刻滿足的世界裡，許多東西你可以先擁有之後再付出，游泳就是這種世界狀態很好的解毒劑。

・體操

在體操中，跳箱代表很多需要的東西。同樣地，我們看到一個障礙物放置在運動員的路徑上，需要靠著意志力與技能結合，才能克服。這個活動，可以花上幾個月的時間，慢慢讓孩子培養、建立並能夠嘗試更具困難性與挑戰性的跳箱。當然，也不需要受限於只使用競賽用的跳箱和跳板，我們同樣可以運用迷你彈跳床、雙彈跳床，以及大的彈跳床。

雙槓以及高低槓也可以應用，然後高度可以慢慢增高。障礙物與跳板／迷你彈跳床之間的距離可拉大。這樣一來，與障礙物接觸前，需處在空中的時間更長，挑戰性也更大。可以讓男孩試試在雙槓、吊環或是鞍馬上面做幾個簡單動作。這些動作除了力氣外，還得靠著決心，將自己的耐力推向極限，然後才能放鬆下來、準備做下一次的挑戰。女孩則可以試試在高低槓及平衡木上的簡單動作，這些也都需要勇氣與力量。

平衡木上，可以嘗試幾個基本動作，像是前滾翻和後滾翻，甚至是倒立或是頭倒立。高低槓上的跳抓以及下馬都可以嘗試，這些動作也都需要勇氣和技巧。在地板動作上，男孩和女孩都可以繼續做前手翻／後手翻，但可以加入一些更有挑戰的動作，像是「彈跳翻」。前一年的翻筋斗，就已經為這些動作做了準備。也可以再加入進階空拋的動作，其中一個體操員向另一個站定、雙手成杯狀體操員跑去，並將腳踩上站定體操員的手、雙手搭在他的肩上。然後，被拋到跑來方向的空中，並在空中做一個後翻動作，最後落下、與站定的體操員面對面站著。當然，這中間的技巧都要十分注意，所有的動作，都必須有經驗並受過訓練的教練來協助指導。

光是彈跳翻就有許多準備步驟，包括從傾斜的跳板跳起，到手接觸跳箱邊緣，再到翻過跳箱，然後在另一邊的地板落地。必須注意的是，體操員的手臂要打直，背部要完整的彎曲並有動感，頭部和眼睛需朝向腳後跟。最重要的是，在跳離地板的一瞬間，要有爆發的能量。

・攀岩與沿繩滑行

攀岩和沿繩滑行，也是這個階段非常好的活動。進行這項活動是，必須更有品質，以滿足 15 歲孩子的需要。我們可以看到，動態的攀岩者正面，遇上了靜態的岩壁正面，因此勇氣和意志力，需要結合耐力和冷靜的頭腦才能完成這項活動。一旦爬到了頂部，攀岩者便可以享受到沿繩滑行下的樂趣。為了要滑下來，他必須站在岩壁邊緣、面對岩壁，然後拿出勇氣向後，將自己推離岩壁、騰空沿繩滑下。這裡，可以再次看到前後空間的動能，以及重力和意志力的交互作用。

・其他適合的活動

獨木舟和**皮划艇**也可以在這個時期引進。這些活動需要很強大的意志力：槳手需要向水施加向下的推力，來推動自己前進。如果沒有這個動作，船就會停止。

徒步旅行和越野滑雪（雪上馬拉松）也非常適合這個年紀的孩子。浮潛，特別是「水肺潛水」都非常受歡迎也相當具有助益。這些活動都可以幫助 15 歲的孩子探索重量及其影響，以及運用自己的意志力來影響它。

16 歲孩子的成長發展：與同儕轉向一對一緊密關係

基礎已經打下了，意志力在提供堅持續航力和動力方面，將會發揮作用，並扮演重要的角色。但是，現在有一個新的層面出現——情感生活。16 歲的青少年不再是小孩，相反地，他們現在可以說是真正的「半個成人」了。過去的防禦心開始出現變化，更有能力並願意為自己的行為承擔後果。

孩子的個體性開始出頭，同儕的關係開始不如過去那麼重要，取而代之的可能是更加緊密的一對一關係，而對象往往是異性。這個年紀的青少年，透過自己與朋友之間的關係，或者與男／女朋友之間的關係，來找尋自己的定位。孩子的生活重心，轉變成自己對他人和事物，以及別人對他的感覺。而在此之前，孩子的關係是由所屬的團體同儕以及家庭所影響、支配；16 歲的孩子，會想要以更加個人化的方式，重新定位這些關係。他會用審視的眼光，確認自己是否在正確航道上，就像正在查勘地平線的船長，一邊享受陽光，但同時也檢查、確認可能存在的風暴和危機。

這個年齡層的空間發展，可以看到與地平線和水平面之間的強烈關係。

事物應該是要在水平面的上方或下方，有著更加明確的定義。雖然，前一年與意志力相關的體能活動主要是在四肢，而水平面與軀幹的關係則會更加密切 ，這也是全身與身體本身自律性運動，關係最強烈的地方。我們可以看到心臟和肺的律動，甚至腸胃的蠕動，而這裡也是情感生活的重點。

如何規劃 16 歲孩子的運動？

在運動規劃中，前一年的許多活動都可以延續下去，但是，這次需要將重點轉移到追求「空間感」。橄欖球、摔角、曲棍球和足球，所提供的幫助變小了。現在，著重的是孩子與隊友的關係，或者是他在場上的位置。

孩子現在更能明白：並不需要追著球跑，只需進入正確的位置，讓自己處於來球路徑上即可；甚至懂得分散對手的注意力，讓帶著球的隊友有更多的移動空間。當孩子為隊伍犧牲自己的「榮耀」，就需要被鼓勵和讚揚。

之前，我曾經介紹過的體育項目，如：網球、羽毛球、壘球、棒球等等，可以成為現在的主力活動。因為在擊球的時候，水平面會以奇妙的方式展現出來。溜冰也是一個非常適合 16 歲孩子的動態活動。

・球類運動

我們可以進一步發展排球運動。然而，這個時期要特別注重傳球，不論是低手接球還是托球。球類運動中，籃網球、合球，還有特別是籃球，都是非常適合；這些運動強調的是在傳球中培養耐性，並且能意識到球場上其他隊友的位置。對裁判來說，最重要的是嚴格執行判決，可以讓參與者更積極、主動，卻不侵犯對手的空間而犯規。為你的隊友掩護，讓他可以投籃、「擋拆」（無持球的隊友擔任掩護牆，持球的隊員貼著掩護牆運球，就可以阻擋敵隊球員），讓持球隊友可以藉機切入、傳球後的空手跑位，創造讓對手瞬間轉移注意力或轉移到另一範圍，為你的隊友創造更多移動空間，又或是注意到隊友製造的空間機會，這些都能夠把籃球從「可能會頗具侵略性的運動」，變成「流暢的、有總體意識、空間敏銳度的遊戲」。

・田徑運動

在田徑運動中，鐵餅會是這個時期的首要之選，有著極明顯的水平面體驗。可以將一個有趣的附加活動放入計畫中，就是「急救學習」，讓年輕人既能夠學習到這個非常有價值的技能，又能在安全的環境中，表現出對另一個人的關懷。

・體操

這時期的體操活動，需要以更加藝術的方法來帶領。過去幾年，孩子已經學會了很多動作，現在，是時候將這些單獨的動作編排成一整套動作舞蹈。一開始會比較簡單，教練常常會給予提示。但是，16 歲的孩子會喜歡自己編舞，以表現出自己的優雅以及空間動態。這些編排出來的整套動作，可以用體操表演的方式，讓體操員以藝術性又精力充沛的方式進行快速演練。通常，可以利用集會和慶典場合，表演給父母和學校同學看，也可以在上課時進行。

・水上運動

水上運動是這個年紀的戶外教育計畫核心，尤其是帆船和風帆衝浪。這些運動在字面上，就能想見一個個清晰的地平線，必須對環境以及潮汐和風向變化十分敏銳。如果很幸運的，能夠有機會到海邊衝浪，也是一個非常好的活動。基本的滑降滑雪，也可以開始讓孩子嘗試，這些活動也需要對周遭環境保持一定警覺，隨著環境變動快速應變、調整。

17 歲孩子的成長階段：孩子開始有掌控決定的權利

17 歲來到一個開始向前看的階段。孩子在這個年齡所做出的決定，將會影響未來好幾年的發展。在這時候，會有許多可能性自行冒出，孩子必須仔細區分：什麼是必要和非必要的，才能夠找到方向。雖然，他們有時候會尋求家長或老師的建議，但是整個過程主要還是由青少年自己掌控。

這段過程可能會持續幾年，如果回想到兩年前（15 歲的階段），可以明顯看到青春期的快速變化。這個階段的基礎，大約在 15 歲的時候打下，接下來他們對於個人情感意識，開始變得強烈。現在這個階段開始出現的，是清晰、有品質的思考，這對 17 歲的青少年很有幫助，他會開始評估現在的位置，以及他想要走的方向。孩子能腳踏實地知道：自己的技能和限制，因此新的客觀性出現了，過去那些苛刻的主觀批判，漸漸的不再那麼強烈。「不要」的階段大致上結束了，「可能」階段雖然仍殘存著，卻已經開始過渡到「是的」的階段。但是，真正到達「是的」階段，必須先通過孩子自己強烈的分析、深入思考，才能得到肯定的答案。

左右對稱的空間感，呼應了 17 歲孩子的發展歷程

頭腦是思考的部位，也是在體能活動時，最少使用的身體部位。頭部、心臟以及四肢三者之間的關係，最好的比喻方式如下：四肢像馬一樣充滿力量，對任何指令都有反應，讓車廂得以移動；車廂代表軀幹，作為道路、馬匹和乘客之間的調和劑，能夠反應路上的顛簸；頭腦就像國王或皇后，乘坐著馬車，安靜地坐著，與其他人保持有趣的距離，但卻知道自己的角色，並能掌控情況。

談到空間發展，左右兩邊的空間在垂直平面上，具有對稱性，這呼應了 17 歲青少年正在經歷的過程——要決定什麼是必要，什麼是非必要的，並找到向前走的路。他們必須很有意識，透過左右兩邊的平衡，找到兩個極端之間的平面。如此一來，才能真的達到和諧與對稱，並與垂直連結。

就如同過去，這種新的心理與空間發展，也要在動態活動中找到位置。這項活動必須要表現出垂直特性，以及有意識的思考。

如何規劃 17 歲孩子的運動？

可以延續許多前一年的運動，繼續發展意志（正面）、情感（水平面）。但是，現在的重點轉向思考（垂直）。例如：在籃球活動中，焦點移動到投籃；在球拍類運動中，要求準確（特別是高空殺球以及發球）；田徑項目中的

短跑及標槍，就非常具有對稱性，並且把焦點放在終點線；壘球和棒球則需要注意到球場上投球和接球的準確度。

可以讓 17 歲的學生，完整了解所有運動規則，對他們會很有幫助。上課的討論及報告主題，可以設定在這個領域，也可以先上一個簡短的規則課程，然後讓大家輪流擔任比賽裁判。有助於這個年紀的孩子，進一步發展看到事物背後的能力，並能喚醒真實、清楚的感知和反應。

・板球

其他對 17 歲孩子非常有幫助的活動有「板球」，可以清楚而明確的看到對稱性和垂直性的例子，最明顯的就是在垂直揮擊時，不論是用力揮擊或是輕輕觸碰都可以看到這個空間性。在投球時，也可以完美的表現出對稱性，三柱門位於球場的中心位置（球可能會擊中三柱門的左邊或右邊、前面或後面，也可能會飛過守門員的頭上或擊中腳下）。簡而言之，板球是少數幾個，能夠涵蓋六個空間概念的遊戲。

・排球

在過去幾年中，我們已經讓孩子接觸過排球運動，而現在正是水到渠成的時刻。低手接球、傳球和托球，都需要對稱性（在與球接觸時，雙手或雙臂的施力與接觸方式必須完全相等），如果做得正確，就可以精準傳球，但是即使只有一點點的誤差，球可能會出界或失控。發球時，特別是上手發球（球員跳高至球網高度，用一隻打開的手掌，將球向下擊球），需要更精密的控制施力與垂直動態之間的緊密關係，而這個概念在垂直跳殺球的動作裡，又更加明顯。

・能精準、快速移動的運動

另一個重要課題，就是培養能夠精準、精確並快速移動的能力。這需要能快速反應、隨時察覺空檔，以及最重要的保持頭腦冷靜。這些特質在許多運動中都可以找到，但是在桌球以及西洋劍裡，是最「純粹」的特質。如果環境允許的話，應該要多鼓勵 17 歲孩子參加這類性質的活動。

· **體操**

在體操中，可以繼續進行去年的表演方式，但是現在可以著重在個人化的整套動作。彈跳床也非常有幫助，因為這樣的跳躍有許多垂直動作，必須對垂直度有一定的認識。不過，這些動作當然也可以在不同的體操項目中去發展、加強。

· **其他活動**

在**定向運動**中，可以進一步發展地圖閱讀和指南針定位，當然，場地的困難度也要增高。**皮划艇**和**滑降滑雪**，不但需要具備前面提到，與西洋劍相關的所有能力，且程度更高。**獨木舟**也很重要，由於船在空間裡的線性方向關係（在這裡是以水為介質），完全得依賴個人或團隊在船左右側施加相等壓力。這是頭部、軀幹和四肢，三種特質完全發展的很好例子。雙腿推蹬、手臂緊抓著船槳、軀幹有節奏的時而繃緊時而放鬆，頭部則保持不動並集中精神在划船上。

一般來說，要鼓勵 17 歲青少年不僅是玩遊戲，還要了解其背後意義。經常給予機會，讓孩子參與戰略討論（複雜的進攻策略，或籃球的系統戰略）、籌畫與執行，可以讓他受益良多。排球也同樣如此，交叉進攻、快攻、快扣球同樣也可以讓孩子參與討論；桌球中，運用反手上、下旋球，來為之後的殺球鋪路；在定向運動中，則是可以仔細規劃最高效率的路線。

18～21 歲孩子的成長階段：挑戰自我潛力的時刻

18 歲～21 歲是意義重大的時期，在青春期後的成人儀式中，會特別表現出來。這位年輕的男子或女子，現在正處於走出青春期、進入成年期的門口，回顧過去、展望未來。青春期以來發展的三種學習特質：意志、情感、思考，現在已經匯集在一起，並在年輕人如何邁出這一步的過程中，扮演非常重要的角色。

這是檢驗、探索和冒險的時刻，努力找尋自己的極限與潛力，然後試圖去突破。這通常會在體能上表現，但也會出現在內在精神上的追求。這是理想和希望最旺盛的時期，雖然有時候也可能會以失望作為結局。年輕人這時會照照鏡子，看看自己的弱點和與這個世界矛盾的地方，然後思考有什麼需要改變的地方。如果從青春期之後，就發展出強大的內在靈魂力量，可能會看到他能做出改變的路。這也是空間概念發展上，非常特別的時期。我們希望三個面以及六個向的空間，能在這個時候得到充分的體驗。依循的原則，就是在從事每樣運動的時候，都要有意識的注意到這幾點。

回顧過去的童年遊戲，讓他們更了解自己的身體發展階段

我們可以鼓勵年輕人，回顧並簡短體驗過去幾個空間發展階段。有些人甚至會回顧到更久遠、嬰兒時的姿勢發展階段，努力站立過程。這是從「植物」階段（躺著）開始，然後接著到「鳥」（趴著，手腳向外伸，只有骨盆部分著地）、「魚」（爬的姿勢，但手臂呈彎曲的姿勢）、「爬行動物」（與魚相同，但向上推，手臂打直）、「四腳動物」（經典爬行姿勢），最後才是用雙腳站立的人類。然後，可以進行唱歌、手指遊戲和徒手遊戲、跳躍遊戲還有本書前面描述的其他階段曾做過的活動。

看到年輕人有著足夠自信，到願意回過頭，去玩童年時玩的遊戲，往往很令人感動。雖然，這樣做常常會引發一些有趣的騷動，但是我們的目標，是要讓年輕人意識到空間發展的各階段，以及為什麼某些遊戲（還有後期的運動）會在特定時期才玩。換句話說，我們現在把過去所有的面紗掀起來。

這段過程，經常會讓剛對世界有新發現的 18 歲年輕人，對過去所經歷的過程，多了份尊重。更重要的是，對現在所處的空間，有相同的尊重。

這個年紀的年輕人，大多會想要精通一、兩種運動。這樣的需求，都應該被支持並滿足，無論是用在上課時間、放學後，或是社團。除此之外，也應該鼓勵孩子將新發展的技能，傳授給剛剛開始運動的學弟妹。這可以在課後社團、課堂中或集體出遊來做。這樣的鼓勵，表示成人認可這個年輕人已經成熟了，正在挑戰更進一步的發展，並深化所學到的技能，同時培養在這個階段需要的特質——幫助別人。

如何規劃 18～21 歲孩子的運動？

這個階段的每一項運動，重心都要放在運動中，對三個層面的了解以及如何互動。例如：在田徑運動中，特別是跑步，可以指出：「要跑得既快速又優雅，雙臂和雙腿必有力的移動，然而身體也不能太過緊繃，必須巧妙地與四肢一起合作。同樣地，頭部必須保持靜止並聚焦，不要左右晃動，或者往內縮變駝背姿勢。」這三個層面，各自有各自的工作要做，我們需要給孩子這樣的自由和意識。

這個例子對每一項運動都是如此，事實上，每一個動作，甚至是刷牙和洗碗，也都相同。在這個時期，從事的每一項運動和活動，年輕人都應該不僅僅意識到他達成的是什麼，更重要的是意識到是如何達成的。跟著這個單純的課題，自由動作要被帶進這時候的體操中。每一次練習，無論多麼簡單的動作，都要力求力量、優美和清楚。這也是老師在教導「如何協助，並保護體操員」的扶持技巧時，最理想的時機。讓孩子能夠對所有，甚至非常基本動作有更深入的了解。

戶外活動部分，盡可能的讓孩子自由選擇。最流行的常常是那些實際上最刺激、危險的活動，因此更進階的滑降滑雪和攀岩很受孩子歡迎。有時候，滑翔翼，甚至跳傘，都有人去嘗試，也很享受其中的樂趣。再次強調，這個年齡的孩子，非常需要挑戰自身極限的活動。

chapter 17 透過遊戲，培養 16 歲以上孩子的空間意識

以下活動針對青少年與成人設計，適合 16 歲以上的孩子，並且混合了遊戲和空間練習。尚未進入青春期的孩子還不具備足夠的理解力，這些活動與遊戲對他們來說，並沒有什麼幫助。

遊戲 220 平衡木棍

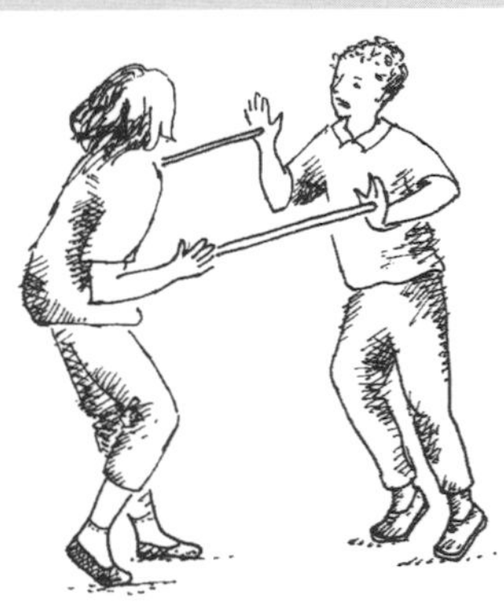

遊戲設備 每位參與者 1 根木棍。

遊戲步驟

1. 每個參與者都有一個夥伴。
2. 面對你的夥伴，並將手舉至胸前高度，手掌面對前方。

3. 木棍放在雙方手掌間撐著，再稍加施力以確保木棍穩穩固定住。
4. 兩人之中，一個帶頭，另一個跟隨。他們必須安靜的移動。
5. 跟隨者負責維持兩根木棍間的壓力，並且要跟著帶頭者動作，例如：當帶頭者向後走時，跟隨者在向前移動的同時，必須保持木棍在手中的壓力。
6. 接著，讓跟隨者在跟隨時必須閉上眼睛。帶頭者不能移動得太快，並且得負責防止任何碰撞意外！
7. 帶頭者必須引導夥伴，安全穿過其他人，到達教室另一頭。

遊戲變化

變化 1：每個帶頭者，可以增加跟隨者的人數。人數要慢慢增加，一開始先是兩個人然後增加到三個。三個跟隨者和一個帶頭者是很好的人數，因為木棍在他們彼此的手上，會形成一個正方形。剛被帶頭者帶著走時，可能還可以保持隊形。但是，因為跟隨者不止一個，帶頭者可以多一個選擇，適時地叫：「停止！」聽到這句話，跟隨者必須停止走動、張開眼睛、修正自己的位置（例如：當其中兩個跟隨者快要互撞的時候）。但是，無論發生什麼事，都必須保持平衡。

變化 2：也可以讓 20 個人同時圍成一個圓圈玩。當我擔任帶頭者時，我會要求其他人閉上眼睛，然後我盡可能的靜止站好，且保持兩手施加木棍相同壓力，沒有任何改變。幾乎每一次，都會發生同樣有意思又有趣的情況：雖然我沒有動，但是圓圈會自動移動，也許是因為大家都期待這樣的動作。

帶頭者不能以任何方式回應跟隨者的動作，而是最先開始動的人，所以木棍最後一定會掉下來，木棍之間的連結也因此中斷。然後，我會建議大家再試一次，這次要更加仔細地傾聽彼此。

這款遊戲需要足夠的空間敏銳度，以及明確的溝通。我和許多不同團體玩過這個遊戲，比如：有毒癮的青少年、戲劇科系學生和公司或企業在職員工。對參與遊戲的人來說，這無疑是個非常具有啟發性的經驗——無論是自己，或對他人的影響，以及他們對事情的反應。

遊戲 221 終極飛盤

這是由美國另一個頗有名的同名遊戲變化而來。

遊戲設備 2 組不同顏色的圍兜或號碼背心（以區分不同隊伍）、1 個飛盤或環形飛盤。

遊戲區域 很大的空間，例如：曲棍球場（要畫出兩邊「得分區」）。

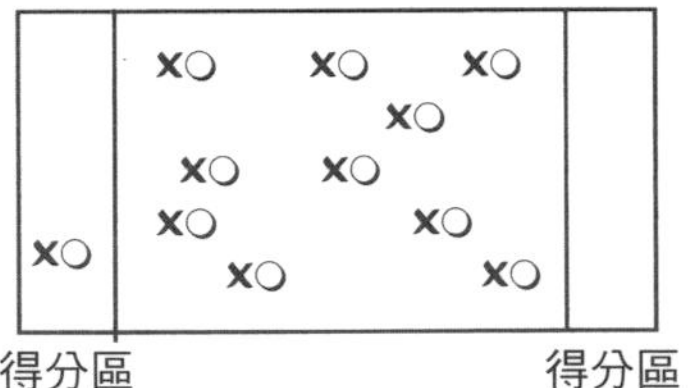

遊戲步驟

1. 將玩家分為兩隊，每隊約 11～15 人。
2. 每個隊開始時，都有三局機會。在每一局中，他們必須持續傳遞飛盤，直到出現失誤出現，並結束這一局。
3. 要得分，進攻方必須將飛盤傳給位於對手得分區的隊友，若隊友接到飛盤即算 1 分（每個人在停留區最多只能停留 5 秒鐘）。
4. 持盤者不可以帶飛盤走步，但可以以一腳為軸心變換角度。
5. 每個人每次，最多只能持飛盤 5 秒鐘。若有人持盤超過這個時間，就算一局結束。

6. 防守方不得靠近持盤者四周約兩隻手臂距離，如果防守方違反規定，且不退後，則持盤者可以要求進行 5 碼線罰球。這時，持盤者可以朝得分區前進 5 碼，而犯規的防守方，必須站在持盤者身後 1 碼的距離，直到完成罰球。
7. 得分時，例如：A 隊剛得了 1 分。A 隊便得到了持盤權，並且從自己的得分區（他們剛剛得分的位置）將飛盤擲出、越遠越好。B 隊則會在他們估計飛盤可能會落下的區域等待，開始新的防禦。如果有人沒有接住飛盤，剛剛丟出飛盤的人就要舉起手臂並大聲叫：「出局！」然後兩隊重新整隊。這時，有持盤權的一隊在飛盤落下的大約位置，面對得分區排成一排，負責丟飛盤的人站在飛盤旁邊；防守方則在進攻方五步遠的位置，與對方面對面站成一排。負責丟飛盤的人還沒有將飛盤丟出之前，所有人不能任意移動、破壞隊形。
8. 如果飛盤丟出以後，被對方成員（例如：隊員 B）所接住，B 隊則取得飛盤的持盤權（這叫「失誤」）。如果發生「失誤」，直接攻守交換，由新擁有持盤權的隊伍開始新的三局。
9. 如果 B 隊沒有成功接下飛盤，持盤權就仍然屬於 A 隊。
10. 三局結束後，持盤權換成另一隊，改由 B 隊在飛盤最後落下的地方開始丟擲。但是，如果 A 隊最後將飛盤丟出界，則 B 隊要從飛盤穿過的界線處開始丟擲。

遊戲變化

變化 1：不採用重新整隊的規則（步驟 7）。參與者可以在場上任何位置，且不必特別跑回去排成兩行。這可以讓比賽更流暢，且通常會出現一對一防守（每個人負責防守敵隊其中一個成員）。

變化 2：持盤者可以帶飛盤跑，但同時，對手也可以來追他，並且以碰觸對方的方式攔阻擲飛盤。但是，必須雙方的手都同時接觸到飛盤才算。一旦接觸到，就算一次出局。

這款遊戲從美國和澳大利亞足球而來，但少了火藥味，多了歡笑聲。飛盤丟得又高又遠，還免去了跑步時，被肢體碰撞、攔截的擔憂。

正式遊戲時是沒有裁判的，所有參與者必須遵守運動規則，若有犯規或飛盤觸地發生時，必須自首。有任何爭議發生時，雙方必須暫停比賽、互相協調，解決後再繼續進行。

遊戲 222 救命啊！

遊戲設備 沙包（數量為參與者人數的 60%，若有 10 人參與，則需 6 個沙包）。

遊戲步驟

1. 選一個人當「鬼」，「鬼」必須追其他的人，並試著抓到他們。
2. 沙包是「防護罩」，「鬼」不能抓手上有沙包的人，當有人快要被「鬼」抓到時，可以向其他人大喊：「救命啊！」其他人可以在他被「鬼」抓到前，將沙包丟給他。
3. 一旦被「鬼」抓到，且手上沒有沙包，就必須出局、離開遊戲。

【小題醒】遊戲一開始，先將所有沙包一次拋到空中，這樣子，所有參與者都有機會接到沙包。隨著遊戲進行，可以慢慢收回沙包，維持沙包比遊戲人數少，數量要保持約 60%的量。

這款遊戲可以鼓勵參與者意識到別人的需求或困難。在我曾經任教的學校中，我不斷觀察到：當鐘聲響起，大家走出學校大門的時候，沒有青少年會幫身後的人扶一下門，即使剛剛自己才被門打到臉！這是一個很好的例子，看到這個年紀的青少年自私的一面（在他們心中，每個人都自認是宇宙中唯一的太陽）。這款遊戲可以改掉「自以為是」的態度。除此之外，我也在各種訓練課程，甚至是在職培訓或進修的成人間，成功的玩過這個遊戲。

遊戲時，觀察幾個早就準備好犧牲自己、拯救同伴的人很有趣。我觀察到一些人（尤其是女孩子），會太快為他人犧牲自己，不夠重視自己的價值，這些人總是很快就出局了；也有人特別自私，握著手中的沙包不放，但同時他們卻失去感受死裡逃生的快感。

手中沒有沙包而被「鬼」追著跑、沒人出手相救時，有點像是一場噩夢——有很多人可以相救，但卻沒有任何人出手！有的時候，當你正被追著跑的時候，有人將沙包拋給你，但由於太過恐慌，反而無法沉著鎮定的接住沙包。在這個年齡的孩子，我覺得很適合去討論在這款遊戲中看見的社會形態，它剛好回應了青少年越來越有興趣的「自我意識」和「自我發展」。

遊戲 223 衣夾大戰

大約在青春期的時候，孩子的空間正在往內縮。我們可以從孩子的姿勢看出來，女孩往往將背拱起、看起來駝背的姿勢，而男孩則會將身體向前傾，讓肩膀突出，呈現下凹的姿勢。這款遊戲，可以幫他們對於空間以及四周的世界能有更廣闊的意識，對於發展兒童身後的空間意識（後面空間）時，特別有助益。

這款遊戲可以幫助參與者，發展背後的空間感和一般的空間意識。它也是以健康的方式，發展個體性圖像：取自於這個世界（拿別人的衣夾），同時要保護自己已經所有的（保護自己衣夾）。

遊戲設備 衣夾（一人一個）。

遊戲步驟

1. 這個遊戲的目標，是盡量收集越多的衣夾。
2. 每個參與者在衣服背後夾一個衣夾，當遊戲開始時，所有人可以任意走動，然後要試著偷取別人背後的衣夾，並且注意不讓自己的衣夾被偷走。
3. 成功拿到別人的衣夾時，要把夾子夾在自己衣服背後。這時候，別人不能偷襲你。
4. 給大家三分鐘，在這段時間內盡量偷取別人背後的衣夾，然後夾在自己背後。

【**小提醒**】過程中，不能用手去保護背後的衣夾。

遊戲 224 浮木過水 遊戲設計：傑門・麥克米蘭（Jaimen McMillan）

遊戲步驟

1. 在教室中央，兩兩一組、手牽著手排成一列。
2. 排最前面的一組，必須面對牆壁，並保持一定距離，這些兩兩一對排成一排的人就是「清澈的水」，扮演「木條」的人就要通過他們。
3. 擔任「木條」的孩子要站在教室的另一頭，面向「清澈的水」。「木條」朝著排成一列的「清澈的水」走去，「清澈的水」同時也要向「木條」走去。
4. 「木條」走過兩兩一組之間，當「木條」到達每組前面時，這組便順著「木條」走過的方向，將握住的手放開，並且向外轉身離開；扮演「木條」的人，必須靜靜等待混亂停止，接著換下一個「木條」。

5. 再次排成兩兩一組的隊形，在教室的另外一頭（上一場遊戲場地的另一邊），第二個扮演「木條」的人要走向「清澈的水」，重複所有遊戲步驟，直到所有人都輪流扮演過「木條」為止。

【小提醒】教大家玩這個遊戲時，請用動作示範，並讓大家跟著你做（讓他們邊做邊學，而不是總靠口頭敘述）。

對 16～18 歲以上的孩子而言，適合成人的遊戲，通常也適合他們玩。你可以開始與 16～18 歲的年輕人回顧整個遊戲課程，將過去玩過的遊戲都重新玩一次，並解釋這些遊戲的重要性。孩子現在對自己更有自信，不會因為跳脫自己的「年齡層」去玩年幼孩子的遊戲而感到難為情。雖然，他們現在再次玩這些遊戲時，已經有著不同的意識，但還是會找到許多樂趣。帶著這樣溫暖的心，去玩這些遊戲，孩子也可以用新的思考方式去了解這些遊戲背後的心理層面。他們會開始反思自己的行為，以及參與遊戲的方式：我是如何與隊友建立關係的？為什麼當我是老鼠的時候，我老是會被抓？透過討論這些問題，青少年可以看到自己的個性，而讓他們意識到這一點，是邁向改變之路的第一步。

遊戲 225 蠟燭

這是我心血來潮所想出來的遊戲，雖然如此，我也看到其他國家也採用這個遊戲！當我想到這個遊戲時，腦海出現的是漫畫中笨重且手腳笨拙的十幾歲年輕男孩，正試圖防止火把的火被吹熄！

遊戲設備 每個人手上一個簡單的燭台，上面有著點燃的蠟燭。

遊戲步驟

1. 參與者要試著去吹熄別人的蠟燭，並注意自己的蠟燭不能熄滅。
2. 還要小心別讓蠟燭因為動作太大或太快而熄滅，或是將蠟燭翻倒。

遊戲變化

變化 1：每個人都可以指定一個幫他重新點燃蠟燭的人。

變化 2：每個人都可以幫其他人重新點燃蠟燭。

變化 3：給每個人兩根蠟燭，一手一根。

遊戲 226 聚手成塔 遊戲設計：傑門・麥克米蘭（Jaimen McMillan）

遊戲步驟

1. 參與者用手疊成塔：大家伸出手，相互交疊，但每隻手之間相距約 2～3 英寸（約 5～8 公分），不要觸摸到別人的手。
2. 可以一邊想像：如果有一道薄薄的金色光芒，可以穿透所有事物，而這道光從塔的正上方照射下來，或從正下方照射上去，會剛好穿過每個手掌的正中央。

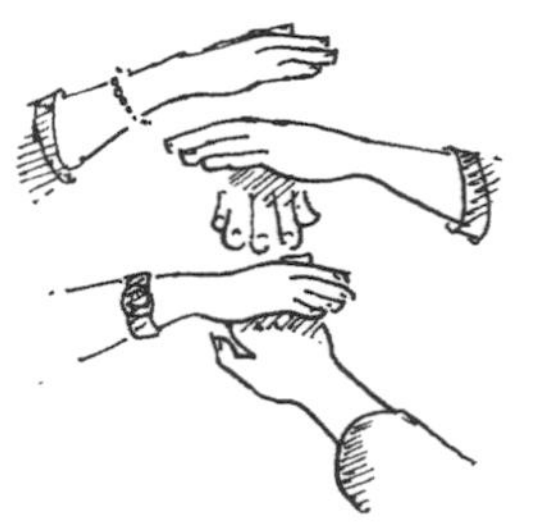

3. 大家都伸出一隻手來堆塔，也就是說所有人會緊緊地靠在一起、身體側站，且每個人都用同一隻手。手臂伸直並大約

呈水平狀。

4. 手在最上面的人，先將手向上移。直到離開這個塔，在他下面的手也跟著將手往上移離開，下面一個一個跟著按順序輪流將手往上移，直到所有人都高舉著手（呈垂直狀）。過程必須緩慢，且有意識地動作。
5. 當最後一個人將手高舉呈垂直狀後，第一個人再把手往下移，回到水平位置。
6. 隨後，每個人輪流把手往下移到水平位置，再次疊成塔。之後，大家再慢慢將手往下移，直到所有人的手都靠在自己身體側面為止。

這款遊戲給予一個強烈的圖像——當手在你身邊時，想像它正放在燒紅的炭上。當你將手平舉，與其他人的手一起堆成塔時，你正將這股熱氣傳遞給大家。當你高舉手的時候，是開始冷卻的時候。

這款遊戲讓生命力在手上流動，並溫暖我們的手。通常，參與者發現這點時，會感到十分訝異與驚喜。此外，也可以幫助他們分辨上面和下面空間的不同。

遊戲 227 守夜人

遊戲設備 兩個眼罩、一串放在鑰匙圈上的鑰匙、裝著一些工具的工具包、兩英尺（60 公分）長的發泡管（如果找不到，可以用報紙捲起大約相同長度的紙捲代替）。

遊戲步驟

1. 所有人圍成一個直徑約 10～12 步的圓，並選一個人當「守夜人」。

2. 將「守夜人」帶入場中央，讓他戴上眼罩，然後將一根發泡管以及一串鑰匙交給他。
3. 接著選出一個人當「小偷」，將「小偷」帶進場中、靠邊緣的位置，並讓他戴上眼罩，將裝著一些工具的工具包交給他。
4. 遊戲目標就是要讓「守夜人」找到「小偷」，並用手中的發泡管輕輕打「小偷」一下；「小偷」則要避免被抓到。
5. 兩個人都可以在圓圈內自由走動，若這兩個人，有人快走出圓圈，離他最近的那個人必須溫柔並安靜地將他引導回圓圈內。
6. 如果遊戲領導者發覺「小偷」完全不知道「守夜人」的方位，他就要大聲叫：「守夜人！」。這時，「守夜人」必須甩動一下手中的鑰匙發出聲響，讓「小偷」知道「守夜人」的位置，並靜靜地試著躲開他。這時，「守夜人」必須仔細聆聽，辨別「小偷」的位置。
7. 如果遊戲領導者發覺「守夜人」完全不知道「小偷」的方位，他就要大聲叫：「小偷！」這時，「小偷」必須動一下工具包，讓「守夜人」能夠知道他的位置。
8. 若過了一定時間，「小偷」還沒被抓到（比如說 2 分鐘），或是「守夜人」在時間內，成功抓到並輕輕打「小偷」，遊戲就結束。

遊戲 228 精靈和妖精的靴子

這款遊戲的規則與「【遊戲 227】守夜人」相同。遊戲的目標，是「精靈」要躲避，不能讓「妖精」碰到。但是在這個遊戲中，不需要遊戲領導者幫忙叫喊並讓相應角色發出聲響，因為每次「精靈」或「妖精」在走動時，腳踝上的鈴鐺就會發出聲音。

遊戲設備 2 個眼罩、4 個縫上鈴鐺的彈性圈（請參考右圖所示，尺寸大小要能穿過或綁在腳踝上）。

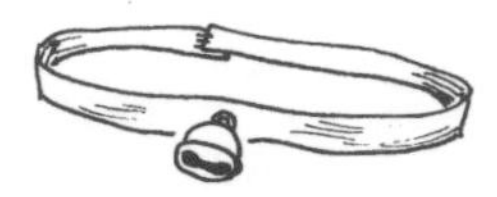

遊戲 229 跟著蜂鳥

遊戲步驟

1. 每個人有一個夥伴。其中一個人閉上眼睛，扮演「跟隨者」，另一個人則是「蜂鳥」，他的眼睛張開、面對「跟隨者」，並站在「跟隨者」身後約 3 英尺（一公尺）左右的距離，開始哼一個固定的音調。
2. 「蜂鳥」開始慢慢向後走，並且繼續哼著固定的音調；「跟隨者」必須跟著「蜂鳥」移動的方向移動。
3. 「跟隨者」和「蜂鳥」都慢慢向後走，大約 30 秒後，「蜂鳥」要停下來，這時，「跟隨者」也要停下來，且不能撞上「蜂鳥」。

【小提醒】如果有一群人一起玩這個遊戲，每組完成後，必須安靜等待，讓其他人可以同樣在不受干擾的情況下完成。

遊戲 230 蜂鳥和鳥蛋

遊戲設備 兩人一組，每組一個沙包。

遊戲步驟

1. 兩人一組，其中一人將沙包（鳥蛋）放在手上（鳥巢）、閉上眼睛。
2. 另一個人是「蜂鳥」，他要繞著鳥巢約 6～10 英尺（1.8～3 公尺）的距離飛，並且哼一個固定的音調。
3. 「蜂鳥」的眼睛是睜開的，而抱著蛋的人要很注意地聽「蜂鳥」的聲音，試著辨識他的位置。
4. 大約 30 秒鐘之後，「蜂鳥」要停下來，且站著不動；握著鳥蛋的人眼睛仍然緊閉，他必須將鳥蛋直接拋向「蜂鳥」所站的位置。
5. 「蜂鳥」必須在沒有移動雙腳的情況下，接住鳥蛋。將鳥蛋拋出的人，現在可以把眼睛張開，看看自己的準確度如何。

【小提醒】與一大群人一起玩時，遊戲領導者必須發出一個信號，讓所有「蜂鳥」在同一時間停止移動。

遊戲 231 交換蜂鳥

遊戲步驟

1. 按照「【遊戲 229】跟著蜂鳥」相同模式。但是這一次，當「蜂鳥」

在移動時，會碰上其他「蜂鳥」，兩人以眼神示意，接著發出信號，讓跟隨者知道自己要離開後，便與另一隻「蜂鳥」交換位置。

2. 兩隻「蜂鳥」現在都有一個新的「跟隨者」，「跟隨者」必須迅速重新確定方向，並跟隨著新的「蜂鳥」。
3. 在遊戲 2～3 分鐘內，可以重複交換多次「蜂鳥」。當遊戲結束時，大家聚集在一起，「跟隨者」要試著猜出誰在不同階段中，曾經是帶領他們的「蜂鳥」。

遊戲 232 女巫家門口 作者：保羅・赫尼士菲格（Paul Harnischfeger）

又是一款需要蒙上眼睛進行的遊戲，遊戲中，需要對自己周圍的空間夠敏銳，才可以順利進行。

遊戲設備 每個人都有一個眼罩最好，也可以用閉上眼代替。

遊戲區域 在遊戲空間的後面，設置一個寬約 6～8 步的區位做為「女巫的門」。

遊戲步驟

1. 所有參與者都要蒙住眼睛。選兩個人擔任「女巫」，他們要保護自己的家，並且以「拍一下」對方的方式，抓到試著要越線（門）的人。
2. 「女巫」不能離開他們的家門口，其他人站在離「門」15 步遠的地方，目標是要越過「女巫」的「門」，且不被「女巫」抓到。
3. 一旦他們越過「女巫」的

「門」而沒被抓到，就算安全抵達；但是，若被「女巫」拍到，就出局了。

4. 當所有人都安全越過「女巫」的「門」，或是所有人都出局，遊戲結束。

遊戲 233 龍與天使

這款遊戲中，有許多不同角色，可以分別由 7～18 歲的孩子來承擔。這是一場需要勇氣的遊戲，保護自己不被惡龍抓走的唯一辦法，就是與別人合作，並堅強的面對危險，正因如此，這款遊戲特別適合在秋天的米迦勒節進行。

可以找一大群孩子一起玩這款遊戲，但是，最重要的是地點要在野外，可以增加冒險和危機感！這款遊戲對年幼的孩子來說，可能會相當可怕，但是他們可以在指定的安全庇護所避難。對於那些年紀較大、扮演惡龍的孩子，最重要的，是要在事前讓他們了解，並同意這個遊戲的精神：他們不能去嚇年紀較小的孩子，但對年紀較大的孩子限制就較少。我曾經整整一個上午都在玩這款遊戲，但是要記得，遊戲區域相當大，你很難同時掌握這麼多孩子的狀況，所以應該要有幾個大人一起協助。

遊戲設備 每個天使有一個鑼（或樂器，如：法國號角、三角鐵、長笛等等）、惡龍的服裝以及化妝（可以讓他們穿上黑色衣服、臉上畫紅色或看起來比較兇猛的妝），以及天使的服裝及化妝（白色衣服搭配頭冠，看起來像天使一般）。

遊戲區域 這個遊戲最好在野外一大片區域，有樹木和灌木叢的地方進行。有岩石、小山丘、視野清楚的地區應該是「精靈」的基地，另外還要設定一個區域是惡龍的巢穴。

遊戲步驟

1. 將孩子分為三組：其中四分之一的孩子，扮演「惡龍」（通常是選擇 13～14 歲的孩子）；另外四分之一的孩子扮成「天使」，每人手上都有一個鑼（通常是選擇 15～16 歲左右的孩子）；其餘的人是在森林裡玩耍的「精靈」。
2. 「惡龍」要試圖抓「精靈」，每當抓住一個，這個「精靈」就要到「惡龍」的巢穴去，唯有路過的「天使」可以拯救這個「精靈」。
3. 「天使」必須牽著「精靈」的手，將他帶回到「精靈」的基地去。「精靈」唯一的防禦「惡龍」的方式，就是在「天使」的周圍圍成一個圈，一邊唱或哼著「天使」吹奏的音樂或歌曲。
4. 當「惡龍」被一群唱歌的「精靈」圍繞、包圍時，「惡龍」就會被「精靈」捕捉。每當「精靈」捉到一隻「惡龍」的時候，「惡龍」就會被帶到「精靈」的基地，脫下「惡龍」的服裝和化妝，變成「天使」。
5. 「天使」會在樹林裡走動，每當他們看到一條「惡龍」時，就要敲一下他們的鑼，讓「精靈」知道附近有「惡龍」出沒。
6. 「精靈」要仔細聽鑼聲。當他們聽到鑼聲，可以選擇逃離，或跑向「天使」、圍出一個圓圈（必須有兩個以上的孩子才能圍圈），並開始唱歌。「惡龍」對歌聲束手無策。
7. 當所有的「惡龍」都被抓到，或是遊戲時間到了，遊戲領導者就會吹特定的笛聲或哨聲，表示遊戲結束。所有的孩子都安全集合在「精靈」的基地，看看有多少「惡龍」已被捕獲。

遊戲變化

變化 1：惡龍帶著黑絲帶，當一個小孩被惡龍抓住的時候，就會被戴上這條黑絲帶，直到他和其他人一起圍成圓圈、唱歌後，才能拿下這條黑絲帶。

變化 2：可以在惡龍腳踝戴上鈴鐺，或身上帶著手鼓。